U0186156

跟着生物学家学生物

于维熙 编著

我们所生存的世界是建立在生物法则基础上的

中国青年出版社

图书在版编目(CIP)数据

跟着生物学家学生物/于维熙编著. — 北京: 中国青年出版社, 2024.5(2025.1重印)
ISBN 978-7-5153-7157-3

I.①跟… II.①于… III. ① 生物学—普及读物 IV. ①Q-49

中国国家版本馆CIP数据核字(2024)第013367号

跟着生物学家学生物

编　　著: 于维熙

出版发行: 中国青年出版社
地　　址: 北京市东城区东四十二条21号
网　　址: www.cyp.com.cn
电　　话: 010-59231565
传　　真: 010-59231381
编辑制作: 北京中青雄狮数码传媒科技有限公司
策划编辑: 张鹏 田影
责任编辑: 盛凌云

印　　刷: 北京博海升彩色印刷有限公司
开　　本: 880mm x 1230mm 1/32
印　　张: 10
字　　数: 163千字
版　　次: 2024年5月北京第1版
印　　次: 2025年1月第4次印刷
书　　号: ISBN 978-7-5153-7157-3
定　　价: 69.80元

本书如有印装质量等问题, 请与本社联系
电话: 010-59231565
读者来信: reader@cypmedia.com
投稿邮箱: author@cypmedia.com

开 篇

病毒、细菌无处不在，它们会潜伏在空气、水、物体，甚至人体中，在某些特定的条件下就会爆发出来。病毒无法离开宿主长期独立生存，那么病毒到底是不是生物呢？没有细胞结构、微小如此的它们又是如何侵占我们的身体，导致我们生病的呢？病毒、细菌这类微小生物，是我们身体健康的“敌人”，都对我们有危害吗？

学习生物时，最先接触的是细胞的基本构成，细胞膜、细胞核、细胞器各自有着与其结构相适应的各项功能，比如含有色素的叶绿体能进行光合作用、含有遗传物质的细胞核能够控制细胞的代谢和遗传变异，然而没有细胞结构的病毒却可以通过它们各自独特的方式利用细胞增殖出自己的后代。贝杰林克为病毒定义了名字，赫尔希和蔡斯利用病毒的增殖研究出了生物遗传物质的本质。

科学家们总是善于在一些看似“平常”的现象中发现“疑点”，不论经历多少次失败，历时多少年，都坚持不懈地寻找真相。

本书以32个生物现象为例，讲述了生物体的构成、遗传与进化、动植物的生理学基础，以及一小部分生态学现象，希望让你在轻松掌握部分课本知识的同时，也能够对生物学知识产生一些共鸣。

经常听孩子抱怨生物知识烦琐难懂。其实每一个生物真相的发现都是生物学家在某一个微小的瞬间，从一个微小的、简单的生物现象出发，进而发现了能够影响当时整个时代的重大真相，比如詹纳发明的疫苗打败了天花“瘟疫”，巴斯德的发现解救了当时的酿酒业、养蚕业等。

为了让大家感受到这些科学家的激情，本书虚构了与众多科学家的访谈，对每一个涉及的生物学现象进行了详细的讲解和拓展。为了方便阅读和理解，其中还穿插了一些通俗易懂的插画和大量的补充说明，同时，我们还将生物学原理和实际生产、生活相联系，介绍了一些生物学原理的应用。

我希望，这本书能够让你走进生物学，感受到生物的魅力所在，并让生物学知识成为未来睿智的你最为有力的武器，从容地掌控自己的生活。

生活中的很多生物学现象，你可能有所了解，但是内在的、微观的原理，你是否有清晰的认知呢？本书的结构如下。

- **分子与细胞学篇——生物是如何构成的？**

蛋白质、病毒、细菌、酶……

- **遗传与进化学篇——生物是如何遗传和进化的？**

分离定律、自由组合定律、减数分裂、性别决定……

- **动植物生理学篇——动植物是如何调节生命活动的？**

眼球成像、血液循环、内环境的稳态、神经调节……

- **生态学篇——各种生物是如何协调共存的？**

种间关系、生态系统的能量流动、生态系统的信息传递

虽然生物与生活息息相关，但并不是每个人都能对此有着清晰的认知，甚至有时总是“迷之自信”于某些并不科学的言论，比如红枣补血，实际上红枣里面只含有用于造血的铁元素而已，并且含量十分稀少。

所以，我希望用一种科学的、贴近生活的、关注细节的方式，将生物学原理变得通俗易懂，认真地讲给热爱生活的你们听，从而使你们体会到学习生物学的乐趣。让我们对身边的、生活中的生物现象拥有更深刻的认知，让生活与科学更加贴近一些！

编者

目录

分子与细胞学篇

生物是如何构成的？

克雷布斯

趣闻轶事

弗莱明

趣闻轶事

维尔穆特

趣闻轶事

遗传与进化学篇

生物是如何遗传和进化的？

动植物生理学篇

动植物是如何调节生命活动的？

卡尔文

温特

生态学篇

各种生物是如何协调共存的？

分子与细胞学篇

生 物 是 如 何 构 成 的 ？

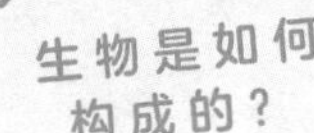

蛋白质

氨基酸到胰岛素
解密生命的天书

发现契机！

——弗雷德里克·桑格（Frederick Sanger，1918—2013）因破译胰岛素分子的氨基酸排列顺序，并绘制出了胰岛素分子结构图，而后又因完成快速测定DNA碱基序列的“双去氧终止法”，成为唯一一位两次获得诺贝尔化学奖的科学家。

蛋白质是由各种氨基酸首尾相连再盘曲缠绕而成。当胰岛素被发现，一连串的问题随之而来：它的分子结构如何？三维结构如何？怎样进行人工合成？我选择了2,4-二硝基氟苯，它可以在常温下与自由的氨基稳定地发生反应，而且在“黏”住氨基之后呈现黄色。而后有幸利用这个方法，终于破译了胰岛素的分子结构。

——因为您的成就，2,4-二硝基氟苯也被称为桑格试剂，而它和自由氨基的反应则被称为桑格反应。您运用纸色层分离法，坐在一张小小的旧木头凳子上，面对着极为简陋的工作台，用着最廉价的试剂及原料，居然坚持不懈了10年。

哈哈！一位科学家如果敢碰一项真正艰巨的任务，那么他就不可能心有旁骛。

原理解读！

- 胰岛素是一种天然的蛋白质，也是人和动物体内唯一可以降低血糖的激素。
- 胰岛素主要由51个氨基酸通过两个二硫键（-S-S-）（位于A7-B7、A20-B19）结合而成的两条链。这两条链分别叫作A链和B链，如下图所示。其中A链含有21个氨基酸，共11种；B链含有30个氨基酸，共15种。这是人类第一个完全破译出的氨基酸排列顺序的蛋白质。

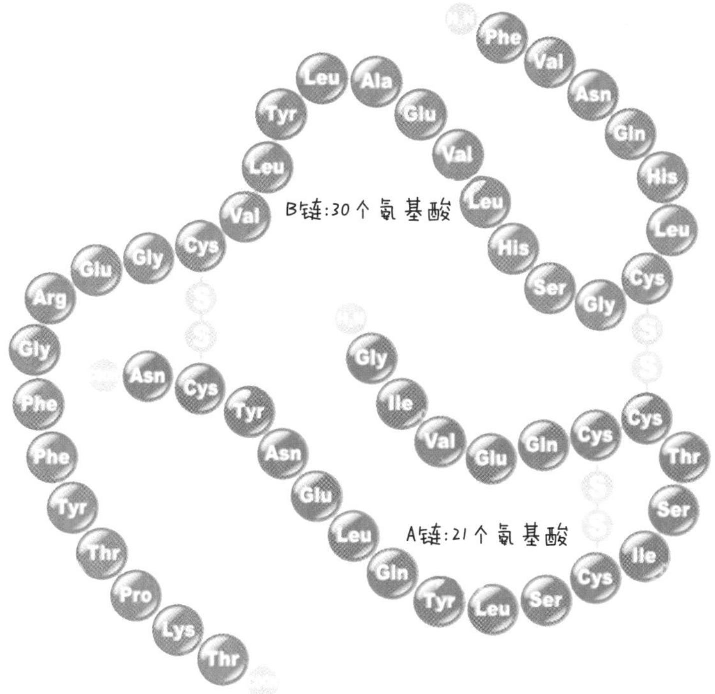

1958年中国科学家提出人工合成胰岛素，历时6年9个月，于1965年完成具有生物活性的结晶牛胰岛素的合成，摘取了人工合成蛋白质的桂冠。

氨基酸的脱水缩合

氨基酸是含有碱性氨基和酸性羧基的有机化合物。自然界的氨基酸有300多种，可按照氨基连在碳链上的不同位置分为α-氨基酸、β-氨基酸、γ-氨基酸等。但经蛋白质水解后得到的氨基酸都是α-氨基酸。在人体中，组成蛋白质的氨基酸仅有21种。部分构成蛋白质的氨基酸结构式，如下图所示。

由上述结构式可知，这些氨基酸在结构上具有共通之处，就是**每种氨基酸分子至少含有一个氨基（$-NH_2$）和一个羧基（-COOH），并且都有一个氨基和一个羧基连接在同一个碳原子上，这个碳原子还连接一个氢原子和一个侧链基团R基**。而氨基酸的差别取决于侧链基团R基的不同，即21种R基决定了21种不同的氨基酸，氨基酸的结构通式如下。

21种氨基酸的缩写如下表所示。

名称	缩写	名称	缩写
丙氨酸	Ala	赖氨酸	Lys
精氨酸	Arg	甲硫氨酸	Met
天冬氨酸	Asp	苯丙氨酸	Phe
半胱氨酸	Cys	脯氨酸	Pro
谷氨酰胺	Gln	丝氨酸	Ser
谷氨酸	Glu	苏氨酸	Thr

（续表）

名称	缩写	名称	缩写
组氨酸	His	色氨酸	Trp
异亮氨酸	Ile	酪氨酸	Tyr
甘氨酸	Gly	缬氨酸	Val
天冬酰胺	Asn	硒代半胱氨酸	Sec
亮氨酸	Leu		

这些氨基酸是如何形成蛋白质的?

氨基酸分子结合的方式是由一个氨基酸分子的羧基（—COOH）和另一个氨基酸分子的氨基（$—NH_2$）结合，同时脱去一分子水，这种结合方式叫作**脱水缩合**，如下图所示。其中生成的水分子中的氢分别来自氨基和羧基。

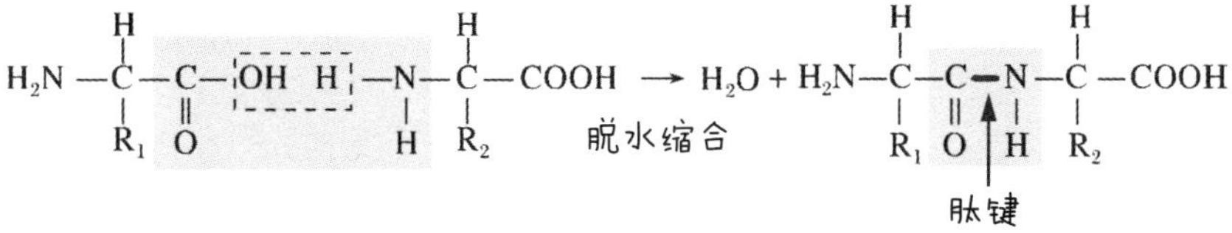

$$H_2N-\underset{R_1}{\overset{H}{C}}-\underset{O}{\overset{}{C}}-OH\ \ H-\underset{H}{N}-\underset{R_2}{\overset{H}{C}}-COOH \xrightarrow{\text{脱水缩合}} H_2O+H_2N-\underset{R_1}{\overset{H}{C}}-\underset{\|\,O}{C}-\underset{H}{N}-\underset{R_2}{\overset{H}{C}}-COOH$$

脱水缩合

肽键

连接两个氨基酸分子的化学键叫作肽键。由两个氨基酸分子缩合而成的化合物，叫作二肽（含有一个肽键）。以此类推，由多个氨基酸分子缩合而成的、含有多个肽键的化合物叫作多肽。多肽通常呈链状结构，叫作肽链，如下图所示。若是多肽呈环状，叫作环肽。

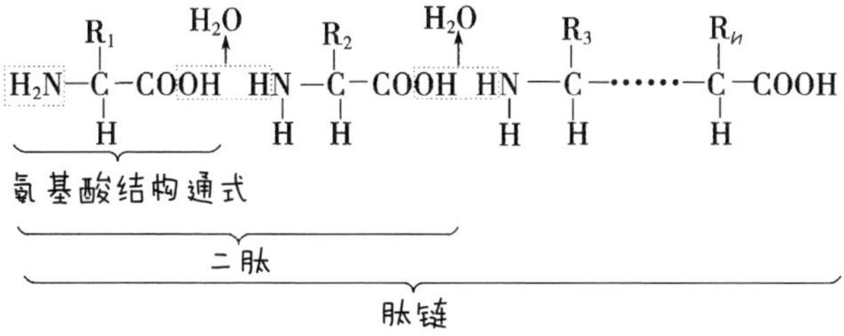

$$H_2N-\underset{H}{\overset{R_1}{C}}-COOH\ \ \underset{H}{HN}-\underset{H}{\overset{R_2}{C}}-COOH\ \ \underset{H}{HN}-\underset{H}{\overset{R_3}{C}}-\cdots\cdots-\underset{H}{\overset{R_n}{C}}-COOH$$

(H_2O, H_2O)

氨基酸结构通式

二肽

肽链

肽链能盘曲、折叠，形成有一定空间结构的蛋白质分子。许多蛋白质分子含有多条肽链，它们通过一定的化学键互相结合在一起，形成更复杂的空间结构。

此外，生物体内也存在非蛋白质氨基酸，它们在蛋白质的生物合成时并没有直接参与构成肽链。有些是蛋白质氨基酸在翻译并经化学修饰后的加工产物；有的以游离的形式存在，如在动物体内作为神经递质的γ-氨基丁酸等。

蛋白质的四级结构和多样性

蛋白质的一级结构是指氨基酸在形成多肽链时的序列，包括肽链中氨基酸残基的数目、种类和排列顺序。肽键是稳定蛋白质一级结构的主要共价键。如果该肽链中含有二硫键（-S-S-），还包括二硫键的数目和位置。蛋白质一级结构的改变可使其二级结构和蛋白质的功能发生变化。如血红蛋白中一个特定氨基酸的改变（谷氨酸变成缬氨酸）导致镰状细胞贫血症的发生。蛋白质的一级结构是由编码它的基因决定的，不同生物同种或同源蛋白质一级结构之间的差别可以反映出它们的进化关系，即一级结构中氨基酸序列的差别越小，说明它们的亲缘关系越近，如细胞色素c。

二级结构是指多肽链骨架（主链）部分在局部所形成的一种有规律的盘绕、折叠结构，其稳定性的维持主要由主链上的氢键决定。最基本的类型有α-螺旋结构、β-折叠结构、β-转角和三股螺旋等。

蛋白质的三级结构是指一条多肽链在二级结构或者超二级结构甚至结构域的基础上，进一步盘绕、折叠，形成一个完整的特定空间构象。维持三级结构的化学键主要是氨基酸侧链之间的疏水键、氢键、范德瓦耳斯力和离子键。

超二级结构是指在多肽链内顺序上相互邻近的二级结构常常在空间折叠中靠近，彼此相互作用，形成规则的二级结构聚集体。目前发现的常见超二级结构有α螺旋组合（αα）、β折叠组合（ββ）和α螺旋β折叠组合（βαβ）等，如下图所示。其中以βαβ组合最为常见。

结构域是位于超二级结构和三级结构间的一种结构层次，它是蛋白质三级结构内的独立折叠单元，通常都是几个超二级结构单元的组合。

蛋白质的四级结构则是由多条多肽链通过非共价键聚集而成的、具有特定功能的蛋白质复合物分子，如下图所示。有一部分只有一个多肽链的蛋白质没有四级结构，而由不同多肽链组成的蛋白质则有四级结构。如在血液中携带氧气的**血红蛋白**，由四条多肽链组成，α和β链各两条。

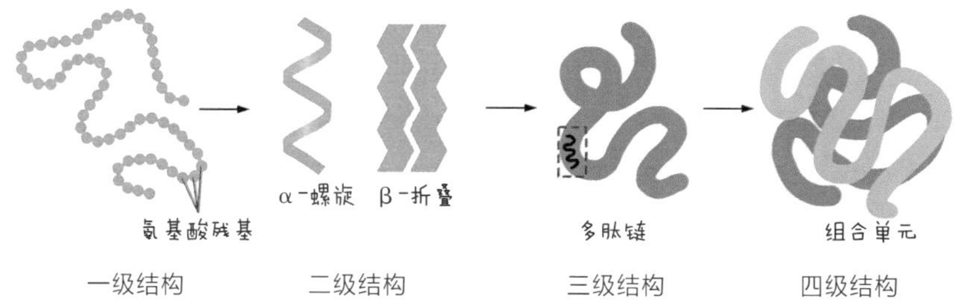

蛋白质之所以种类繁多，是因为组成蛋白质的氨基酸的种类、数目、排列顺序的不同，直接造成了形成的肽链折叠方式千变万化，在肽链基础上形成的蛋白质各级空间结构也千差万别，造就了蛋白质的多样性。

蛋白质的功能

许多蛋白质作为结构蛋白，是构成细胞和生物体结构的重要物质，如羽毛、肌肉、头发、蛛丝等的成分主要是蛋白质。

下面我们集中讲解蛋白质的生化功能。

催化作用：细胞内的化学反应离不开酶的催化，参与生物体各种生命活动的绝大多数酶都是蛋白质。

运输作用：有些蛋白质具有运输的功能，如红细胞中的血红蛋白运输氧气、细胞膜上的转运蛋白辅助各种物质跨膜运输、血清蛋白运输脂肪酸等。

信号转导作用：有些蛋白质起信息传递的作用，能够调节机体的生命活动，如胰岛素及其受体的相互作用导致血糖浓度下降、生长激素发挥作用促进机体生长发育等。

免疫作用：如动物和人体内的抗体能清除外来蛋白质对身体生理功能的干扰，T细胞受体参与细胞免疫，两种蛋白质均起着免疫作用。

贮存作用：铁蛋白为细胞贮存铁、肌红蛋白为细胞贮存氧气等。

调节作用：有些蛋白质可以调节其他蛋白质行使特定的生理功能或者调节基因的表达，如周期蛋白调节依赖于周期蛋白的蛋白激酶的活性等。

除此以外，还有一些蛋白质只存在于某些特别的生物体内，如维多利亚水母体内的绿色荧光蛋白受紫外线的激发会发出绿色荧光，南极鱼体内的抗冻蛋白可帮助南极鱼抵御严寒等。甚至许多蛋白质的结构虽然只有一种，却能执行多种不同的功能。

蛋白质的变性

我们之前提到，每种蛋白质都有其独特的结构。但若遇到某些物理或化学因素使蛋白质的空间构象遭到破坏（一般认为是二级结构和三级结构改变或遭到破坏，重新变成非结构化的多肽链），会引起性质的改变，这种现象称为蛋白质的变性。

因为蛋白质的结构决定它的生理功能，所以蛋白质一旦变性，其性质就发生了改变（如丧失生理活性，黏度增加，溶解度、渗透压、扩散速率降低等），如下图所示。导致蛋白质变性的因素很多，如高温、高压、高频振荡、高频辐射、过酸、过碱、有机溶剂、重金属离子、生物碱试剂等。

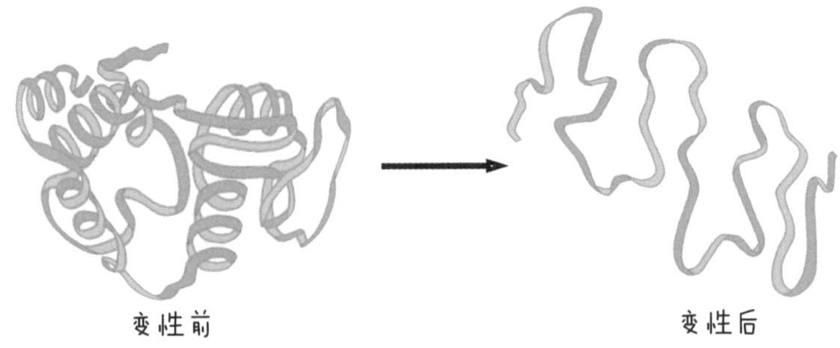

通常情况下，蛋白质的变性分为可逆变性和不可逆变性两种。

极少数的蛋白质在变性程度比较轻的时候，由于多肽的一级结构仍然完整，在除去变性因素（如加热）后，蛋白质可恢复原有的空间结构，依旧能完全或者部分恢复其功能，这就是蛋白质的可逆变性。

若蛋白质的变性因素持久，而且蛋白质的结构已经发生改变，这时候即便除去变性因素，蛋白质还是无法恢复原有功能，这就是蛋白质的不可逆变性。比如我们无法实现“熟蛋返生”。蛋清中含有大量叫作白蛋白的蛋白质，由于蛋白质中不同氨基酸之间形成的化学键，白蛋白通常有特定的三维形状。而煎蛋时的热量会导致这些键断裂，暴露出通常只保留在蛋白质内部的疏水性氨基酸。这些疏水性氨基酸为了“躲避”蛋清里的水，相互黏连，形成一个蛋白质网络，使蛋清结构化，让蛋清变成不透明的白色固体。这时，即使马上冷却，蛋清也不会恢复到原来的生鸡蛋状态了。

原理应用知多少！

胶原蛋白——手术缝合线

蛋白质可以分为纤维状蛋白质、球状蛋白质和膜蛋白。其中，胶原蛋白是一种纤维状蛋白质，它广泛存在于动物结缔组织和其他纤维样组织中，也是哺乳动物体内含量最多、分布最广的功能性蛋白。

医用缝合线是常见的线型材料，随着科学技术的不断进步，第四代胶原蛋白可吸收缝合线已经广泛应用于各类外科手术中，用于缝合伤口、联结组织等。

纯天然可吸收的胶原蛋白缝合线，胶原蛋白占90%以上，生产过程中无任何额外的化学成分掺入。用于创伤缝合，能够有效增强皮肤和软组织的张力，同时也会刺激皮下的胶原纤维增生，从而逐渐被人体降解并吸收，同时为伤口愈合提供充分的营养，促进伤口愈合，所以手术缝合后通常不需要拆线。

治疗糖尿病的胰岛素来源

动物胰岛素是第一代应用于糖尿病治疗的胰岛素，主要从猪、牛等动物的胰腺中分离并纯化的胰岛素，价格低廉。但动物胰岛素和人胰岛素的生物结构不同，由下图可知，猪胰岛素和人胰岛素有1个氨基酸分子（黑色）结构不同，而牛胰岛素和人胰岛素则有3个氨基酸分子（灰色）结构不同。所以注射动物胰岛素后容易产生过敏、胰岛素抵抗、注射部位疼痛、脂肪增生以及易于出现低血糖等不良反应，因此已很少用作常规降糖药物。目前普通胰岛素（猪胰岛素）常用于静脉短期降糖或中和葡萄糖。

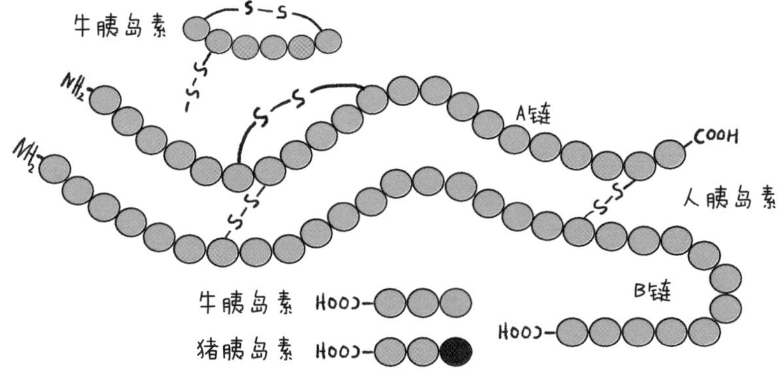

重组人胰岛素是20世纪80年代，科学家通过重组DNA技术，利用大肠杆菌合成的第二代胰岛素。重组人胰岛素与人体自身分泌的胰岛素的化学结构和生理特性完全相同，纯度高、杂质少，不良反应低于动物胰岛素，并且比动物胰岛素起效快而作用时间短，目前常用于糖尿病治疗。

胰岛素类似物是利用重组DNA技术生产的第三代胰岛素，通过对人胰岛素结构的修饰或改变其理化性质，使其在模拟生理性胰岛素分泌和减少低血糖发生的危险性方面，更优于人胰岛素，但价格相对较高。

克山病

硒代半胱氨酸（Sec）是近年来发现的第21种氨基酸，其化学式为$C_3H_7NO_2Se$，存在于少数酶中，如谷胱甘肽过氧化酶、甲状腺素5'-脱碘酶等。硒代半胱氨酸的结构和半胱氨酸类似，只是其中的硫原子被硒原子取代，包含硒半胱氨酸残基的蛋白都称为硒蛋白。人体若缺乏硒，会影响硒蛋白的合成，进而导致相应的缺乏症，如克山病。

克山病亦称地方性心肌病，于1935年在黑龙江省克山县发现，由此得名。硒缺乏与克山病发病的关系较密切，主要表现为急性和慢性心功能不全，心脏扩大，心律失常以及脑、肺和肾等脏器的栓塞。采取口服亚硒酸钠等措施，可预防克山病的发生。

朊蛋白与疯牛病

海绵状脑病是一种致命性神经退化性疾病，因受感染的动物在脑部病变的部位出现海绵状的空洞而得名，它是由错误折叠的朊蛋白引发的，又叫作朊病毒病。朊病毒可以感染多种动物，比如人的克雅病、羊瘙痒病、疯牛病等。疯牛病是朊蛋白蛋白质二级结构中的α-螺旋变为β-折叠所致。

随着朊病毒在动物体内的侵入、复制，在神经元树突和细胞本身，尤其是小脑星状细胞和树枝状细胞内发生进行性空泡化，星状细胞胶质增生，灰质中出现海绵状病变。朊病毒病属慢病毒性感染，皆以潜伏期长、病程缓慢、进行性脑功能紊乱、终至死亡为特征。朊病毒病目前尚无有效的治疗方法，一旦感染，死亡率为100%，因此只能积极预防。

为什么某些毒蛋白不被消化

人体想要消化食物中的蛋白质，需要胃酸和蛋白酶。胃酸主要是利用强酸性将蛋白质变性，也就是改变蛋白质的空间结构，把有活性的蛋白质变成无活性的。而蛋白酶能够将变性的蛋白切成一个个小的多肽片段。这些多肽经由小肠中的肽酶和一些肠道共生菌分泌的酶共同作用，进一步分解成小分子的氨基酸，最后被人体吸收。但是，蛋白酶也不是随便切的，酶发挥作用具有特异性，只能识别并切开某些特定的氨基酸序列。

知道了以上知识，就可以解释为什么某些毒蛋白吃下去不会被分解成氨基酸了。

可能这种毒蛋白喜欢偏酸性的环境，胃酸并不能将它变性。

可能毒蛋白上没有蛋白酶可以识别并切开的特殊识别序列。

可能一次摄入大量的毒蛋白，没有被充分消化，使得一小部分毒蛋白侥幸逃脱。

以引起“疯牛病”的朊病毒为例，这种蛋白质并不能被消化道内的蛋白酶降解，因为它在结构上缺少可以特异被蛋白酶识别并切开的氨基酸位点。

还有个问题，就是毒蛋白为什么会“有毒”。这个问题其实很复杂，甚至是因人而异的。举个例子，牛奶中某些蛋白也是一种毒蛋白，对于牛奶过敏的人喝牛奶简直就是喝毒药！为什么呢？牛奶中含有的蛋白质不能被牛奶过敏的人完全消化吸收，同时还是一种过敏原，能引起人体免疫系统极为严重的免疫反应，如发热、组织水肿等。

水熊虫“不死”之谜

有一类叫作水熊虫或缓步生物的微生物，堪称地表最强生物。不论是喜马拉雅的山巅还是几千米深的海沟，甚至是炽热的火山中，都可以找到它们的身影。

虽然这类生物在舒适的潮湿土壤或者苔藓等环境中，只有几个星期或几个月的寿命，但在干燥缺水的环境中却可以生存许多年，甚至长达一个世纪。

实际上，水熊虫是一个拥有超过1400个物种的庞大家族，不同的水熊虫具有不同的能力。有些水熊虫可以在-180℃的极低温下生存15天；有些可以在151℃的烤箱中坚持30分钟；甚至有些可以在5000戈瑞（Gy）的伽马辐射下幸存。这些条件，对于人类来说，能够坚持的时间都不足水熊虫的1%。

那么，水熊虫的顽强生命力来自哪里呢？在遭遇恶劣环境的时候，水熊虫可以将自己的身体蜷缩起来，形成一个称为“小桶”的球状结构，然后把自身的含水量缩减到3%，从而停止自身的任何消耗，新陈代谢降到正常状态的0.01%，靠着脱水进入一种隐生状态，也就是我们俗称的“假死”。然而，一旦环境改善并且接触到水，水熊虫就会像重新浸湿的海绵一样，生命活动完全恢复。如下图所示。

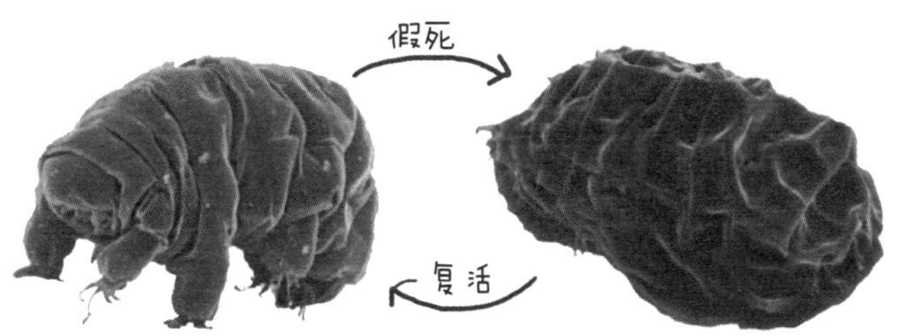

生物是如何构成的？

贝杰林克

病毒

从流感到新冠感染
掀开“瘟疫”的神秘面纱

发现契机！

——19世纪末，荷兰微生物学家和植物学家马丁努斯·威廉·贝杰林克（Martinus Willem Beijerinck，1851—1931）意识到烟草花叶病的病原体是一种比细菌更小的生命形式，他将这一新型生物体命名为virus（病毒）。

在我所处的那个时代，显微镜下显示出的全新世界敞开了一扇通向神秘领域的大门。通过显微镜和越来越小的过滤器，我们开始了解一个人类凭感官无法捕捉到的世界：广阔无边，充斥着各种各样的微生物，而病毒甚至小到在普通的光学显微镜下无法观察。

——是的！细菌以微米为单位测量大小，病毒则以纳米，即1/1000微米作为测量的单位，这才有了持续半个多世纪的病毒发现之旅。

经过一系列的实验，我发现这种生命形式有如下特点：能通过细菌过滤器；具有传染性；能在生物体内增殖，但不能在体外生长。可惜我没有办法确定它是流质还是微粒，以及它是不是微生物。

——随着技术的提升和电子显微镜的应用，最后发现烟草花叶病毒是由蛋白质和RNA组成的复合体！从此，病毒也变得“看得见、摸得着”了。

原理解读！

- 病毒是一类个体微小、结构简单，由核酸（DNA或RNA）和蛋白质组成、必须在活细胞内寄生并以复制方式增殖的非细胞型生物。
- 病毒的遗传物质多为RNA或DNA，位于病毒的中心，称为核心或基因组。包裹着核酸的蛋白质外壳称为衣壳，是病毒的主要支架结构和抗原成分，有保护核酸的作用。衣壳与核心统称为核衣壳。有些复杂的病毒，其核衣壳外还有一层含蛋白质或糖蛋白的脂质双层膜结构，称为包膜。包膜中的脂质来自宿主的细胞膜，有的包膜上还有刺突等附属物。可能还有一些酶。如下图所示。

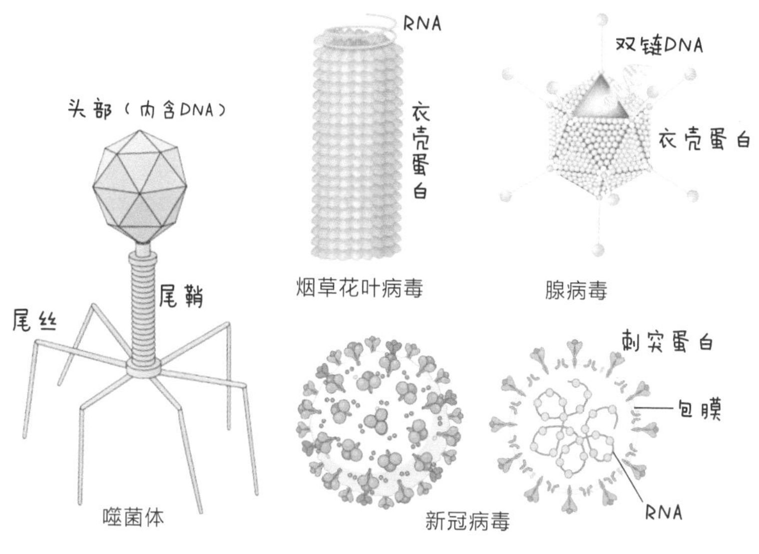

因病毒没有细胞结构，成熟的、结构完整的和具有感染性的单个病毒，我们称作病毒颗粒。

病毒的大小和特性

绝大多数病毒都是能通过细菌过滤器的微小颗粒，其大小以纳米（nm）表示，直径多数在20～250纳米，最大的病毒是直径近300纳米的痘类病毒（如牛痘病毒），最小的病毒之一如脊髓灰质炎病毒，直径仅有28纳米。

病毒能以感染态和非感染态两种状态存在。病毒虽然没有细胞结构，但当病毒进入宿主细胞后就呈感染态，依赖细胞中的物质和能量完成生命活动，按照自身的核酸所包含的遗传信息产生和它一样的新一代病毒；病毒一旦离开宿主细胞，就成了没有任何生命活动，也不能独立自我繁殖的生物大分子，即以非感染态存在，并可在一定时间内保持其侵染活性。

病毒的特性：①个体微小，必须在放大倍数超过万倍的电子显微镜下才能观察到；②无细胞结构，其主要成分仅为核酸和蛋白质；③每一种病毒只含有一种核酸（DNA或RNA），如新冠病毒为RNA病毒、噬菌体为DNA病毒；④既无产能酶系，也无蛋白质和核酸合成酶系，即病毒不能独立进行代谢活动，只能在活细胞内寄生，以“复制”形式进行繁殖；⑤对各种抗生素不敏感，只对干扰素敏感，所以病毒性感冒服用抗生素几乎没有任何必要；⑥有的病毒基因组可整合到宿主基因组中；⑦病毒对寄生的组织细胞有一定的选择性，不同的病毒挑选适合其增殖的敏感细胞，如乙型脑炎病毒在大脑神经细胞内寄生，流感病毒在上呼吸道黏膜上皮细胞内寄生，即“专性寄生”。

亚病毒

亚病毒是一类比病毒更为简单、仅具有某种核酸和蛋白质其中一种成分的分子病原体，主要包括类病毒、拟病毒和朊病毒。

• 类病毒

类病毒是一类单链闭合环状RNA分子，多为植物类病毒。类病毒基因组很小，通常有246～401个核苷酸。所有的类病毒RNA没有mRNA活性，不编码任何多肽，它的复制是借助宿主的RNA聚合酶的催化，在宿主细胞中进行RNA到RNA的直接复制。所有的类病毒均能通过机械损伤的途径传播，如经耕作工具接触的机械传播。有的类病毒，如马铃薯纺锤块茎类病毒，还可以经种子和花粉直接传播。

• 拟病毒

拟病毒是一类包裹在病毒颗粒中的有缺陷的类病毒。拟病毒极其微小，一般仅由裸露的RNA（300～400个核苷酸）或DNA组成。它的寄生对象是病毒，被寄生的病毒又称辅助病毒，拟病毒则成了它的“卫星”。拟病毒的复制必须依赖病毒的协助，同时，拟病毒也可干扰辅助病毒的复制和减轻其对宿主的病害，这可以用于生物防治。

• 朊病毒

朊病毒是一类不含核酸，仅由蛋白质构成的具有感染性和自我复制能力的蛋白分子。朊病毒蛋白是人和动物正常细胞基因的编码产物，它有两种构象：细胞型（正常型PrPc）和瘙痒型（致病型PrPSc）。PrPc是正常细胞的一种糖蛋白，仅存在α－螺旋；而PrPSc有多个β－折叠存在，对蛋白酶表现抗性。由此可见，朊病毒是空间构型改变了的正常蛋白质，是正常蛋白质变性所致。而朊病毒正是引发海绵状脑病的病因。1997年，诺贝尔生理学或医学奖授予了美国生物化学家史坦利·普鲁希纳，正因为他于1982年发现了导致羊瘙痒病的朊病毒。

原理应用知多少！

阻击病毒为何要禁食野生动物？

哈佛大学免疫学和传染病学博士内森·沃尔夫曾经十分贴切地说过：“我们都寄居在病毒星球，野生动物就是这些病毒的蓄水池。”携带大量病毒的野生动物如下页图所示。

• 蝙蝠

蝙蝠是一种能真正飞行的哺乳动物，也是百余种病毒的天然宿主，它们能携带多种对人类来说非常危险的致命病毒，但自身却不发病。

• 猴子和猪

1967年德国马尔堡小镇出现恶性出血热病人，这种病毒非常致命，与埃博拉病毒类似。

人类养猪场建在了蝙蝠的栖息地，被蝙蝠食用过的水果带有病毒，猪吃掉污染的水果后患病，并将病毒传染给人类。

• 黑猩猩、家禽和鸟类

1921年非洲丛林中一位猎人在和黑猩猩搏斗时通过血液感染病毒，而后这种病毒传播到了全世界。

患者会出现肺炎、呼吸窘迫，甚至死亡。

除了上述介绍的生物外，穿山甲、果子狸等众多野生动物都携带着大量的病毒。新出现的人类传染病有60%以上源自动物，这些人畜共患病的动物源性疾病又有70%以上来自野生动物。当这些病毒寄生于其他生物体时，并不表现为疾病，因为病毒需要依靠长期寄生在动物身上来完成自身的生命活动，一般情况下不会导致宿主生病，宿主对病毒也具有相应的抵抗力。病毒开始跨物种传播，在不同的中间宿主间传染，就容易出现变异，产生使宿主致病的效果。

所以说禁食野生动物，是阻断病毒暴发的重要一环。

可用于生物防治的昆虫病毒

多数情况下，我们往往对病毒是“谈之色变”。但你可能不知道，在综合防治害虫的众多方法中，昆虫病毒作为一种杀虫剂，简直是有如神助。

昆虫病毒以昆虫作为宿主，目前已发现了1690多种病毒，可使1100多种昆虫和螨类致病死亡，可防治30%粮食和纤维作物上的主要害虫。

以防除棉铃虫、桑毛虫、茶毛虫、舞毒蛾、黏虫、粉蝶、小菜蛾等害虫的核型多角体病毒为例，该病毒的病毒颗粒在宿主细胞内常包埋在多角体蛋白中，它可以保护脆弱的病毒颗粒免受阳光中紫外线的杀伤。但多角体蛋白一旦遇到碱性环境，非常容易溶解，而害虫的消化液恰好碱性非常强，这正是核型多角体病毒杀虫的关键所在。当害虫将病毒连同食物吃进腹中，多角体蛋白遇到强碱性的消化液立即溶解，病毒颗粒被释放出来，并快速侵入害虫的消化道细胞，在细胞核中大量复制。而后，新一代病毒从细胞中释放进行全身性感染。

而人类和其他生物的消化道主要是酸性环境，所以这类病毒能够有选择地杀灭害虫，而不伤害其他动植物。

因此，昆虫病毒作为生物防治的重要手段之一，其优点在于特异性强、毒力高、稳定性好、安全无害，使用后能引起害虫群体病毒疾病的流行传播，在相当长时间内可以自然控制害虫消长。

可怕的朊病毒

朊病毒本身不含核酸，由宿主细胞染色体上的基因编码而成。朊病毒蛋白本身是一种天然无序蛋白，可以折叠、展开，当其处于正常状态时可为人体服务，但若折叠过程中出现了差错，会变得比正常蛋白质更加稳定，成为“无药可救”的朊病毒，致死率高达100%。朊病毒几乎具备“百毒不侵”的超强生命力。持续4个小时的沸水浴、紫外线照射、甲醛都对它无济于事，甚至对蛋白质的“天敌”——蛋白酶都具备抗性。我们只能看着它由第一次的错误折叠，然后按照多米诺骨牌效应倍增，最终不断聚合，在人或者动物的大脑中堆积，破坏中枢神经和细胞。

由于朊病毒本身就是生物体中的蛋白质，所以很难将其直接检测出来，但只要发病，患者往往会在1年左右去世，在发病过程中，患者会出现肌肉痉挛、站立不稳、肢体震颤等多种症状，严重的甚至无法控制自己的面部表情。随着朊病毒的入侵越发严重，患者的记忆力将大幅度衰退，如“行尸走肉”一般，无法对外界刺激及时做出反应。患者死后大脑变成海绵状，就像是被“僵尸”悄悄吃了脑子。此外，它的蛋白酶耐受性以及在多种生物体中都存在的特性，使其可以轻松地实现跨物种传播，通过各种途径进入人体。

自从1982年朊病毒被正式发现和命名之后，科学家就开始积极探索治疗方法。如多糖类化合物、杂环类化合物、抗生素等可以抑制朊病毒蛋白的增殖，适当延长患者的寿命，甚至制备出单克隆抗体，利用免疫机制进行干预等。相信有一天我们能找到真正的解决之道，摆脱这种“神秘蛋白”的侵袭。

蝙蝠为何身怀“致命”病毒却不致命？

首先，自身免疫力真不是越强越好。当人体被病毒感染，免疫系统会释放出免疫细胞和免疫因子进行防卫。如果人体对这种病毒的反应过于激烈，会引起危及生命的全身炎症反应，导致全身多脏器功能衰竭，导致很高的死亡率。反过来，如果机体对微生物免疫反应太弱，会导致机体病毒的载量过高，也就是病毒利用机体复制的能力过强，这对机体也是不利的。

所以，一种生物要想成为天然的病毒库，至少要具备两个特点：一是被病毒感染后，自身免疫机制不会因为反应太过剧烈，导致机体迅速死亡；二是能够与病毒长期共存，不会彻底地将病毒杀灭，并且能够在一定的情况下释放病毒。

蝙蝠能够抑制体内炎症

科学家用人流感A病毒、马六甲病毒和中东呼吸综合征冠状病毒这几种人畜共患病毒去感染人类、小鼠和蝙蝠的免疫细胞，结果发现与人类或小鼠相比，蝙蝠免疫细胞中NLRP3炎性小体（一种介导炎症的分子）的激活显著减弱。这种机制让蝙蝠在被病毒感染的时候，不会因为体内产生大量的炎性介质，导致其很快死亡。

蝙蝠体内能够不断地生成干扰素

干扰素是一种糖蛋白，是在机体细胞受到病毒等微生物刺激以后产生的，其主要作用是抗病毒和保护DNA的稳定性。

蝙蝠在遭遇病毒感染时，既能够避免自身的炎症反应太过剧烈，又可以保证病毒不会大量复制和蔓延，从而成了天然的病毒库。

病毒的增殖

噬菌体“霸气”侵染细菌
HIV又是如何“蒙混过关”的

发现契机！

1952年玛莎·蔡斯（Martha Chase，1927—2003）和艾尔弗雷德·赫尔希以T2噬菌体为实验材料，利用放射性同位素标记的新技术，完成了“噬菌体侵染细菌实验”，由此确认了T2噬菌体的遗传物质是DNA。

当人们认识了蛋白质，蛋白质便因为其多样性的存在而备受关注，很长一段时间科学家们纷纷猜测：蛋白质是控制生物体遗传的物质。直到核酸的发现，这种由许多脱氧核苷酸聚合而成的生物大分子才走进了人们的视野。

1928年，格里菲斯以小鼠和肺炎链球菌为实验材料，推断出了转化因子的存在。而后艾弗里等人通过肺炎链球菌体外转化实验证明了遗传物质是DNA。只可惜由于技术层面的原因，这个结论当时并没有被普遍接受。

我和赫尔希先生比较幸运的是利用了T2噬菌体这种相对比较简单的生物，这种病毒的成分只有DNA和蛋白质两种。我们可以猜测哪种成分在病毒增殖时位于宿主细胞内，并参与了子代噬菌体的形成，这种成分就是遗传物质！

这个实验也生动地演示出了噬菌体这种病毒在侵染宿主细胞时的动态变化。

原理解读!

- 噬菌体是一类主要感染细菌、放线菌等微生物的病毒。有的噬菌体遗传物质是DNA，有的噬菌体遗传物质是RNA。
- 噬菌体必须在活菌内寄生，有严格的宿主特异性，其取决于噬菌体吸附器官和受体菌表面受体的分子结构与互补性。如T2噬菌体就是专门侵染大肠杆菌的DNA病毒。
- 噬菌体的繁殖一般包含吸附、侵入、增殖、成熟和裂解等几个阶段，如下图所示。

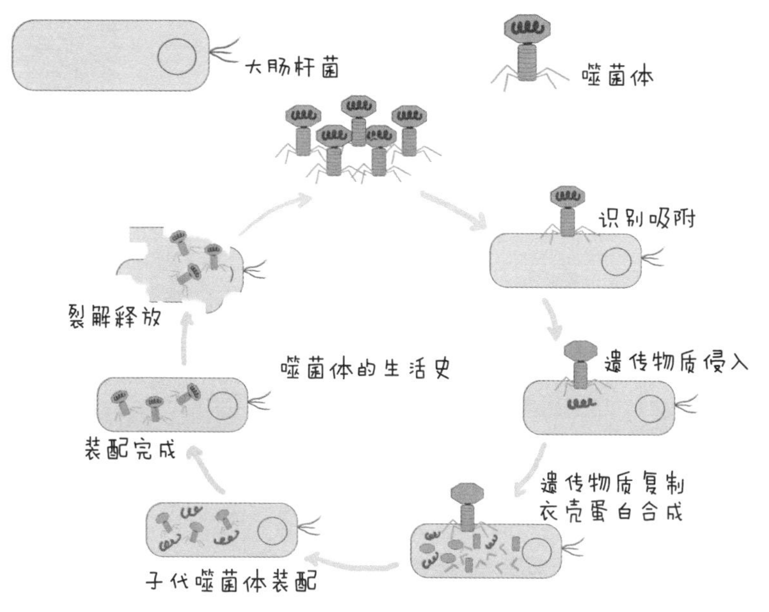

凡在短时间内能连续完成以上阶段而实现其增殖的噬菌体，称为烈性噬菌体。某些噬菌体侵入相应宿主细胞后，其基因组整合到宿主细胞的基因组上，并随后者的复制而进行同步复制，并不引起宿主细胞裂解，称为溶原性或溶原现象。凡能引起溶原性的噬菌体称为温和噬菌体，其宿主称为溶原菌。溶原菌一般能与噬菌体长期共存。

T2噬菌体侵染大肠杆菌的方式

大多数噬菌体呈复合对称壳体结构，其头部呈二十面体对称，尾部呈螺旋对称。在几何学立方对称结构中，以二十面体容积最大。因此，采取此种蛋白结构，使得噬菌体可以包装更多的核酸。噬菌体的繁殖依次包括吸附、侵入、增殖（复制与生物合成）、成熟（装配）与裂解（释放）5个阶段。

吸附：病毒吸附于宿主细胞表面是感染的第一步。当噬菌体与其特异宿主发生偶然碰撞后，噬菌体的尾丝尖端与宿主细胞表面的特异性受体相接触并紧密附着，以此固定在细胞表面。

侵入：噬菌体吸附宿主细胞膜后，噬菌体尾部先释放溶菌酶，将大肠杆菌表面的肽聚糖水解，以便在大肠杆菌细胞壁上打开一个缺口，尾鞘收缩，像注射器一样将头部的DNA注入细菌细胞，蛋白质外壳留在细胞壁外，不参与增殖过程。由吸附到侵入，噬菌体可能只需要15秒。

增殖：包括核酸的复制与蛋白质的生物合成。噬菌体DNA进入大肠杆菌细胞后，细菌的DNA合成停止，酶的合成也受到阻抑，噬菌体逐渐控制了细胞的代谢。子代噬菌体的形成是借助于细菌细胞的代谢机制，由噬菌体本身的核酸向宿主细胞发出指令并提供“蓝图”进行操纵。噬菌体的DNA巧妙地利用宿主细胞的“生产机器”，大量复制产生子代噬菌体的DNA，并表达出噬菌体的衣壳蛋白。

成熟：将上一步合成的子代DNA和衣壳蛋白等“部件”进行装配，形成子代噬菌体的过程。

裂解：当宿主细胞内的大量子代噬菌体成熟后，噬菌体释放水解细胞膜的脂酶和水解细胞壁的溶菌酶，促使细胞裂解，从而释放出成熟的子代噬菌体。子代噬菌体释放出来后，又去侵染邻近的细菌细胞，产生子二代噬菌体。

T2噬菌体在37℃下只需40分钟就可以产生100～300个子代噬菌体。

HIV侵染人体的方式

一般的病毒会直接进入人体，从而被人体免疫系统发现并集中围剿，和免疫系统之间处于“你追我逃”的状态。而HIV病毒不同，它们会选择专门攻击免疫细胞（如辅助性T细胞、巨噬细胞和抗原呈递细胞），直接实现了和免疫系统“大佬”间的决斗。

吸附、膜融合及穿入　HIV之所以能成功入侵，得益于手中的一把钥匙：病毒颗粒表面的包膜糖蛋白（Env）。Env通过特异性地与免疫细胞表面的CD4分子高亲和力结合，使病毒吸附在细胞表面，而后再与辅助受体（CXCR4和CCR5）相互作用，实现病毒包膜与宿主细胞的细胞膜融合，最终HIV丢掉它的外壳，使内部结构得以进入细胞。如下图所示。

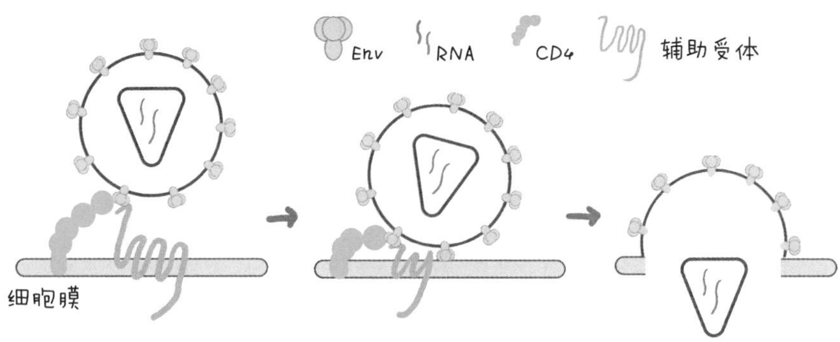

逆转录、入核及整合　进入细胞内后，HIV衣壳蛋白质解离并且被细胞降解，释放出遗传物质RNA，而后在“神器”逆转录酶作用下“改头换面”，病毒RNA转变为病毒双链性DNA，再在整合酶的带领下进入宿主的细胞核，整合到宿主细胞核的染色体DNA上。

转录及翻译　整合后的病毒DNA就可以大张旗鼓地发号施令，利用宿主细胞的基因表达系统开始生产“配件”。在宿主细胞RNA聚合酶的作用下，病毒DNA转录成RNA，其中一部分RNA经加工成为病毒子代基因组RNA，另一部分拼接后成为病毒mRNA，进而利用核糖体编码病毒结构蛋白和非结构蛋白，再通过内质网、高尔基体的加工，形成成熟的子代病毒蛋白和酶。

装配、成熟及出芽　子代病毒蛋白在宿主细胞膜内面与病毒子代RNA一起包装，结合为子代准备好的逆转录酶和整合酶等，从细胞膜获得病毒体的包膜进行“出芽”，独立的病毒颗粒即形成。这种方法可以为病毒免费获得一个包膜，而且该包膜和宿主细胞的细胞膜高度同源。当病毒再次进行吸附入侵时，它可以很快为病毒进入细胞赢得信任，也可以规避免疫细胞等的盘查。

就这样，这些新病毒继续感染其他细胞，HIV就在体内大肆繁殖了。

HIV本身并不致病，但会破坏免疫细胞，导致整个免疫系统的瘫痪，使人体更容易受到其他病原体的侵袭，进而引发疾病。

 流感病毒侵染人体的方式

流感病毒根据其内部蛋白质种类的不同，可分为甲、乙、丙3种类型。流感病毒内部是病毒的遗传物质和蛋白质，外裹包膜，表面有许多突出的蛋白质“小刺”，主要为血凝素（HA）和神经氨酸酶（NA）。

HA和NA是流感病毒的两大入侵法宝，依靠血凝素，流感病毒能肆意与被感染细胞结合，实施入侵；神经氨酸酶使病毒能切断自身与被感染细胞的结合，转而感染更多的细胞。

甲型流感病毒的血凝素HA分为H1～H18等亚型，神经氨酸酶NA分为N1～N11等亚型。HA和NA可随机组合，如H7N9型禽流感，就表示该病毒的HA是第7种形态，NA是第9种形态。流感病毒在传播过程中极易变异，所以很难防治。

那么，流感病毒是如何侵染的呢？见下页图示。

病毒进入　HA与呼吸道上皮细胞表面的唾液酸受体结合，并通过宿主细胞的胞吞作用促进病毒进入宿主细胞。

病毒脱壳和释放核心元件　病毒进入细胞后，将自己的衣壳分解，遗传物质被释放出来。

病毒复制　遗传物质被转运到细胞核中，启动病毒mRNA合成和病毒基因组RNA复制。

新病毒组装及出芽　从细胞核转运出病毒RNA，在细胞质中的核糖体上合成新的病毒核衣壳，并在质膜处组装，引发宿主细胞膜的出芽。

病毒释放　当NA从宿主细胞表面的唾液酸受体切下病毒颗粒时，新形成的病毒颗粒被释放到呼吸道中。

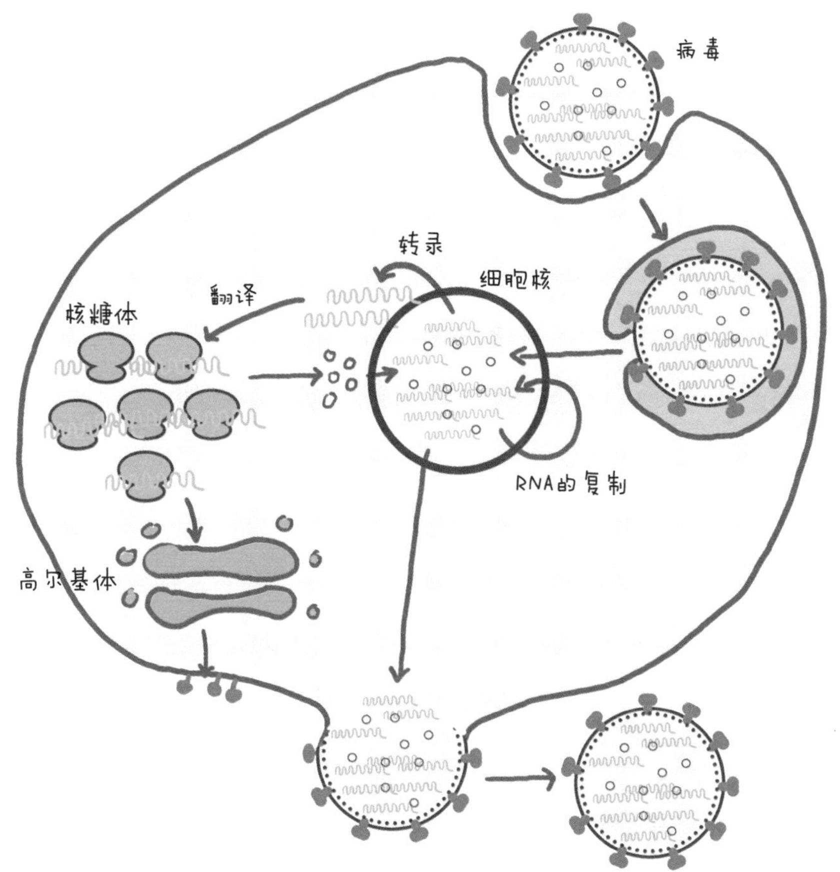

原理应用知多少！

利用噬菌体对抗超级细菌

治疗细菌感染的首选通常是抗生素，但是随着抗生素的滥用，超级细菌紧随而来！一旦感染了超级细菌，意味着没有什么抗生素能够治疗，只能依靠自身的免疫力。可怕的是，这些年超级细菌出现的频率越来越高了。这让人们的注意力重新回到噬菌体身上：是不是可以“以毒攻毒”，用噬菌体来杀灭超级细菌，达到治疗疾病的目的呢?

其实，相比传统的抗生素疗法，噬菌体疗法有诸多优势：

首先，噬菌体是可以复制的“活药”，只需小剂量给药就可以达到目的。

其次，抗生素的使用容易引起细菌的耐药性，而噬菌体与细菌在自然界中共同进化，因此能克服细菌抗性。

最后，抗生素的广谱性导致很多对人体有益的菌群产生不同程度的损害，破坏体内菌群环境。但是噬菌体不会，因为噬菌体想要进入到细菌，需要和细菌表面的蛋白质相互识别，这导致每种噬菌体只能对应一种细菌以及该细菌的亚种。只要我们使用正确的噬菌体品种，就不会误杀肠道有益菌，而是只会追杀对应的致病细菌。噬菌体的专一性，赋予了我们精准打击细菌的能力。

噬菌体展示技术

2018年，美国科学家乔治·史密斯及英国科学家格雷戈里·温特尔爵士因对噬菌体展示技术的研究工作获得了诺贝尔化学奖。噬菌体展示技术是**利用基因工程方法，将外源性基因片段插入到噬菌体的基因组中外壳蛋白基因的特定位置，使其目标基因编码的蛋白或多肽随着衣壳蛋白的表达而表达，并展示于噬菌体表面的技术。**

那么，噬菌体展示技术是如何开发药物的?

比如某个人感染艾滋病近10年一直没有发病，显然他体内产生了一种宝贵的抗体可以与病毒持续斗争。我们就想找到这种抗体。但是，一个人体内抗体的种类可能有上百万种，如何才能分离得到这种特异性拮抗艾滋病病毒的抗体呢？这就需要噬菌体展示技术了！

首先，提取几毫升这个人的骨髓，里面含有能产生这种抗体的细胞，提取细胞里的RNA，再经过逆转录得到cDNA文库。注意，这个文库中包含了各种抗体所对应的基因片段（假设为Y1、Y2、Y3，以此类推）。PCR扩增后，将这些外源基因分别插入到噬菌体的基因组中，而后噬菌体在头顶表面表达出相关的蛋白质。我们再使用艾滋病病毒的表面抗原蛋白GP120作为鱼饵，来“钓”这个人体内能结合GP120的特异性抗体（假设为下图中的Y1），经过几轮洗脱，得到能特异性结合GP120的噬菌体，噬菌体在大肠杆菌内大量扩增，抽取DNA测序。

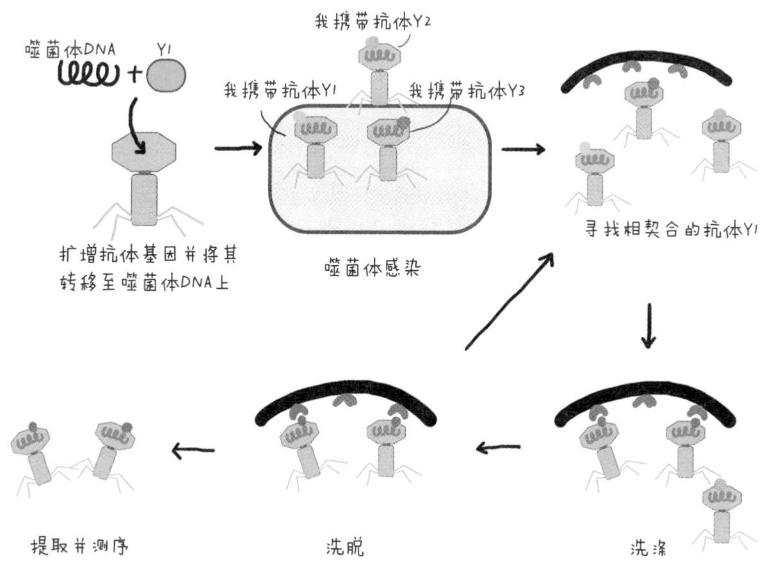

噬菌体展示技术自诞生以来，被广泛应用于各个生物医药领域的研究与开发。其中，抗体药物的研发是噬菌体展示技术最为令人瞩目的成就。

病毒可以塑造地球生态

自然界中，病毒几乎无处不在，据估计每升海水中含有上千亿个病毒。事实上，绝大多数病毒对人类没有致病性，相反一些病毒在支撑生态系统方面发挥着不可或缺的作用。

病毒在遏制细菌过度繁殖的过程中会加快物质循环，间接地调节着地球的温度。比如噬菌体是海洋中细菌种群的主要调节者，在地球上其他生态系统中可能也扮演同样的角色。噬菌体每天杀死数量庞大的细菌，这些细菌死亡后，将释放出大量的碳，让其重新参与生物圈的物质循环利用。与此同时，碳还对地球的气温有重大影响。

病毒在生态系统中还有一个无可替代的作用，那就是作为不同生物之间基因交换的媒介。因为只有病毒可以进入不同生物体的细胞核内部，在复制、传播过程中把一个宿主的基因片段随机带到另一个宿主的基因组中。

海洋聚球藻是一种在海洋中含量非常丰富的细菌，它们包揽了全球约1/4的光合作用，产生的氧气几乎占地球的10%。海洋聚球藻里能吸收光能的物质是一种能捕捉光子的蛋白质，而编码这种蛋白的基因正来自病毒。这些病毒寄生于蓝藻，在与蓝藻一起演化的漫长历程中，获得了蓝藻光合作用的基因，利用这个基因更好地存活下来，并完成了基因的转移。也就是说，我们呼吸的氧气中，有10%是病毒间接贡献的。

生物是如何构成的？

细菌

微小到肉眼难辨
生活中无处不在

发现契机！

——路易斯·巴斯德（Louis Pasteur，1822—1895）被称为19世纪最有成就的科学家之一。从耳熟能详的巴氏消毒法，到成功地研制出鸡霍乱疫苗、狂犬疫苗等多种疫苗，甚至巴斯德还成功地挽救了当时法国处于困境中的酿酒业、养蚕业和畜牧业。

做的事看似多而繁杂，但我其实只不过终其一生都在和微生物相爱相杀。

——据说您发明巴氏消毒法的契机是酒厂变酸的葡萄酒?

是的！显微镜下观察，我发现未变质的陈年葡萄酒液体中存在着圆球状的酵母细胞，它是酿酒的重要助手。然而，当葡萄酒和啤酒变酸后，酒液里大量存在的却是一根根细长的乳酸杆菌。那么，只要找到杀死乳酸杆菌的方法就可以啦。

——巴氏消毒法一般是指62℃～65℃加热30分钟，为什么不选择更高的温度呢?

要知道食品类消毒的基本原则是，既要将病原菌杀死，还要考虑食品中营养物质的保存。若温度太高，会有较多的营养成分流失。当然80℃～90℃处理30～60秒其实也是可以的。

原理解读！

- 细菌是非常古老的生物，大约出现于37亿年前。细菌属于真细菌域、原核生物界，是所有生物中数量最多的一类，广泛分布于土壤和水中，或者与其他生物共生。目前我们比较熟知的细菌大约只占细菌总数的1%。
- 细菌是形态微小、结构简单的单细胞生物，一般通过原核生物特有的“二分裂”方式增殖。
- 细菌具有不同的形状，根据形状可以分为3类：球菌、杆菌和螺旋菌，如下图所示。

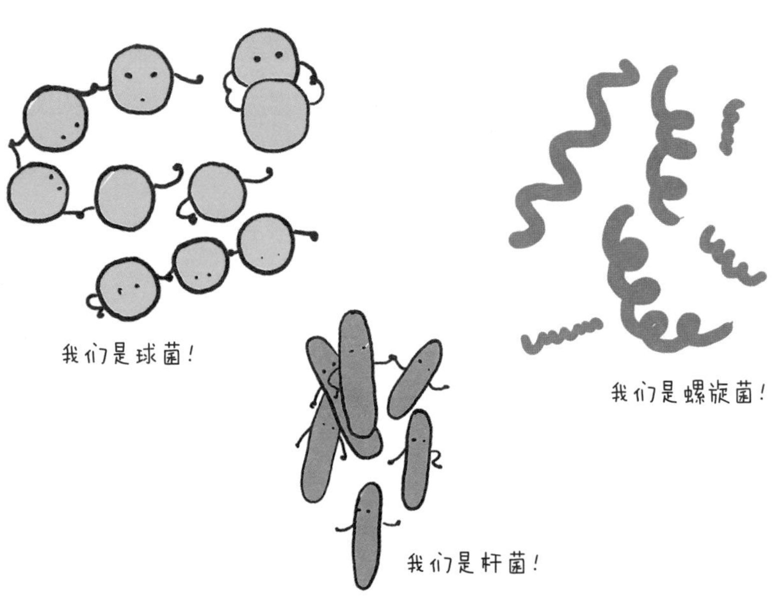

细菌按对氧气的需求来分类，可以分为需氧细菌和厌氧细菌。按生活方式，可以分为自养菌和异养菌，其中异养菌包括腐生菌和寄生菌，腐生菌是生态系统中重要的分解者，促进碳循环的顺利进行。

细菌的形态

细菌个体一般都很小，必须借助光学显微镜才能观察到，细菌的长度单位为微米（μm）。

• 球菌

球菌是一种形态为圆球形或近似球形的细菌。大多数球菌并不是以单个的小球存在，在分裂形成新个体时，它们会几个排列在一起，所以球菌可分为：单球菌、双球菌、链球菌、四联球菌、八叠球菌和葡萄球菌。如下图所示。

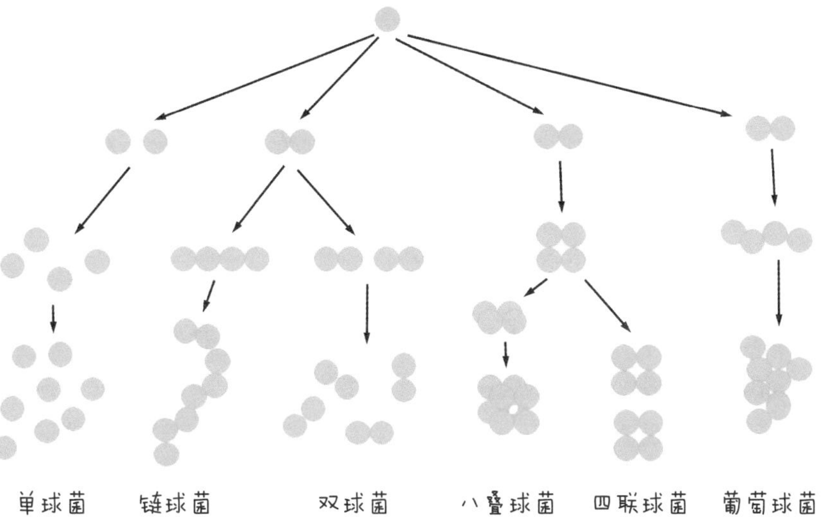

• 杆菌

杆菌的形态像长短不一的棒子，有的杆菌很短，有的杆菌细长，有的中间会弯曲，有的两头会有分叉，有的身上会长鞭毛或者菌毛，如下图所示。

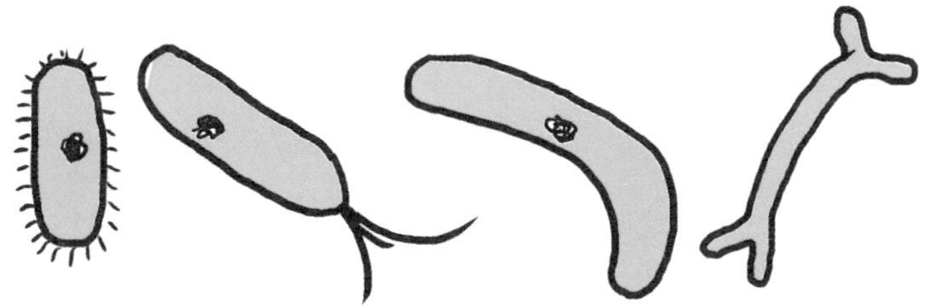

• 螺旋菌

螺旋菌是呈弯曲状的细菌。根据细胞弯曲的程度和硬度，常将螺旋菌分为3类：弧菌、螺旋菌和螺旋体，如下图所示。弧菌细胞短，螺旋不满一环，呈弧状，如霍乱弧菌；螺旋菌细胞有2～6次弯曲，呈螺旋形，如小螺菌；螺旋体细胞有6次以上弯曲成螺旋形，细胞柔软。

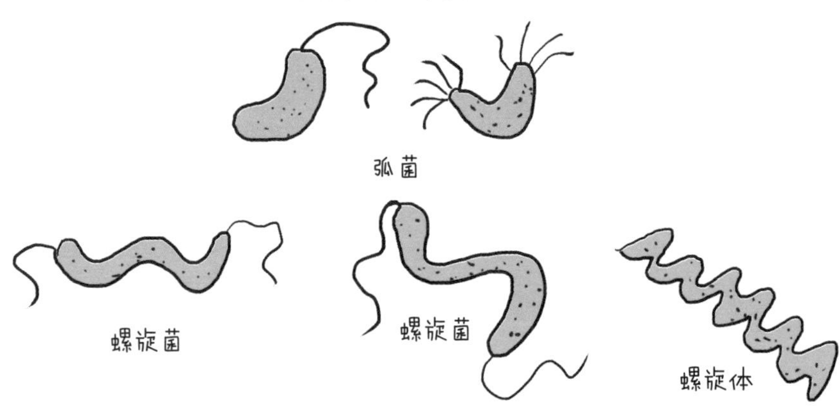

细菌在人工配制的固体培养基上生长繁殖时，大量细胞以其母细胞为中心，聚集在一起形成一个肉眼可见的、具有一定形态结构的子细胞群，我们称之为菌落。菌落可作为菌种鉴定和判断纯度的重要依据。由于细菌的种类不同，所形成的菌落的形状、大小、高低、位置、表面的粗细、边缘的形状、色调、透明度、软硬、黏稠度和特殊培养基的着色等，也各不相同，如下图所示。比如大肠杆菌的菌落呈乳白色、圆形、边缘整齐清晰、半透明状、表面光滑，用伊红-美蓝染色会呈现出具有金属光泽的紫黑色。

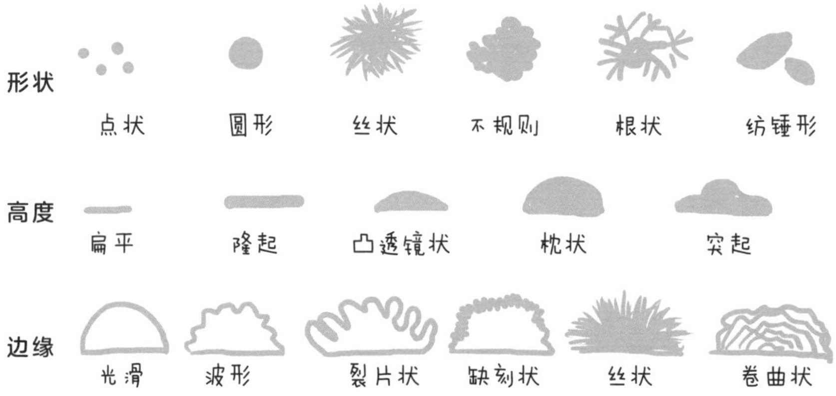

细菌的结构

细菌的基本结构包括细胞壁、细胞膜、细胞质、核质体（又叫拟核）等部分，有的细菌还有荚膜、鞭毛、菌毛、纤毛等特殊结构，如下图所示。

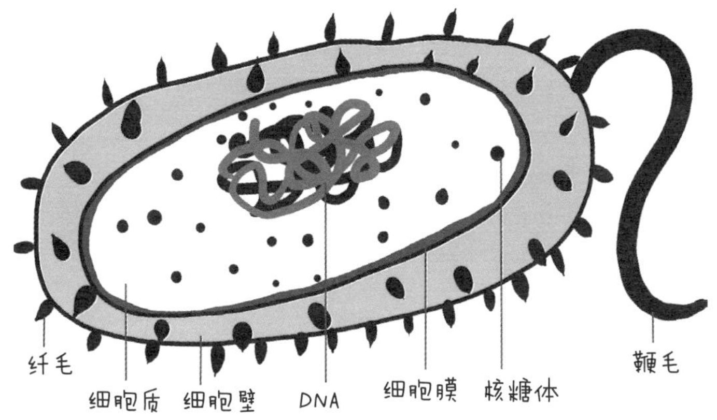

细胞壁　细胞壁是位于细胞膜外的一层较厚、较坚韧并略具弹性的结构，细胞壁的主要成分是肽聚糖。细胞壁能够保持细胞外形、抑制机械和渗透损伤、介导细胞间相互作用（侵入宿主）、协助细胞运动和分裂等。

细胞膜　细胞膜是防止细胞外物质自由进入细胞的屏障，外侧紧贴细胞壁，它保证了细胞内环境的相对稳定。细胞膜与物质转运、呼吸和分泌、生物合成、细菌分裂等生命活动密切相关。

细胞质　细胞质为细胞膜包裹的溶胶状物质。细菌细胞质内含唯一的细胞器核糖体，负责合成蛋白质。也有独立于核质体以外的遗传物质（小型环状DNA分子），即质粒。还可能有贮存营养物质的胞质颗粒等。

核质体　细菌的核质体是一个大型环状的双链DNA分子，是细菌遗传物质聚集的区域。

荚膜　荚膜是某些细菌表面的特殊结构，是位于细胞壁表面的一层松散的黏液物质。荚膜的成分因不同菌种而异，主要是由葡萄糖与葡萄醛酸组成的聚合物。荚膜对细菌的生存具有重要意义，细菌不仅可以利用荚膜抵御不良环境，保护自身不受白细胞吞噬，而且能有选择地黏附到特定细胞的表面，表现出对靶细胞的专一攻击能力。

鞭毛 鞭毛是长在某些细菌菌体上细长而弯曲的具有运动功能的蛋白质附属丝状物，鞭毛的长度常超过菌体若干倍，少则1～2根，多则可达数百根。细菌可以通过调整鞭毛旋转的方向来改变运动状态。

菌毛 菌毛是革兰氏阴性菌菌体表面密布的短而直的丝状结构，可在电子显微镜下观察到。菌毛数目很多，每个细菌可有100～500根菌毛。菌毛的化学成分是蛋白质，分为普通菌毛和性菌毛两类。前者主要增加细菌的黏附作用，与细菌的致病性有关。后者主要通过细菌特殊的“接合”作用，传递细菌的毒力、耐药性等性状。

纤毛 纤毛是细胞游离面伸出的能摆动的较长的突起，在光镜下能看见。有的纤毛可以辅助细菌运动，有的纤毛可以用作感应细胞。

细菌的繁殖

细菌最主要的繁殖方式是二分裂。细菌细胞生长到一定阶段时，细胞中的遗传物质（DNA）先开始复制，而后在细胞的中央逐渐形成横隔，最后由一个母细胞分裂为两个大小相等的子细胞，每个子细胞都具有一个DNA分子。如下图所示。

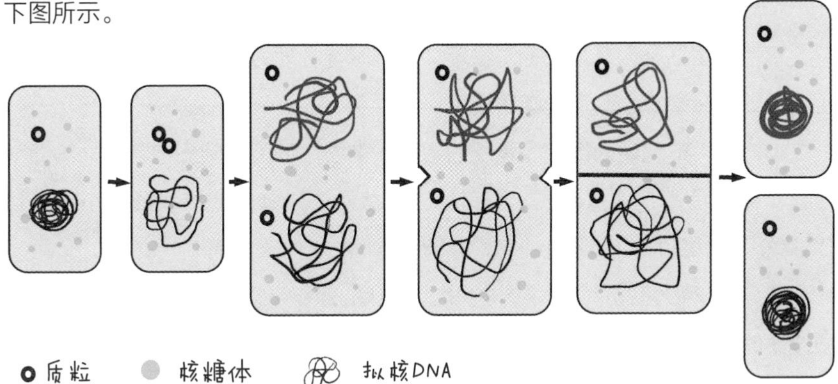

当细菌处于温度、湿度、空气均适宜，且营养丰富的环境时，会快速繁殖，呈指数级增长。一般细菌20～30分钟便分裂一次，即为一代。

有些细菌可以形成芽孢结构，芽孢能够耐受高温、干旱、强辐射等极端恶劣环境，有利于其渡过严峻的环境考验，保持自身的延续。

革兰氏染色

革兰氏染色法是细菌学中广泛使用的一种鉴别染色法，这种染色法是由丹麦医生汉斯·克里斯蒂安·革兰（Hans Christian Gram，1853—1938）于1884年发明。根据细胞壁的组成成分和结构，细菌分为革兰氏阳性菌和革兰氏阴性菌。

细菌形体微小，未经染色的细菌，与周围环境折光率差别很小，在显微镜下极难观察。而染色后的细菌与环境形成鲜明对比，可以清楚地观察到细菌的形态、排列及某些结构特征，从而用以分类鉴定。染色后，革兰氏阴性菌呈现红色，革兰氏阳性菌则呈蓝紫色。

革兰氏染色法除了能够鉴别细菌，还具有什么意义呢?

在疾病治疗上，大多数革兰氏阳性菌（如金黄色葡萄球菌、肺炎链球菌、肠球菌、白喉杆菌、炭疽杆菌、破伤风杆菌等）对青霉素类、头孢菌素、万古霉素、克林霉素等高度敏感。

大多数肠道菌属于革兰氏阴性菌，它们产生内毒素，靠内毒素使人致病。革兰氏阴性菌对青霉素不敏感，可以选择氟喹诺酮类药物（如诺氟沙星、左氧氟沙星，大环内酯类如克拉霉素、罗红霉素等）针对治疗。

区分病原菌是革兰氏阳性菌还是阴性菌，在选择抗生素方面意义重大。

原理应用知多少！

消毒和灭菌

细菌无处不在，只要有生命的地方，都会有微生物的存在。它们存在于人类呼吸的空气中、喝的水中、吃的食物中，为了防止致病细菌的侵染，我们常常要采取消毒或灭菌的方式，那么这两者有什么区别呢?

消毒

消毒是指使用较为温和的物理、化学或生物方法杀死物体表面或内部的部分微生物（不包括芽孢和孢子）。常见的消毒方法有煮沸消毒法、巴氏消毒法、化学药剂消毒、紫外线消毒等，如下图所示。

煮沸消毒法常用于家庭餐具等生活用品的消毒，需要100℃下煮沸5～6分钟。一般空气消毒常用的方法是紫外线消毒，30W紫外灯照射30分钟即可。皮肤、伤口、动植物组织表面消毒和空气、手术器械、塑料或玻璃器皿等的消毒，常采用化学药剂消毒法，如用体积分数为70%～75%的乙醇或碘酒涂抹。除此以外，牛奶、啤酒、果酒和酱油等不宜进行高温灭菌的液体常用巴氏消毒法，即用62℃～65℃加热30分钟或80℃～90℃处理30～60秒。

灭菌

灭菌是指使用强烈的理化方法杀死物体内外所有的微生物，包括芽孢和孢子。常见的灭菌方法有灼烧灭菌、干热灭菌、湿热灭菌（高压蒸汽灭菌效果最好）等。

实验室常利用酒精灯或酒精喷灯对试管口以及其他微生物的接种工具进行灼烧灭菌。除此以外，实验室还经常会用到干热灭菌箱和高压蒸汽灭菌锅，前者适用于吸管、培养皿等玻璃制品，使其保证灭菌的同时也能足够干爽，后者适用于给培养微生物的培养基灭菌。

细菌在生活中的应用

其实，大多数细菌是无害细菌，它们约占地球上总细菌数量的2/3，其中有些细菌可被利用起来造福人类。

发酵制品 细菌可以通过发酵过程生产出很多食品和饮料，如利用乳酸菌制作酸奶和酸菜、利用醋酸杆菌酿制食醋和苹果醋、利用谷氨酸棒状杆菌生产味精等。

医药生产 利用细菌可以生产多种药物，如抗生素、激素、酶类制剂等。链霉素、青霉素、土霉素等都是利用细菌生产的抗生素。

生物降解 细菌可以分解和降解许多有机化合物，如油污、废水或污泥中的污染物等。科学家利用嗜甲烷菌来分解美国佐治亚州的三氯乙烯和四氯乙烯污染。利用细菌进行生物降解，可以达到环境治理的目的。

基因工程 细菌具有较高的基因重组率，因此可以应用于基因工程领域，如利用微生物进行基因克隆和基因组编辑、制造生物工程材料、生产新型药物等。

生产沼气 例如甲烷菌通过发酵分解有机物，产生甲烷气体（沼气的主要成分），可以燃烧产生二氧化碳和水，用于照明、取暖等。

细菌致病原因

致病性细菌对寄主的侵染包括吸附于体表侵入组织或细胞进行生长繁殖，产生毒素以及抵抗寄主一系列防御机能，最终造成机体损伤。细菌损伤宿主细胞的程度取决于细菌的黏附能力、侵袭能力以及毒素的释放能力。致病性细菌内含有成簇分布的致病性基因，少量致病性基因即可决定该细菌是否致病。同时，细菌依靠质粒和噬菌体的侵染使致病性基因在细菌间传播，赋予细菌高存活能力、高致病性以及抗生素抵抗能力等。

细菌使宿主细胞致病一般分为以下3种情况（如下页图示）：

①有些细菌在宿主细胞表面生长繁殖，释放毒素，毒素进入宿主体内环境。

②有些细菌吸附宿主后，细胞膜上形成裂隙，细菌进入细胞内繁殖产生毒素，使细胞死亡。

③还有些细菌通过黏膜上皮细胞进入皮下组织，并进一步扩散。

细菌之所以能够黏附于宿主细胞，一种由细菌黏附素介导，如化脓菌具有细胞表面蛋白F和磷壁酸，可结合细胞表面及细胞外基质的纤维黏连蛋白。还有某些细菌具有细丝状菌毛，不同细菌菌毛顶部的氨基酸序列不同，决定了其黏附于宿主细胞的特异性，如大肠杆菌导致尿路感染，其原因为该细菌表面的P菌毛可特异性结合泌尿道上皮细胞的甘丙肽蛋白。

细菌的荚膜等结构具有抗吞噬和体液杀菌物质的能力，有助于病原菌在体内存活。同时，细菌代谢过程中产生的侵袭性酶分泌到菌体周围，可协助细菌抗吞噬或有利于细菌在体内扩散。

细菌的毒素是病原菌的主要致病物质，主要为外毒素和内毒素两种。外毒素是革兰氏阳性菌和部分革兰氏阴性菌生长繁殖过程中合成并释放到菌体外，直接引起细胞损伤的蛋白质。不同细菌产生的外毒素，对组织细胞有高度选择性，毒性作用强，可引起特殊的病变和症状。内毒素是革兰氏阴性菌细胞壁外层结构的脂多糖成分，大量细菌内毒素进入血液循环，可引起内毒素休克综合征，导致机体发热、中毒性休克、弥散性血管内凝血、急性呼吸窘迫综合征以及促进免疫细胞增殖和释放细胞因子。

顽强的生命体——细菌

在极端环境下，最有可能繁衍生息的不是所谓的高等生物，而是以细菌为代表的微生物。

耐辐射球菌

日本科学家曾经在国际空间站外的面板上放置了一些耐辐射球菌的菌团。3年后发现，所有直径大于0.5毫米的菌团都得以存活。原来这些菌团外层的细菌在死亡后形成保护层，可以帮助内部的细菌继续存活。

嗜热菌

大多数生物在50℃以上的环境中难以存活，而在美国黄石国家公园的含硫热泉中，科学家曾分离出一种酸热硫化叶菌，它们可以在高于90℃的温度下生长繁殖。深海热泉中，也有一些以硫化物为生的深海热网菌，它们除了承受着足以将潜艇压成薄煎饼的大气压外，还经受住了超过100℃的高温考验。

嗜酸菌

嗜酸菌是一类不怕酸的细菌，通常分布在pH值为0.5～4的酸性矿水和酸性热泉中。在自然界的酸性环境中，通常都含有大量对生物有害的金属离子，但嗜酸菌却可以很好地生长，并从中吸取养分。这是因为它们具有对付金属的特殊本领：有的可以将吸入体内的金属离子排出体外，有的可以将其储存在体内特定的部位，还有的甚至可以将金属离子直接转化为金属。一种代尔夫特食酸菌生活在含有金离子的环境时，会释放出脱纤维蛋白A。这种蛋白质可以将金离子转化为纯金微粒，也许未来利用它从金矿废水中提炼黄金会成为可能。

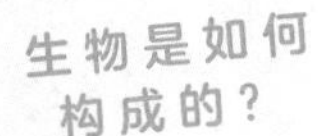

毕希纳

酶

日常生活的“帮手”
绿色生物制造的“芯片”

发现契机！

—— 爱德华·毕希纳（Eduard Buchner，1860—1917）一生从事发酵过程和酶化学的研究，由于他证明了使碳水化合物发酵的是酵母菌所含的各种酶而不是酵母菌本身，于1907年获诺贝尔化学奖。

糖类到底是如何变成酒精的？最开始化学家们一直以为这是一个单纯的化学过程，与生命活动无关。然而，巴斯德通过观察，提出了酿酒中的发酵过程必须有活的酵母菌参与。

—— 我记得同一时期的李比希认为导致发酵过程产生的是酵母菌体内的某些物质，而这些物质只有酵母菌死亡并裂解后才能发挥作用。这两种观点在一段时间内争持不下。

为了搞清这个问题，我将酵母菌捣碎，并用过滤后的提取液与葡萄糖溶液混合，结果发现糖液依旧变成了酒，其效果与活的酵母菌参与的发酵反应并没有什么不同。而使这个反应发生的物质，我将其称为酿酶。很显然，酿酶和化学里面的催化剂一样，具有神奇的催化能力。

原理解读！

- 酶的化学本质：绝大多数是蛋白质，少数是RNA。
- 一般来说，几乎所有的活细胞都能产生酶。并且只要条件适宜，在细胞内外以及生物体内外，酶均可以发挥作用。生物体内有酶的存在，使细胞代谢能在温和条件下快速有序地进行。
- 酶具有催化作用。
- 酶和无机催化剂一样，能够降低化学反应的活化能。
- 分子从常态转变为容易发生化学反应的活跃状态所需要的能量称为活化能。具体原理如下图所示。

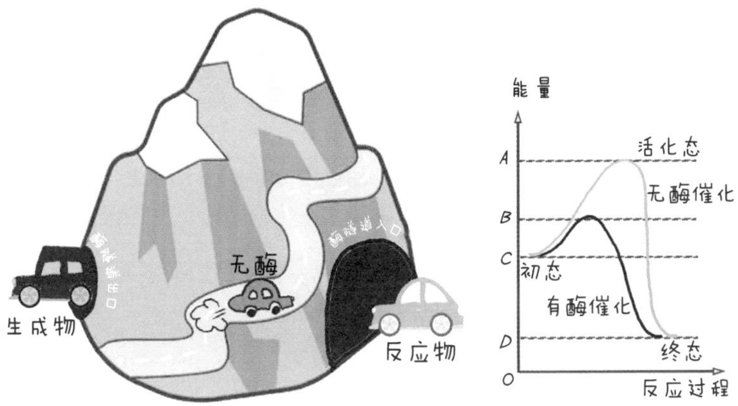

表示无酶催化时反应进行所需要的活化能是AC段。

表示有酶催化时反应进行所需要的活化能是BC段。

表示酶降低的活化能是AB段。

最先确定酶的化学本质是蛋白质的科学家是萨姆纳，而后发现部分RNA也具有催化作用的科学家是切赫和奥尔特曼。

酶的特性

与无机催化剂一样，酶只能催化热力学允许的反应，反应前后本身不被消耗或变化。酶能够缩短到达化学平衡所需要的时间，并不能改变化学反应的平衡点，如下图所示。因此，酶不能改变最终生成物的量。受酶催化的化学反应叫作酶促反应，其中的反应物叫作底物。作为生物催化剂，它还有一些独特的特点，具体如下。

高效性：酶的催化效率是无机催化剂的10^7～10^{13}倍，这可以使细胞代谢快速进行。

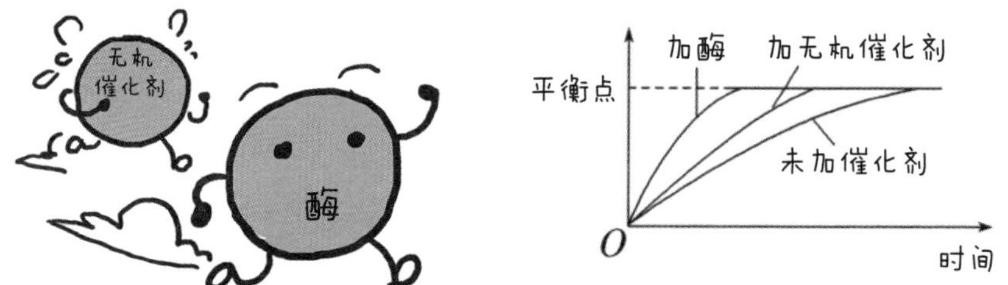

酶在活性中心与底物相结合：酶的活性中心是指酶分子上与底物结合，并与催化作用直接相关的区域。酶的活性中心只占酶总体积的一小部分，其构象并不是固定不变的。在与底物结合的过程中，酶和底物具有特定的、相契合的空间结构，可能伴随着酶活性中心“形状”的改变。

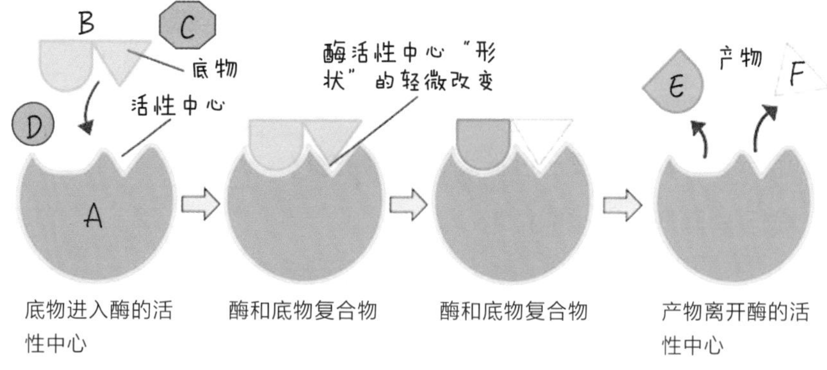

在上图中，A表示酶，B表示被催化的底物，E、F表示B被分解后的产物，C、D表示不能被该酶催化的物质。

专一性：每一种酶只能催化一种或一类化学反应，从而使细胞代谢有条不紊地进行。

酶的专一性包含以下3种类型：

①绝对特异性：酶只作用于特定结构的底物，生成一种特定结构的产物，如淀粉酶只作用于淀粉。

②相对特异性：酶可作用于一类基团或一种化学键，如磷酸酶只能水解底物分子上的磷酸基团。

③立体异构特异性：一种酶仅作用于立体异构体中的一种，如L-乳酸脱氢酶只作用于L-乳酸，而对D-乳酸不起催化作用。

作用条件较温和：在最适宜的温度和pH值条件下（如下图所示），酶的活性最高；高温、过酸、过碱等条件会使酶的空间结构遭到破坏而永久失活；低温条件下酶的活性很低，但空间结构稳定。

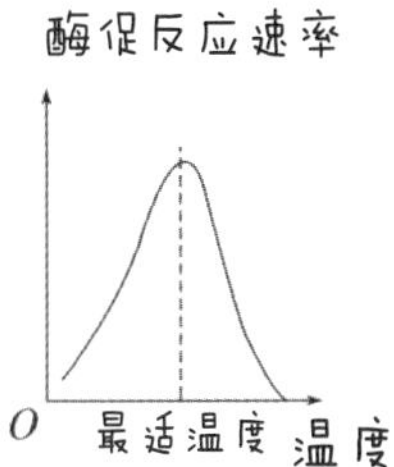

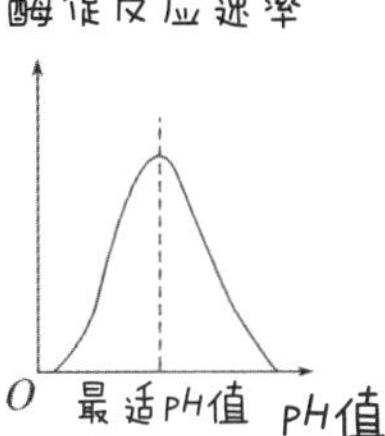

原理应用知多少！

身体中的酶“常识”

有些人喝酒会脸红，有些人会“宿醉”，这与两种酶密切相关！肝脏中的**乙醇脱氢酶**可以将酒中的乙醇氧化为乙醛，生成的乙醛进一步在**乙醛脱氢酶**的催化下转变为无害的乙酸。有些人体内的乙醇脱氢酶活性高，饮酒后乙醛水平迅速升高，使毛细血管扩张，表现为面部潮红；有些人体内的乙醛脱氢酶活性较低，会使乙醛在体内堆积，导致宿醉，甚至造成肝损伤。

现代医学的发展和酶可谓是息息相关，比如医生可以通过检测患者特定的酶的含量，来判断身体的状况。例如，肝炎和其他原因肝脏受损，导致肝细胞坏死或通透性增强，大量转氨酶释放入血，使血清**转氨酶**异常升高；急性胰腺炎时，血清和尿中**淀粉酶**活性显著升高；心肌梗死时，血清**乳酸脱氢酶**和**磷酸肌酸激酶**明显升高等。

虽然我国牛奶产量位于世界前列，但不耐受乳糖人群的比例却很高。乳糖不耐受症的主要原因是肠道分泌的乳糖酶不足，人体肠道不能消化吸收乳制品中的乳糖，表现出不同程度的腹胀、腹泻等。服用**乳糖酶**，可以使症状消失。乳糖酶可以将食物中的乳糖分解为葡萄糖和半乳糖，进而通过细胞的主动转运而使身体吸收利用，如下图所示。

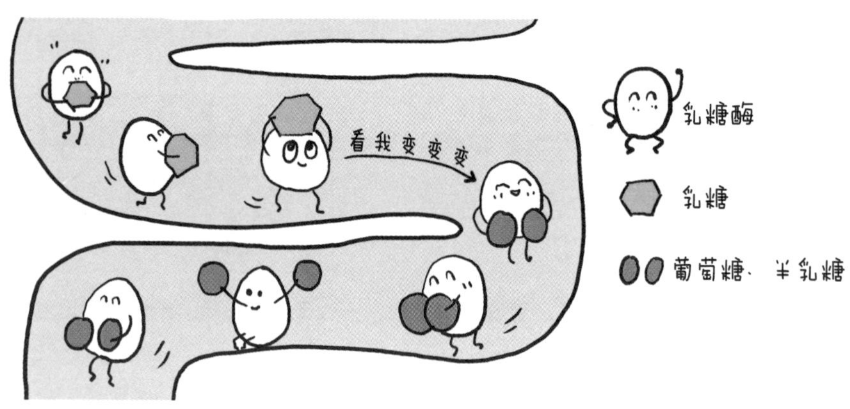

生活中的酶“帮手”

衣物上常见的污渍，比如奶、蛋、汗渍等都含有蛋白质，很难被分解去除。洗衣粉中常加入**碱性蛋白酶**、**脂肪酶**、**淀粉酶**等。其中添加的蛋白酶，可以把污垢中的蛋白质分解成可溶性的肽，从而增强了去污能力，使衣服干净如新。

胰蛋白酶可以促进伤口愈合和溶解血凝块，还可以用于去除坏死组织，抑制污染微生物的繁殖。

溶菌酶能够溶解细菌的细胞壁，具有抗菌消炎作用，如下页图所示。临床上可以用溶菌酶与抗生素混合使用，增强抗生素疗效。

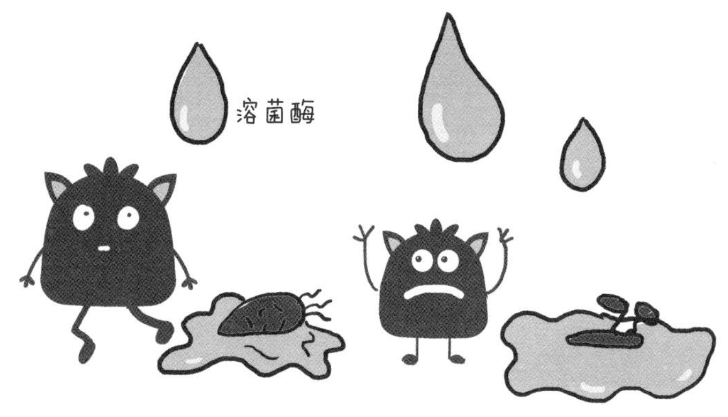

为什么自己榨的果汁总有很多漂浮物，而超市里的饮料就比较澄清呢？果胶酶功不可没。果胶酶能够分解果肉细胞壁中的果胶，提高果汁产量，使果汁变得澄清透明。

能够分解隐藏在牙缝中细菌的含酶牙膏，可以帮助消化的多酶片，生产奶酪时的凝结剂、凝乳酶等，都是生活中必不可少的酶“帮手”。

酶也是绿色生物制造的核心“芯片”。利用酶的特性，可以在工业制造中减少原料和能源的消耗，降低废弃物的排放。例如，药厂用特定的合成酶来合成抗生素；纤维素被纤维素酶分解后进行发酵，生产生物燃料；找到或者改造出对应的高效酶，使塑料垃圾完全降解等。

酶缺陷疾病

人体的正常代谢是由许多代谢反应交织形成的平衡体系，几乎每一步反应都需要酶的调节。酶基因缺陷会引起酶缺乏或酶活性异常，进而影响相应的生化过程，引发连锁反应，就会打破正常的平衡，造成代谢紊乱而致病。

首先，以一种罕见病瓜氨酸血症1型为例。

我们的肝脏能够将有毒的氨转化为尿素排出体外，整个过程很复杂，其中有一步，需要精氨琥珀酸合成酶将瓜氨酸和天冬氨酸催化合成精氨琥珀酸。但瓜氨酸血症1型患者无法完成这一步，因为合成酶不“干活”了！瓜氨酸和整个“生产线”的其他副产品的堆积，以及最终导致无法排出体外的有毒氨，会损伤神经系统，如下图所示。所以，患有该病的婴儿出生数日后会出现明显的无力、昏睡、食欲缺乏、呕吐、抽搐，甚至失去知觉。

白化病与苯丙酮尿症均为与酶有关的先天性代谢缺陷病，如下图所示。

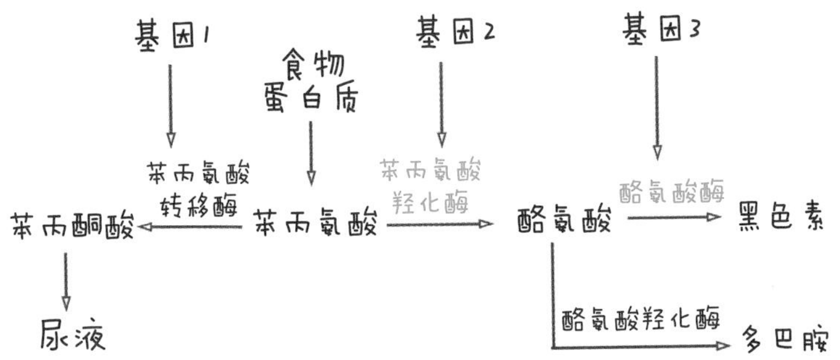

酪氨酸酶与黑色素的产生有关，黑色素的前体是酪氨酸，由于患者体内编码酪氨酸酶的基因发生突变而导致酪氨酸酶缺陷，使黑色素不能生成，进而出现白化病，表现出皮肤、头发为白色或淡黄色。

苯丙酮尿症是由于患者体内编码**苯丙氨酸羟化酶**的基因发生突变而使苯丙氨酸不能转变为酪氨酸，致使苯丙氨酸在体内积累。过量的苯丙氨酸只能在苯丙氨酸转移酶的作用下变为苯丙酮酸，由尿液排出。表现为患者在出生数个月后，出现智力障碍、脑电波异常、头发细黄、皮肤色浅、尿有“发霉”臭味等。

投弹手甲虫：天然的生化专家

投弹手甲虫非常特别，它尾部架设了“炮管”，在遇到刺激时，射出“毒气弹”来攻击敌人（如蚂蚁、青蛙和蜘蛛）。一声爆响之后，尾部“炮管”以脉冲的方式高速向外喷射接近100℃高温的有毒喷雾，如下图所示。投弹手甲虫的长度只有2厘米，但毒气弹的射程却能达到好几米。

这种精妙的防御系统是如何形成的呢?

原来在投弹手甲虫的腹部有两个腺体，并列地分布在左右两边，腹部尖端有开口，这就组成了一个天然的燃烧室，每一个燃烧室里含有两个小囊，分别贮存着过氧化氢和对苯二酚。当捕食者靠近时，两种物质混合在一起，同时燃烧室壁细胞分泌过氧化氢酶和过氧化物酶，催化下列反应：

$2H_2O_2$（过氧化氢）$= 2H_2O + O_2$

$C_6H_4(OH)_2$（对苯二酚）$+ H_2O_2 = C_6H_4O_2$（苯醌）$+ 2H_2O$

这两种酶催化的威力极强，使整个反应在极短的时间内发生。整个反应会产生大量的热，产生的氧气会因热膨胀作为推进剂，而苯醌是一种具有刺激性臭味，且有很强的挥发性和毒性的物质，三者累加使“爆炸”效果极其震撼。

投弹手甲虫的毒气弹连续喷射20多次后，会用光“炮弹”，需要近20多个小时才能补充完成。在没有“毒气弹”防身的这段时间，对投弹手甲虫而言，则是危险万分的。

细胞膜

细胞的边界守护者
细胞间信息传递的驿站

发现契机！

——西摩·乔纳森·辛格（Seymour Jonathan Singer，1924—2017），美国细胞生物学家，1972年与尼科尔森共同提出了细胞膜的流动镶嵌模型。

最开始，大家沉迷于研究细胞的物质跨膜运输，发现某些现象无法用简单的“大小”来衡量，所以研究方向发生了从生物膜的功能深入探索到生物膜的结构的改变。

——欧文顿用500多种化学物质对植物细胞的通透性进行了上万次实验，发现细胞膜上含有脂质。20世纪初，科学家又通过化学分析，发现膜的主要成分是磷脂和蛋白质。而后荷兰科学家又发现磷脂分子在膜内呈双层排布。

是的！在此之后，罗伯特森在电子显微镜下观测到了“暗-亮-暗”三层结构；还有科学家用荧光标记人和鼠的细胞膜并让两种细胞融合，放置一段时间后发现两种荧光均匀分布，充分说明细胞膜具有流动性。这些发现都为我们接近真相做好了铺垫。

——所以，您和尼科尔森总结了当时有关膜结构模型及各种研究新技术的成就后，才提出了生物膜的流动镶嵌模型。

原理解读！

流动镶嵌模型的基本内容：

- 磷脂双分子层构成了生物膜的基本支架，其中磷脂分子的亲水性头部朝向两侧，疏水亲脂性的尾部相对朝向内侧。
- 蛋白质分子以各种镶嵌形式与磷脂双分子层相结合，如下图所示。有的镶嵌在磷脂双分子层表面，有的部分或全部嵌入磷脂双分子层中，有的横跨整个磷脂双分子层，体现了膜结构内外的不对称性。另外，大多数膜蛋白分子是功能蛋白。
- 磷脂分子和大多数蛋白质分子是可以运动的，体现了生物膜具有一定的流动性。
- 细胞膜表面的糖类可以与蛋白质结合在一起形成糖蛋白，也可以和脂质结合形成糖脂。这些糖类分子叫作糖被。如消化道和呼吸道上皮细胞表面的糖蛋白有保护和润滑作用。糖被与细胞表面的识别有密切的关系，好比细胞与细胞之间，或者细胞与其他大分子之间，互相联络用的文字或语言。

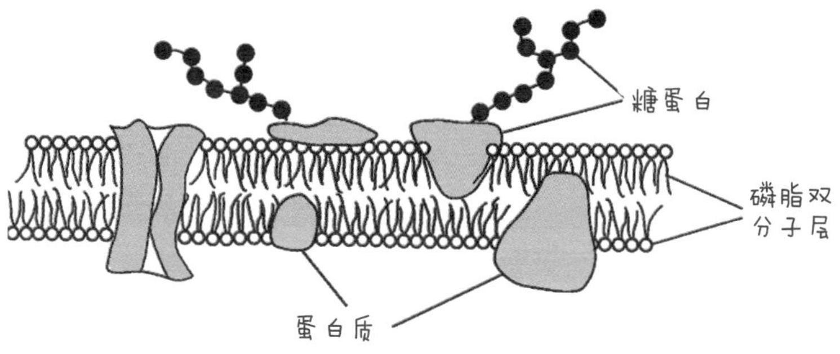

细胞膜的化学组成

细胞膜又叫作质膜，其主要成分是脂质（50%）和蛋白质（42%），还含少量的多糖（2%～8%）、微量的核酸、金属离子以及水分。

• 脂质

膜上的脂质主要包括磷脂（含量最多，占75%）、糖脂、胆固醇和中性脂质。

磷脂是生物膜的基本骨架，是一种由甘油、脂肪酸和磷酸组成的分子，如下图所示。磷酸“头”部是亲水的，脂肪酸“尾”部是疏水的。亲水性头部朝向细胞膜的内外表面，与细胞外液和细胞质中的极性水分子接触；疏水性的尾部朝向磷脂双分子层内部。

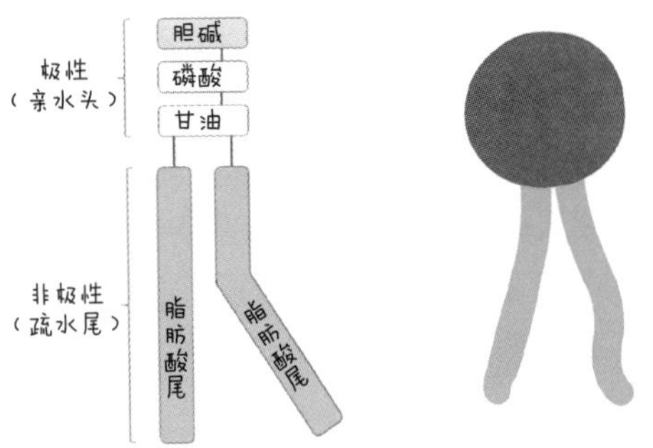

糖脂仅存在于磷脂双分子层的外层，体现了膜的不对称性。糖脂的含量约占膜脂总量的5%，在神经细胞膜上比例略高。

胆固醇存在于真核细胞膜上，分散在磷脂双分子层之间，含量一般不超过膜脂的1/3。胆固醇在细胞膜中调节着膜的流动性，可增加膜的强度和弹性，稳定细胞膜，降低膜脂质的天然流动性和水溶性物质的通透性。当膜上胆固醇含量增加时，脂质及蛋白质在膜中较难流动。某些原核生物的质膜中不含胆固醇，但含有甘油酯等中性脂质。

• 蛋白质

膜蛋白是膜结构中的重要成分之一，在不同生物的体细胞中，膜上蛋白质存在的种类和数量各不相同。

膜上的蛋白质有两类：整合蛋白（又称镶嵌蛋白）和外周蛋白。整合蛋白与膜脂质紧密结合在一起，大多数整合蛋白贯穿整个细胞，形成允许某些物质通过的通道。

外周蛋白为水溶性蛋白，它们以不同的方式与膜表面连接（大多数附着于细胞膜的内表面）。因此，只要改变溶液的离子强度甚至提高温度，就可以从膜上分离下来，而膜结构并不被破坏。

• 糖类

细胞膜含有少量糖类，它们以共价键的形式连接在膜的外表面的某些脂质和蛋白质上，形成糖脂或糖蛋白。这些糖类具有重要的功能：①它们带负电荷，使大多数细胞膜表面带负电，因此可以排斥其他带负电荷的物质；②许多糖类（糖蛋白）发挥受体的作用，可与激素结合，继而激活其所附着的整合蛋白，再激活一系列细胞内的酶系；③某些糖被起分子标志物作用，使细胞能识别其他种类的细胞，这是产生免疫反应的基础。

• 其他物质

细胞膜的水大部分为结合水，约占膜重量的30%。细胞膜中的金属离子在蛋白质与脂质中起盐桥的作用。比如，镁离子对ATP（中文为腺苷三磷酸，详见第74页的介绍）酶复合体与脂质结合具有促进作用；钙离子对调节膜的生物功能有重要作用。

细胞膜的特性

• 细胞膜的流动性

细胞膜的流动性是细胞进行生命活动的必要条件，主要包括膜上脂质的流动和蛋白质的流动。

膜上脂质的流动性主要是指磷脂分子的侧向自由运动、旋转运动、左右摆动以及翻转运动等，如右图所示。膜脂的流动性受着一些因素的影响，如温度、脂肪酸链的饱和度以及长度、胆固醇的作用、膜脂与膜蛋白的结合程度、环境中的离子强度、pH值等。

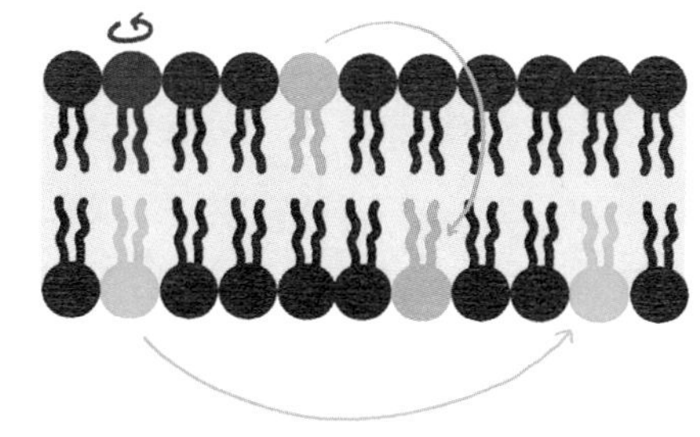

细胞膜中的部分蛋白质能以侧向扩散等方式运动，膜蛋白的运动也受很多因素影响。膜中蛋白质与脂质的相互作用、整合蛋白和外周蛋白之间的相互作用、膜蛋白复合体的形成、膜蛋白与细胞骨架的作用等都影响和限制蛋白质的流动。

• 细胞膜的不对称性

细胞膜的不对称性是指细胞膜磷脂双分子层中各种成分不是均匀分布的，包括蛋白质、脂质和糖类的种类和数量的不均匀。如糖蛋白只分布于细胞膜的外表面等。膜上各成分在结构上分布的不对称性导致了膜功能的不对称性和方向性，保证了生命活动的高度有序性。

• 细胞膜的选择透过性

选择透过性是细胞膜的功能特性，具体分析见细胞膜的控制物质进出细胞的功能。

细胞膜的功能

作为细胞内外边界，细胞膜的物质组成及结构基础，共同决定了细胞膜特有的、特殊的各项生理功能。

①细胞膜将细胞与外界环境分隔开，为细胞的生命活动提供相对稳定的内环境。

②控制物质进出细胞。物质进出细胞必须通过细胞膜，细胞膜对物质的通过具有高度的选择性，主要包括营养物质的输入和代谢产物的排出，有时伴随着能量的传递。离子和小分子物质进出细胞主要是通过被动运输和主动运输，而大分子和颗粒物质主要通过胞吞和胞吐的方式进出细胞。

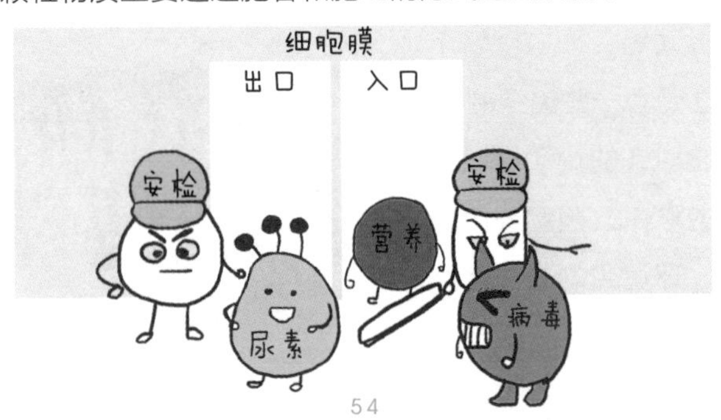

③提供细胞识别位点，并完成细胞内外信息跨膜传递（主要依靠膜上糖蛋白）。如受精作用（同种生物的精子和卵细胞间相互识别并完全融合）、神经递质或激素与受体特异性结合、免疫细胞的细胞膜识别病原体和癌细胞等。

④为多种酶提供结合位点，使酶促反应高效而有序进行。

⑤分泌。蛋白质类激素、胞外酶的分泌作用。

⑥介导细胞与细胞，细胞与基质之间的连接。细胞通过细胞膜进行细胞间的多种相互作用。如动物细胞的间隙连接，在相邻细胞间形成孔道结构；植物细胞间的胞间连丝，成为细胞间物质转运和信息交流的通道。

原理应用知多少！

脂质体

在了解脂质体之前，我们先来回顾一下磷脂分子的特点：磷脂是一种由甘油、脂肪酸、磷酸等组成的分子，磷酸“头部”是亲水的，两个脂肪酸一端为疏水（亲脂）的“尾部”。

如果将磷脂分子置于空气–水界面上，磷脂分子将会如何分布呢?

磷脂分子在空气–水界面上铺展成单分子层，“头部”与水接触，而“尾部”位于空气中，如下图所示。

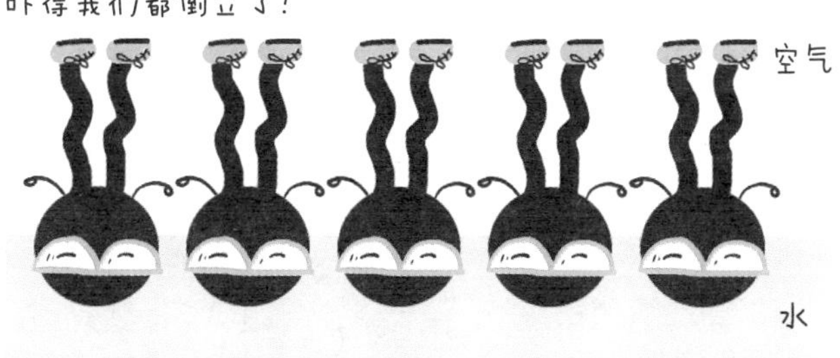

那如果将磷脂分子置于水中和水–苯的混合溶剂中，磷脂分子又将会如何分布呢?

在水中，朝向水的是“头部”，当磷脂分子的内外两侧都是水环境时，磷脂分子的“尾部”相对排列在内侧，“头部”则朝向两侧水环境中，形成磷脂双分子层，如下左图所示。

将磷脂分子置于水-苯的混合溶剂中，磷脂的“头部”将与水接触，“尾部”与苯接触，如下右图所示。

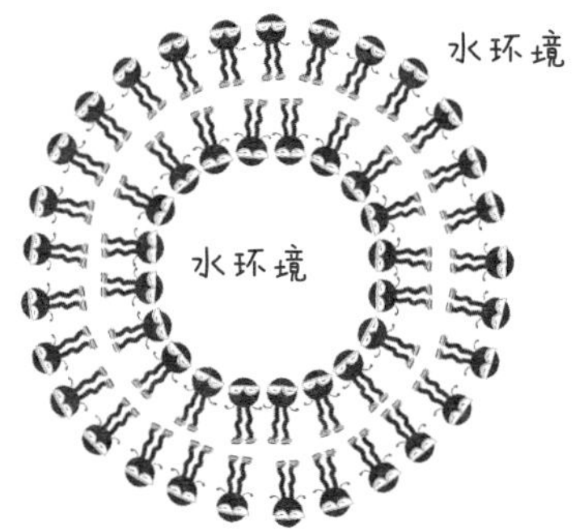

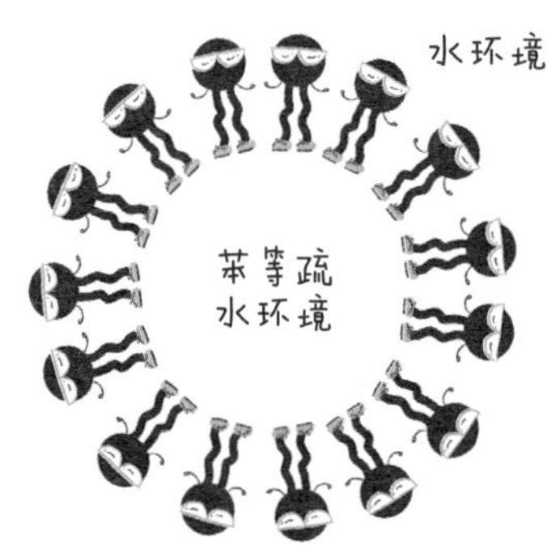

脂质体是人工合成的、对水溶性和脂溶性药物均有较好包载能力的类细胞膜结构，可以作为药物的运载体，将其运送到特定的细胞发挥作用。在脂质体中，能在水中结晶的药物被包在双分子层中（如药物a），脂溶性的药物被包在两层磷脂分子之间（如药物b）。由于脂质体是磷脂双分子层构成的，到达细胞后可能会与细胞的细胞膜发生融合，也可能会以胞吞的方式进入细胞，从而使药物在细胞内发挥作用。脂质体几乎没有毒性或抗原反应，并且封装在脂质体中的药物不会被降解。

但脂质体在血液中可通过肝脏和肾脏清除，大多数脂质体被吞噬细胞吞噬，并最终在溶酶体中降解。科学家们设法通过将相应的靶向部分添加到脂质体上进行修饰，如在脂质体表面安装某种抗体，利用其高度特异性与特定的靶细胞结合，选择性地积聚在特定的组织或器官中，增强递送药物疗效。如右图所示。

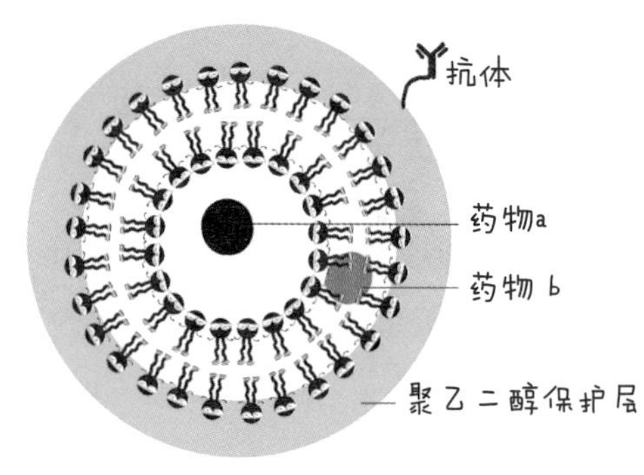

脂质体在血液中的寿命越长，靶点的药物浓度就越高，与抗原相互作用的

机会就越多。过去十几年，科学家一直在研究如何让脂质体更具靶向性和持续性，例如利用聚乙二醇（PEG）连接特异性分子，形成蛋白冠，帮助脂质体更好地靶向目标和均匀分布。

神奇的人工膜

科学家对生物膜的研究越深入，越发领略到膜结构的神奇，从而产生了一门新的技术——膜技术。因此，各种各样的人工膜应运而生，广泛应用于分离液体混合物、咸水和海水淡化、污水处理、浓缩某些物质等，甚至人工肺、人工肾、人工眼角膜也是未来可期。

人体肾脏的肾小球的膜就是一个极好的过滤器，血液流过时，除了红细胞、白细胞和大分子蛋白质外，其他物质都通过“膜”的过滤作用而流到囊腔中形成尿。血液透析膜在治疗肾功能衰竭和尿毒症方面发挥了重要的作用，它能够替代肾衰竭所丢失的部分功能，如清除代谢废物，调节水、电解质和酸碱平衡等。

同样，人工膜的分离技术在废水净化处理方面已经具有工业规模。以处理含酚的废水为例，当包含着氢氧化钠水溶液的人工膜被放到含酚的废水里时，膜结构把氢氧化钠水溶液和废水隔开，而废水中的酚却能很快地通过膜结构“钻入”膜结构，与氢氧化钠反应生成酚钠，再也不能“回去”了，如下图所示。这种反应不断地使废水中酚的浓度降低到零，从而把废水中的酚和水高效、快速地分离开。

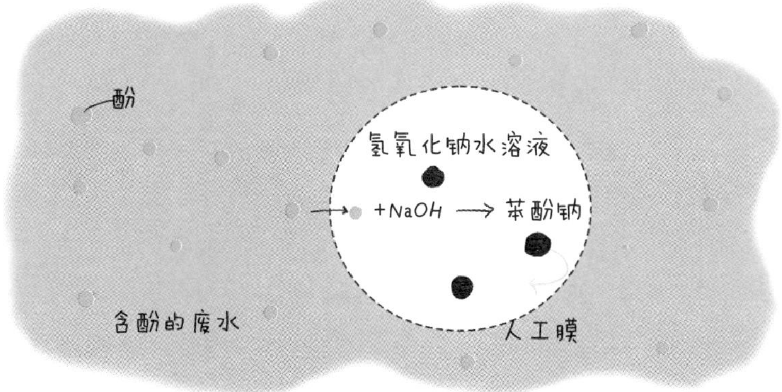

植物与病原体的智能“对决”

人类面对病毒，有强大的免疫系统辅助作战。而植物呢？在面临周围环境的各种威胁时，植物是如何保护自己的？

为了防御敌害，植物也建立了一系列复杂而巧妙的机制来感知、防御外界植物病原体的“侵犯”。其中有一条连接细胞膜和叶绿体的重要信号传递途径，该途径在植物感受到病原体的威胁后能激活一系列抗病反应。

植物抗病防御机制

植物细胞表面的细胞膜，能够将细胞内部与外部环境相隔离，细胞膜外侧遍布着各种潜在的病原体。植物通过细胞膜上的各种受体蛋白感知特定的病原体分子，以了解潜在“攻击者”的存在，并及时发出“战备警报”。如下图所示。

那么，“战备警报”的信息是如何在细胞内快速传递的？

首先，一些植物蛋白先与细胞膜相关联，并在感知病原体存在时，从细胞膜转移至叶绿体内部，使叶绿体“意识到”有威胁存在。紧接着，叶绿体通过“逆行信号传递”过程，将这些信息传递至细胞核，从而调节抗病基因表达，激活防御以对抗入侵者。

病原体巧妙“反杀”

我们知道，植物病原体及其宿主长期处于类似“军备竞赛”的共同进化中。有些“狡猾”的病原体在“窥探”到植物的应对策略后，居然学会“劫持”这种在植物细胞内部传递信息的途径。一些来自植物病毒或病菌的蛋白质会经过一番“乔装打扮”，模仿植物蛋白的行为。它们先伪造身份与细胞膜结合，当植物细胞感受到攻击时，也同样移动至叶绿体，如下图所示。然而，这些病原体蛋白一旦进入叶绿体内部，就会损害叶绿体与细胞核之间的通讯，从而阻碍植物防御反应的激活，帮助病原体的生存和繁殖。

那么，如何才能保护植物免受病原体的伤害呢?

我们也许可以利用上述植物与病原体之间的关系，研究能够干扰或阻断病原体“劫持要道”的方法。当然，植物和病原体之间的斗争不亚于现实生活的“警匪大战”，各自的策略层出不穷，还需要我们的进一步探索。

细胞学说

施莱登

个体、器官、组织为何多种多样？一切的根源到细胞中去寻找

发现契机！

——德国植物学家马蒂亚斯·雅各布·施莱登（Matthias Jakob Schleiden, 1804—1881）和动物学家施旺提出了细胞学说。细胞学说揭示了动植物的统一性，也间接反映出整个生物界在结构上的统一性。

自从罗伯特·胡克发现了细胞，再加之显微镜的广泛使用，千奇百怪的细胞就犹如精灵般呈现在我们面前。作为一名植物学家，我对我所钟爱的花粉、胚珠、花柱的柱头组织进行观察后，发现这些组织都是由细胞构成的，并且每一个细胞中都有细胞核。

——您的好友动物学家施旺发现了这一现象在动物中也适用，这最终能够说明什么呢？

这使我们意识到植物界和动物界有着共同的结构基础，我们的发现打破了在植物学和动物学之间横亘已久的壁垒，也促使积累已久的解剖学、生理学、胚胎学等学科获得了共同的基础，生物学终于作为一门独立的学科得以问世。

——后来，德国科学家魏尔肖提出细胞通过分裂产生新细胞的观点，通过众多科学家的努力，细胞学说也越发完善了！

原理解读！

- 细胞是一个有机体，一切动植物都是由细胞发育而来，并由细胞和细胞产物构成，如下图所示。
- 所有细胞在结构和组成上基本相似，细胞是生物体结构和功能的基本单位。
- 新细胞是由老细胞增殖产生的。
- 细胞是一个相对独立的单位，既有它自己的生命，又对与其他细胞共同组成的整体生命有所助益。

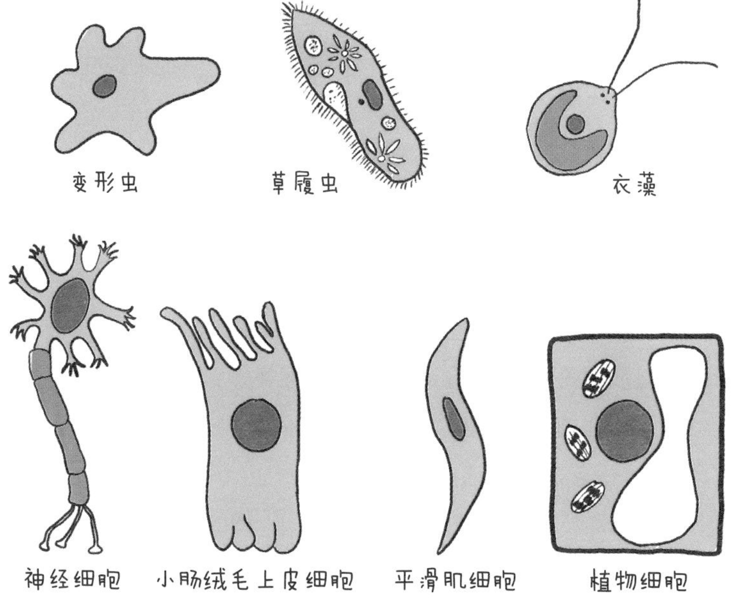

值得注意的是：细胞学说并没有涉及原核生物（如细菌、放线菌、衣原体、支原体等）和病毒，也没有阐述生物或细胞间的差异性。

动植物细胞的基本结构

细胞的基本结构主要包括细胞壁（植物）、细胞膜、细胞质和细胞核，动物没有细胞壁，如下图所示。这里主要介绍细胞核与细胞质两部分。

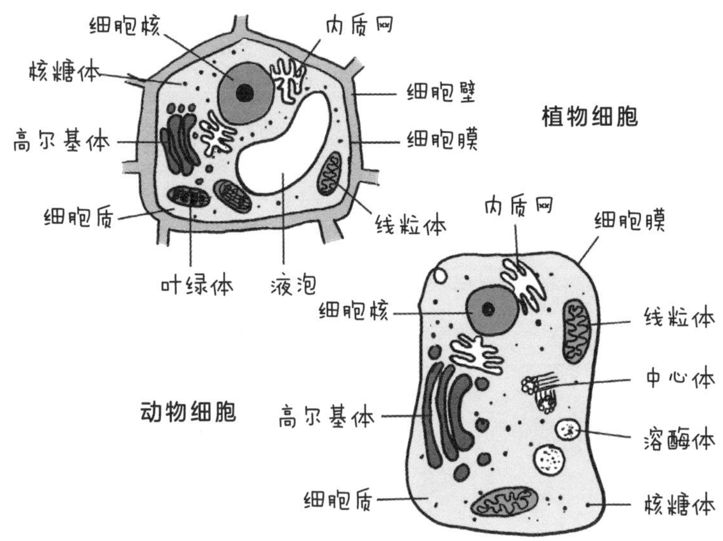

细胞质

细胞质包括细胞质基质（呈溶胶状态）和细胞器。

细胞质基质中含有水、无机盐、脂质、糖类、氨基酸、核苷酸和多种酶等。它是新陈代谢的主要场所，影响细胞的形状、分裂、运动及细胞器的转运等。

常见的细胞器有8种，其中动植物共有的是线粒体、核糖体、内质网和高尔基体。

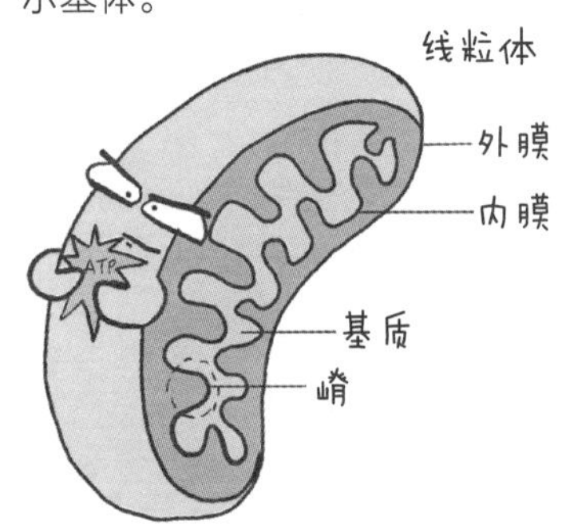

线粒体具有双层膜，内膜向内腔折叠形成嵴，可增加膜面积，内膜上有许多种与有氧呼吸有关的酶；基质中具有多种与有氧呼吸有关的酶、少量DNA和RNA，如左图所示。线粒体是有氧呼吸的主要场所，是细胞的“动力车间”。

核糖体的主要成分是蛋白质和rRNA，无膜结构，如右上图所示。核糖体分为游离型核糖体和附着型核糖体两种。核糖体能够将氨基酸脱水缩合形成多肽链，是“生产蛋白质的机器”。值得注意的是，核糖体也是原核生物唯一具有的细胞器。

内质网由封闭的膜系统及其围成的腔形成相互联通的网状结构，分为光面内质网和粗面内质网，如左图所示。粗面内质网表面附着大量的核糖体，主要是分泌蛋白和多种膜蛋白合成、修饰、加工的场所和运输通道。光面内质网是脂质合成的重要场所。

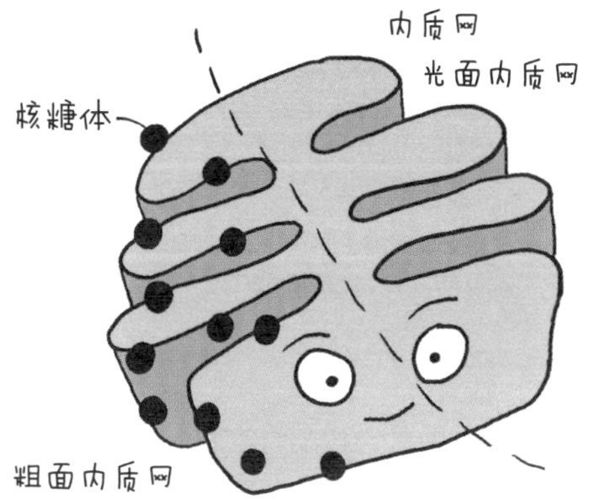

高尔基体是单层膜折叠成的扁平囊状结构和小囊泡，能够对来自内质网的蛋白质进行加工、分类和包装，然后分门别类地运送到细胞特定的部位或分泌到细胞外，它是各种膜成分相互转化的“交通枢纽”，如右下图所示。在植物细胞中参与细胞壁的形成，在动物细胞内与分泌物的形成有关。

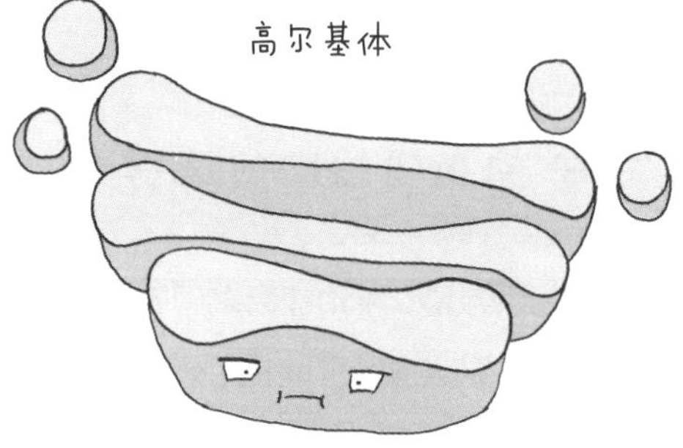

细胞核

除了高等植物成熟的筛管细胞和哺乳动物成熟的红细胞等极少数细胞外，真核细胞都有细胞核。细胞核是遗传信息库，是细胞代谢和遗传的控制中心。

细胞核的最外层是双层的核膜，核膜上具有核孔，核孔是大分子物质出入细胞核的通道，如RNA和蛋白质可以通过，但DNA不能通过。而小分子物质出入细胞核一般是通过核膜。

光学显微镜下折光性较强的致密小体叫作核仁。核仁与rRNA的合成以及核糖体的形成有关。核孔的数量、核仁的大小与细胞代谢有关，如代谢旺盛、蛋白质合成量大的细胞，核孔数多，核仁较大。如下图所示。

细胞核内极细的丝状物是染色质，它主要由DNA和蛋白质组成，是遗传物质的主要载体。在细胞分裂的分裂期，染色质会高度螺旋化、缩短变粗，变成圆柱状或杆状的染色体。

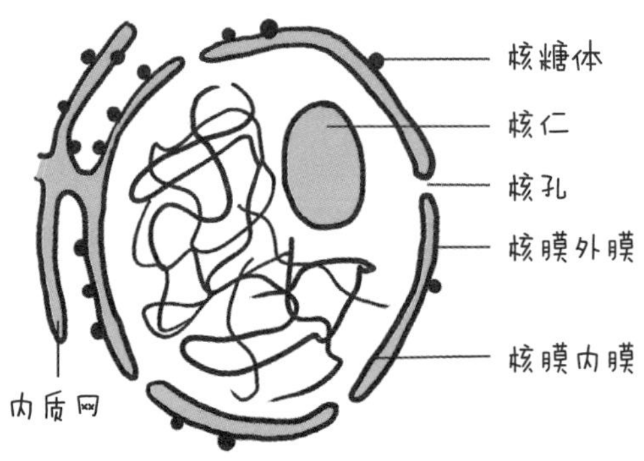

值得注意的是，有些细胞不只具有一个细胞核，如双小核草履虫有两个细胞核，人的骨骼肌细胞中细胞核多达数百个。

 动植物细胞的区别

有些生物是介于动植物之间的，或者说同时具备植物和动物的某些特征，比如眼虫。绿眼虫既可以利用体内的叶绿体进行光合作用（即将二氧化碳和水合成糖类来获得营养），也可以通过体表吸收溶解于水中的有机物质。

下面主要介绍的是高等动植物在结构上的区别。

高等动物细胞特有的细胞器：中心体、溶酶体（植物细胞内少见）。

中心体是由两个相互垂直的中心粒及周围物质组成，如左图所示。中心体无膜结构，由蛋白质构成，分布于动物和低等植物细胞中，与细胞有丝分裂有关。

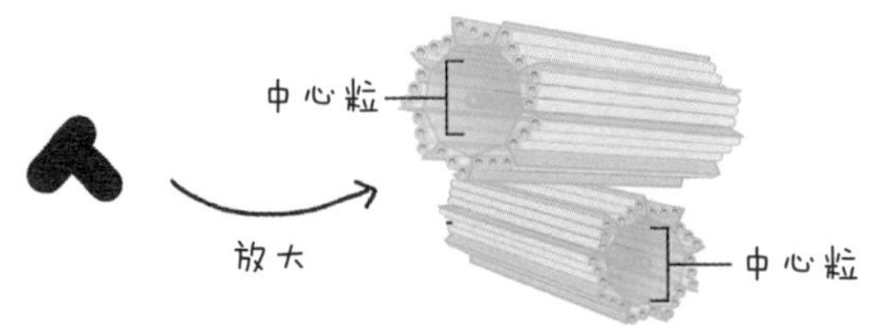

溶酶体主要分布在动物细胞，是一种由单层膜围绕、内含多种（酸性）水解酶的囊泡状细胞器，如右图所示。它是细胞内的“消化车间”，可以清除无用的生物大分子，分解衰老、损伤的细胞器，吞噬并杀死侵入细胞的病毒或细菌，参与细胞的凋亡等。

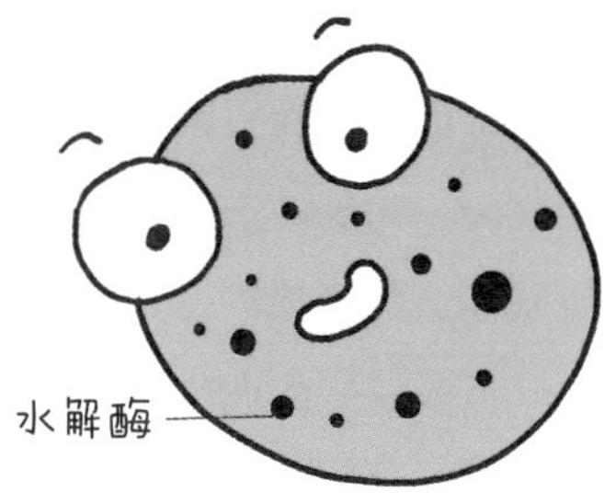

高等植物细胞特有的结构：细胞壁、叶绿体（细胞器）、液泡（细胞器）。

风吹麦浪，小麦的茎秆如此纤细，为何还能随风摇曳而不折断呢？这是因为植物具有细胞壁。细胞壁是由植物细胞分泌的纤维素和果胶形成的，位于植物细胞的最外面，具有保护和支撑的作用，如下图所示。

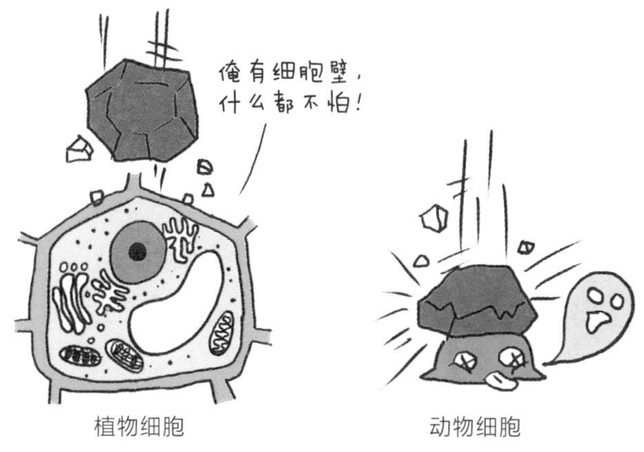

植物细胞　　动物细胞

天气炎热的时候，盆栽植物的叶子有时会无精打采地垂下来，这是告诉我们，植物缺水了。及时浇水后，叶子就再次神气活现地挺起来了，这是因为充盈的液泡可以使植物细胞渗透吸水，从而保持坚挺，如下图所示。液泡占细胞体积的90%，它是由单层膜及其内的细胞液构成，细胞液含有许多复杂的物质，如糖类、盐类、有机酸、单宁、生物碱和色素等。液泡里的色素主要是花青素，可以决定花朵和果实的颜色。西瓜的细胞液里含糖分较多，所以吃起来甜甜的。不同的水果味道不同，就是因为细胞液里所含的各种成分比例不一样。

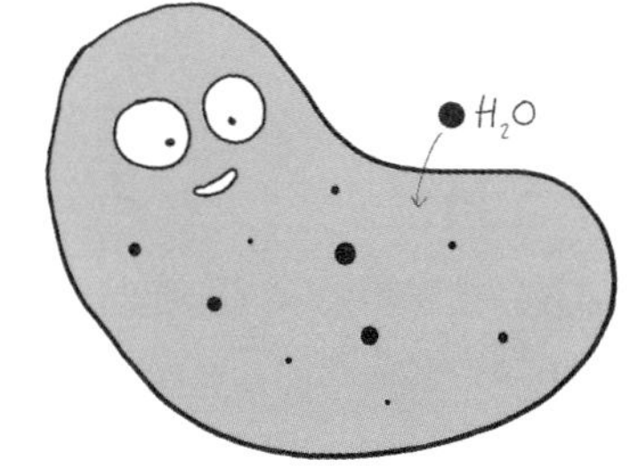

植物之所以是绿色的，这是由植物细胞里的叶绿体形成的。叶绿体具有双层膜，内部液态的基质中存在着由类囊体堆叠形成的基粒，类囊体薄膜上分布着吸收光能的色素：叶绿素a、叶绿素b、胡萝卜素和叶黄素。一般叶绿素a和叶绿素b的含量较多，所以植物也就呈现绿色了。叶绿体是绿色植物细胞利用光能，将二氧化碳和水通过光合作用制造有机物的场所，进而促使植物的生长发育，如右图所示。

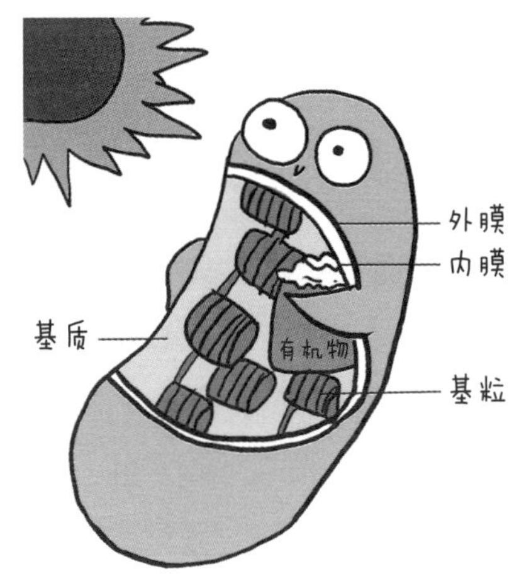

原理应用知多少！

为什么秋天树叶会变红或变黄？

秋天来临，金黄色的银杏叶、火红的枫叶在阳光的照射下显得格外漂亮。那你知道为什么大多数树叶到了秋冬季就会变黄、变红吗?

其实，落叶到底呈现出什么颜色，要看叶绿素、类胡萝卜素和花青素三者谁更强势。

叶绿素

高等植物细胞叶绿体内的色素主要包含两大类：叶绿素、类胡萝卜素。叶绿素主要是叶绿素a（蓝绿色）和叶绿素b（黄绿色）。正常情况下，因为植物要靠叶绿素来吸收阳光，给自己制造食物，所以植物体内的叶绿素a和叶绿素b含量比较高。它们主要参与光合作用中的光吸收过程，可以吸收可见光中大部分的红光和蓝紫光，但对绿光的吸收很少，主要反射绿光。与此同时，叶绿素也在不断地合成与分解，它的合成过程需要较强的光照和较高的温度。春夏时节，因为阳光充足，叶绿素合成量大于分解量，所以叶子呈现绿色。秘密就在这里啦！

光、酸碱、氧化剂等都能分解叶绿素。而秋冬时节，光照时间减少等环境条件的改变，使叶绿素合成量不及分解量，分解的叶绿素往往得不到补充。所以，这就是叶片春季变绿而秋季又脱绿的原因。

类胡萝卜素

类胡萝卜素包括胡萝卜素（橙黄色）和叶黄素（黄色），它们主要吸收的是蓝紫光，可辅助叶绿素捕获光能。类胡萝卜素相对于叶绿素而言较为稳定，不易受到外界环境变化的影响。因此，当秋天叶绿素的含量下降后，类胡萝卜素所占比例就相应增加了，从而使叶片显现出相应的黄色。

花青素

花青素是一个大家族，自然界中有300多兄弟姐妹，主要存在于少部分植物细胞的液泡中。花青素是一种水溶性色素，可以随着细胞液的酸碱改变颜色。花青素很不稳定，容易分解。但到了秋天，由于植物体内积攒了充足的糖分，花青素和糖相互作用形成了花青素苷。这种物质呈现红色，而且非常稳定，不容易分解。随着温度的降低，越来越多的糖分会困在叶片里，加快花青素苷的合成速率，叶子也就变得越来越红。“霜叶红于二月花”则来源于此。

胰岛素是如何分泌到细胞外的？

在生物细胞内，有一类蛋白质在细胞内合成后，最终需要分泌到细胞外起作用，这样的蛋白质叫作分泌蛋白。如消化酶、抗体和一部分激素（如胰岛素）等。

那么，胰岛素等分泌蛋白是如何分泌到细胞外的呢?

首先，核基因编码的mRNA与细胞质基质中的游离核糖体结合并启动氨基酸的脱水缩合形成多肽链，当多肽链延伸至约80个氨基酸残基时，N端（$-NH_2$一端）的信号肽暴露出核糖体并与信号识别颗粒SRP结合，使多肽链延伸暂时停止，直至SRP与内质网上SRP受体结合，将核糖体-新生肽复合物附着到内质网上。

多肽链转移至**内质网膜**上后，核糖体–新生肽复合物与内质网移位子结合，随后SRP脱离信号肽和核糖体。信号肽与移位子的结合使内质网上的孔道打开，信号肽穿入内质网膜并引导多肽链进入内质网腔中。与此同时，腔面上的信号肽酶切除信号肽并快速使之降解。肽链继续延伸，直至完成整个多肽链的合成并进入腔内折叠，核糖体释放，移位子关闭。

蛋白质在粗面内质网中会进行一系列修饰与加工，包括糖基化修饰、二硫键形成、蛋白质折叠与装配、特异性的蛋白质水解切割等，使其形成具有一定空间结构、初步成熟的蛋白质。

而后粗面内质网腔膨大、出芽形成具膜的小泡，包裹着蛋白质转移到高尔基体，将蛋白质输送到高尔基体腔内，进行进一步修饰加工、分类与包装。

在高尔基体中完全成熟的蛋白质再经囊泡运输至细胞膜，最终通过胞吐分泌到细胞外。如下图所示。

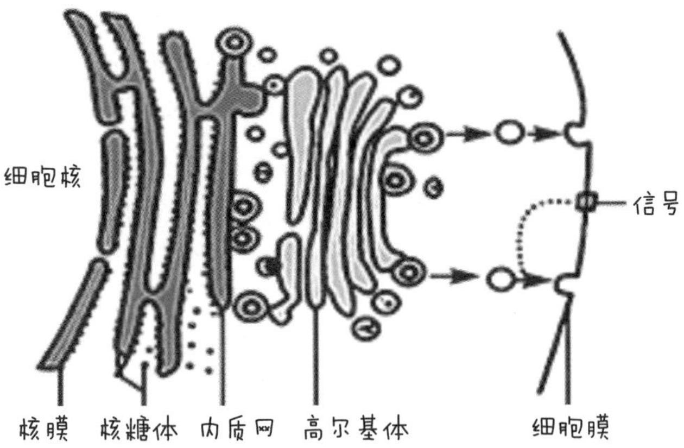

绿叶海蜗牛

自然界中以共生体的形式实现光合作用的动物有很多，比如海绵，它们把藻类悄悄藏在自己的身体里实现共生。然而在海洋中的一种软体动物——**号称动物界终极“死宅”的绿叶海蜗牛**，却可以依靠**“偷来”的叶绿体进行光合作用**来维持生命。

绿叶海蜗牛幼虫时期通体褐色并带有红色斑点，出生之后会猛吃海藻，这可不仅仅是因为饿，而是它们需要海藻中的叶绿体。**随着叶绿体的不断摄入，绿叶海蜗牛不断变绿**，至成体的时候就像是海中一片舞动的绿色叶子。这种海蜗牛比较挑食，它只以一种叫**滨海无隔藻**的海洋藻类为食。绿叶海蜗牛可以用自己的舌齿把藻类的细胞壁刺破，然后吸取里面的内容物到消化系统进行消化吸收，其中的**叶绿体得以保留**并进入绿叶海蜗牛的肠细胞中继续保持活力。科学家把这种盗取叶绿体为己用的现象称为**盗食质体**。

绿叶海蜗牛（下图）只有不到5厘米长，然而光合作用为其提供了碳水化合物和脂肪，让它们能在长达9个月甚至更长时间不吃东西的情况下也能茁壮成长。

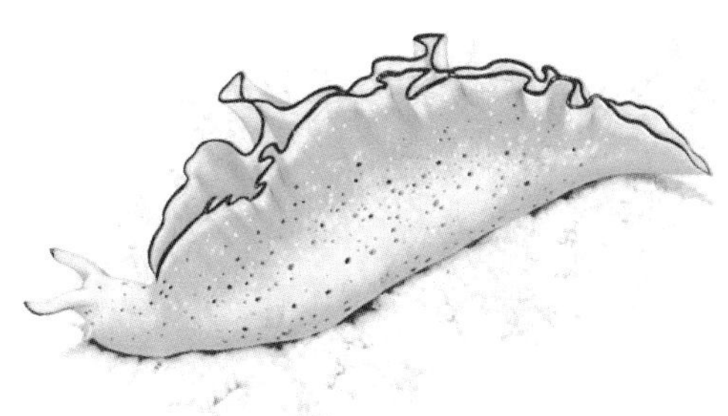

蓝藻是植物吗？

35亿年前的地球大气中氧气极少，正是蓝藻的出现，彻底改变了大气的成分。蓝藻通过光合作用，降低了二氧化碳的浓度，提升了氧气的含量。所以，蓝藻可称之为地球生命的开拓者。

蓝藻喜热、喜强光照，高氮、低磷的水域更容易发生蓝藻泛滥，导致水面形成一层蓝绿色且有腥臭味的浮沫，称为“水华”。大规模的蓝藻爆发发生在海洋中时，被称为“赤潮”！在我们身边，花盆里长的绿膜、变绿的鱼缸水，都是蓝藻聚集产生的现象。赤潮会引起水质恶化，严重时耗尽水中氧气而造成鱼类的死亡。蓝藻的有毒突变种分泌的毒素以及腐藻分解时散发的腐臭，会影响饮用水源的水质，使人畜中毒。

那么，蓝藻到底是不是植物呢?

蓝藻又名蓝细菌（下图），是一类进化历史悠久、革兰氏染色阴性、能进行产氧性光合作用的大型单细胞原核生物。它是一大类生物，包括色球蓝细菌、颤蓝细菌、念珠蓝细菌、发菜等。在结构上，蓝细菌不具有核膜包被的细胞核，只有裸露着DNA的拟核（核质体），只具有核糖体一种细胞器，含叶绿素和藻蓝素，但不含叶绿体（区别于真核生物的藻类）。

所以，**蓝藻不是植物哟!**

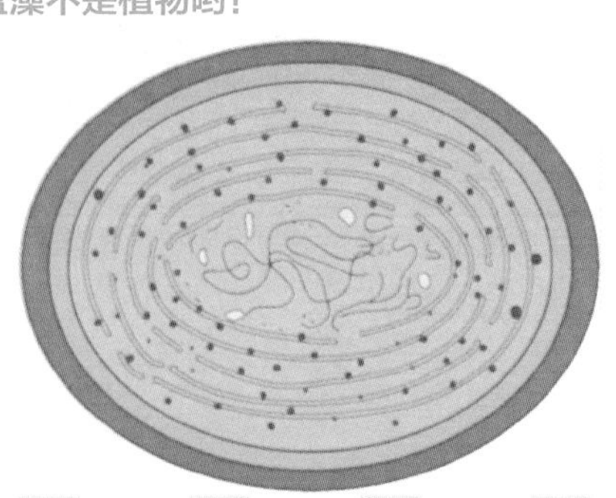

细胞呼吸

由能量衍生出能量
揭示物质代谢的奥秘

发现契机！

——汉斯·阿道夫·克雷布斯（Hans Adolf Krebs，1900—1981）由于提出了细胞呼吸中重要的三羧酸循环理论，1953年获诺贝尔生理学或医学奖。

蛋白质、脂肪、糖类是人体的三大营养物质，人体的生理活动大多需要它们提供能量来支撑。那么，这些物质是如何在体内消耗、产生能量和循环的呢？文献中的信息零星琐碎，我将收集到的信息整合归纳，希望弄清食物在体内的代谢过程。

——是的，当时的文献记载，很多代谢反应如淀粉的水解、葡萄糖的转化等都已经被发现，您要做的就像玩解谜游戏一样把这些代谢反应拼成一个圈。

大约是在1937年的时候，我就大概理清了食物在体内的大致化学反应顺序。然而，有一个环节却始终连接不上，我对这个断了链的环节进行了深入的研究，终于在1940年发现它是柠檬酸。

——但实际上，整个细胞呼吸的过程真的是太复杂了，满眼的化学式和箭头，能不能将整个过程简化一下呈现出来呢？

乐意至极！

原理解读！

- 细胞呼吸又叫作生物氧化，是指细胞内有机物一系列的氧化分解，释放出能量并产生ATP的过程。细胞呼吸包含有氧呼吸和无氧呼吸两大类。如下图所示。

- 有氧呼吸，又称需氧呼吸，是指细胞在氧气的参与下，通过多种酶的催化作用，将葡萄糖等有机物彻底氧化分解，放出二氧化碳和水，同时释放出大量能量的过程。有氧呼吸方程式为：

$$C_6H_{12}O_6+6O_2+6H_2O \xrightarrow{酶} 6CO_2+12H_2O+能量$$

- 无氧呼吸是细胞呼吸的另一种形式，是指在没有氧气的参与下，葡萄糖等有机物在不同酶的催化下，经过不彻底的分解，释放少量能量的过程。无氧呼吸包括两种类型：产酒精的无氧呼吸和产乳酸的无氧呼吸。无氧呼吸方程式为：

$$C_6H_{12}O_6 \xrightarrow{酶} 2CO_2+2C_2H_5OH（酒精）+能量$$

$$C_6H_{12}O_6 \xrightarrow{酶} 2C_3H_6O_3（乳酸）+能量$$

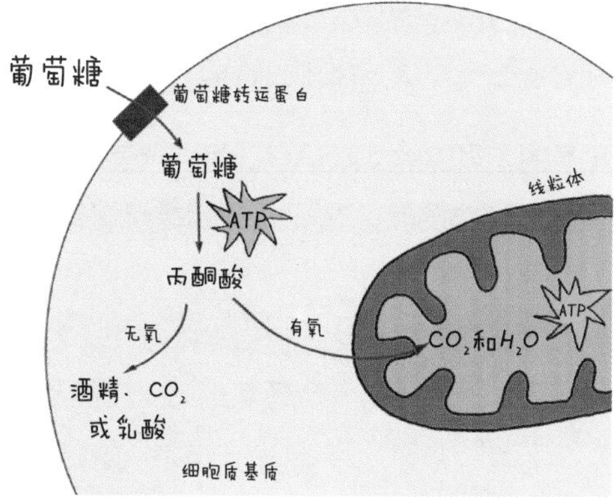

细胞呼吸的意义：为生物体的生命活动提供能量；为生物体体内的其他化合物的合成提供原料。

有氧呼吸的过程

以底物为葡萄糖为例，将有氧呼吸分为3个阶段，如下图所示。

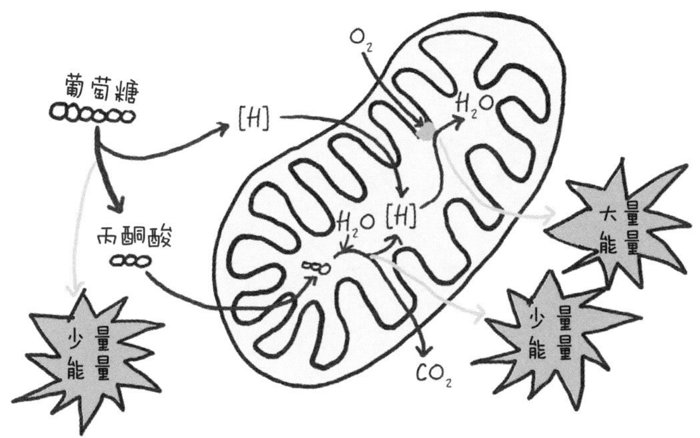

第一阶段（糖酵解）

糖酵解是所有生物分解葡萄糖、释放能量的共有途径，在反应过程中不需要消耗氧气，在真核细胞的细胞质基质中进行。总的来说，就是1分子葡萄糖变成了2分子的丙酮酸（$C_3H_4O_3$），同时脱下4个[H]（活化氢），放出少量能量，合成ATP。

第二阶段（三羧酸循环/柠檬酸循环）

糖酵解阶段产生的丙酮酸进入线粒体的基质中，2分子丙酮酸和6个水分子中的氢全部脱下，共脱下20个[H]，丙酮酸被氧化分解成6分子的二氧化碳。在此过程释放少量的能量，合成ATP。这一阶段也不需要氧的参与。

第三阶段（电子传递链/氧化磷酸化）

呼吸链是指从葡萄糖或其他化合物上脱下来的电子（氢），经过一系列按氧化还原势由低到高顺序排列的电子（氢）载体，定向有序地传递系统。在前两个阶段脱下的24个[H]进入电子传递链（呼吸链），最后传递给6个氧分子与其结合成水。同时，通过电子传递过程伴随发生的氧化磷酸化作用产生ATP分子，该过程发生在线粒体内膜上，并释放大量能量。

注意，在整个有氧呼吸过程中，由有机物（葡萄糖）氧化分解产生的能量部分储存在ATP中，绝大多数以热能的形式散失了。

无氧呼吸的过程

无氧呼吸分为两个阶段，均在细胞质基质中进行。第一阶段与有氧呼吸完全相同，第二阶段是丙酮酸直接转化为酒精和二氧化碳或者转化为乳酸，并且不产生能量，具体如下：

第一阶段（糖酵解）

反应式：$C_6H_{12}O_6 \longrightarrow 2C_3H_4O_3 + 4[H] +$ 少量能量

第二阶段

在细胞质基质中，丙酮酸在不同酶的催化下，分解为酒精和二氧化碳或者转化为乳酸，该过程不产生ATP。

反应式：$2C_3H_4O_3 + 4[H] \longrightarrow 2C_3H_6O_3$

$2C_3H_4O_3 + 4[H] \longrightarrow 2C_2H_5OH + 2CO_2$

常见的生物中，人或哺乳动物、乳酸菌、马铃薯块茎、玉米胚、甜菜的根等生物或部位在进行无氧呼吸的时候能够产生乳酸，其余大多数生物进行无氧呼吸时均会产生酒精和二氧化碳。

在整个无氧呼吸过程中，由有机物（葡萄糖）产生的能量大部分存留在酒精或乳酸中，少部分储存在ATP中，其余以热能的形式散失了。

ATP

ATP，全称腺苷三磷酸，化学式为$C_{10}H_{16}N_5O_{13}P_3$，是一种不稳定的高能磷酸化合物，分子简式A–P～P～P，分子简式中的“A”表示腺苷；“T”表示3个；“P”代表磷酸基团；“–”表示普通的磷酸键；“～”表示一种特殊的化学键，称为高能磷酸键。由此可知，ATP由1分子腺嘌呤、1分子核糖和3分子磷酸基团组成，如右图所示。

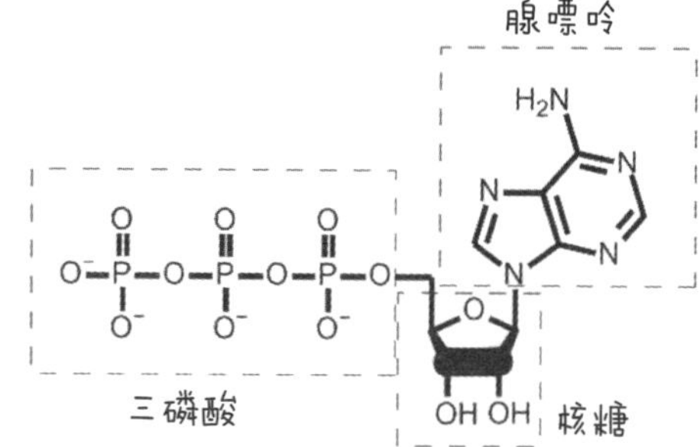

高能磷酸键水解时释放的能量多达30.54千焦/摩尔，所以我们可以把ATP想象成下图这样：

对于动物、真菌和大多数细菌来说，细胞进行呼吸作用时释放的能量可用于合成ATP；对于绿色植物来说，除了细胞呼吸外，在进行光合作用时，利用光能也可合成ATP。

ATP是生物体内最直接的能量来源。当细胞内有某些生命活动需要能量时，如大脑思考、某些物质的运输、一些生物的发光发电、肌肉的收缩等，ATP会在ATP水解酶的作用下将离A（腺苷）最远的“～”（高能磷酸键）断裂，ATP水解成ADP＋Pi（游离磷酸基团）＋能量。如下图所示。

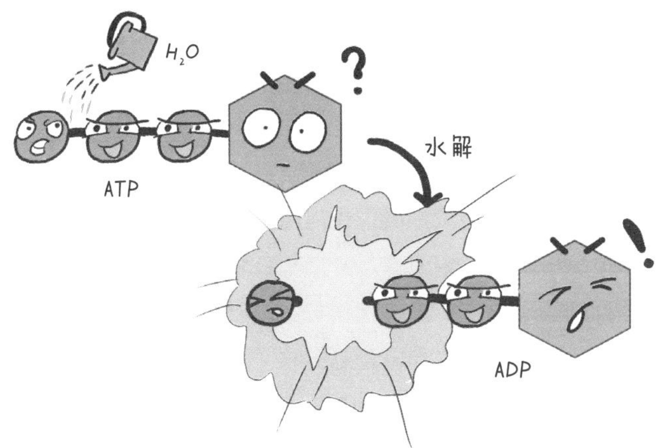

然而，人体内只含有约50.7克的ATP，只能维持剧烈运动0.3秒，所以需要ATP与ADP迅速转化，保持一种动态平衡。细胞内ATP与ADP相互转化的能量供应机制，是整个生物界的共性。

原理应用知多少！

细胞呼吸的应用

在生活和生产中，人们常通过利用或干预细胞呼吸来达到特定的目的。

选用透气性较好的“创可贴”、纱布包扎伤口，是为了给伤口创造有氧的环境，避免破伤风杆菌等厌氧病原菌的繁殖，利于伤口愈合。

栽培农作物时要及时松土透气，是为了利用根系的有氧呼吸，促进无机盐的吸收；反过来，稻田需定期排水，是因为根系在水中浸泡时间过长，会导致氧气不足，根毛细胞进行无氧呼吸产生大量酒精，而对细胞有毒害作用，使根腐烂，这就是通常所说的“烂根”，如右图所示。

运动时，往往提倡有氧运动。较为剧烈的运动会导致肌肉细胞因为供氧不及时而进行无氧呼吸，肌肉细胞内会因积累过多的乳酸而酸胀无力。

种子往往需要风干储存的原因在于当自由水减少的时候，细胞呼吸速率会减慢。而且减少种子周围的氧气量，并适当降低温度，都会抑制有氧呼吸，使种子内有机物的消耗减少。

酸菜、泡菜、酸奶等食品在进行制作时，往往需要隔绝空气，原因就是这些食品的发酵需要乳酸菌的参与，而乳酸菌是厌氧型微生物，在无氧条件下才能进行乳酸发酵，产生我们喜爱的独特风味。

酵母菌也是我们应用较为丰富的菌种，馒头、面包的制作就是利用酵母菌的有氧呼吸，加热后，产生的二氧化碳受热膨胀，馒头和面包里面就会松软多孔了。酒类的制作则利用的是酵母菌的无氧呼吸产生酒精。

金鱼特殊的无氧呼吸

人体剧烈运动时，骨骼肌急需大量的能量，尽管此时呼吸运动和血液循环大大加强了，可仍然不能满足肌肉组织对氧气的需求，致使肌肉处于暂时缺氧状态。骨骼肌细胞则会进行无氧呼吸产生大量的乳酸，这些乳酸堆积在肌肉中刺激神经末梢，便反射性地引起肌肉酸痛感。同时，乳酸是一种高渗溶液，堆积在肌肉中会吸收大量的水分，从而引起肌肉肿胀，这也是形成肌肉酸痛的重要原因。

而金鱼却能在严重缺氧环境中生存若干天，这是因为金鱼的肌细胞和其他细胞无氧呼吸的产物不同。金鱼在缺氧状态下，肌细胞无氧呼吸先将葡萄糖分解成丙酮酸，而后再转化为酒精。而其他细胞则正常进行无氧呼吸产生乳酸，随着乳酸的积累，酸性不断增强，可能会使金鱼酸中毒。为了避免这种情况，金鱼将其他细胞内的乳酸转移至肌细胞内，进入到肌细胞内的乳酸在乳酸脱氢酶的作用下生成丙酮酸，这些丙酮酸与肌细胞内自身产生的丙酮酸一同转化为酒精，酒精通过鳃血管排出体外，如下图所示。这样就可以防止酸中毒，维持细胞的正常代谢了。

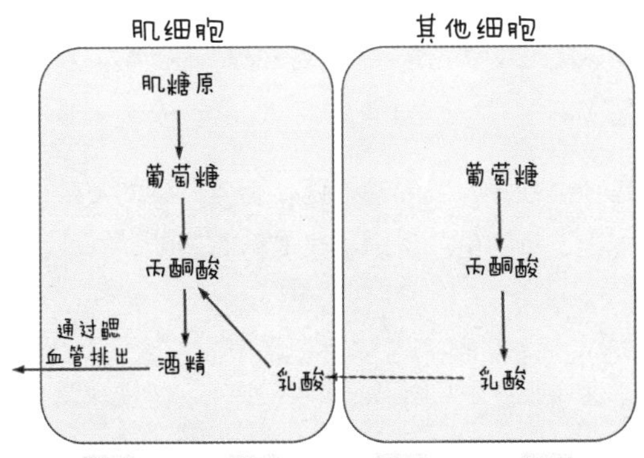

有丝分裂

细胞数目的增多
多细胞生物“长大”的秘密

发现契机！

——华尔瑟·弗莱明（Walther Flemming，1843—1905），德国生物学家，细胞遗传学的创始人。他对有丝分裂和染色体的发现，被认为是细胞生物学的十大发现之一。

因为有了更好的显微镜和全新的染色剂，我观察到红色染料被细胞核中颗粒状结构大量吸收，并将这些结构命名为“染色质”。然后再通过对分裂过程中的蝾螈幼体细胞染色质的染色，发现染色质合并成了一种线状的结构，这就是后来所说的“染色体”。

——1882年您出版了《细胞成分、细胞核和细胞分裂》一书，基本概括了您在有丝分裂方面的研究成果，细胞分裂的研究得以系统地发展。

可惜因为有丝分裂的连续性，我对于具体过程的划分上，界限一直不太清晰。好在斯觉斯伯格归纳出了有丝分裂的前期、中期和后期，后来又有其他科学家将末期和分裂间期的概念补充完整。至此，有丝分裂发现的全过程基本画上了一个句号。

——科学研究是一个继承、发展的过程，有丝分裂的发现更是许多科学家共同努力的成果，每一位的付出都是值得尊敬的。

原理解读！

- 有丝分裂，是指一种真核细胞分裂产生体细胞的过程。
- 在有丝分裂过程中有纺锤体和染色体出现，这种分裂方式普遍见于高等动植物。其中，动物细胞（低等植物细胞）和高等植物细胞的有丝分裂略有区别。
- 有丝分裂能够将亲代细胞中的染色体经过复制之后，精确地平均分配到两个子细胞中。由于染色体上具有携带遗传信息的DNA，因而有丝分裂使细胞的亲代和子代之间保持了遗传性状的稳定性。
- 有丝分裂包括分裂前的间期和分裂期，分裂期又包括前期、中期、后期和末期先后连续的过程，以及相对独立的胞质分裂，如下图所示。

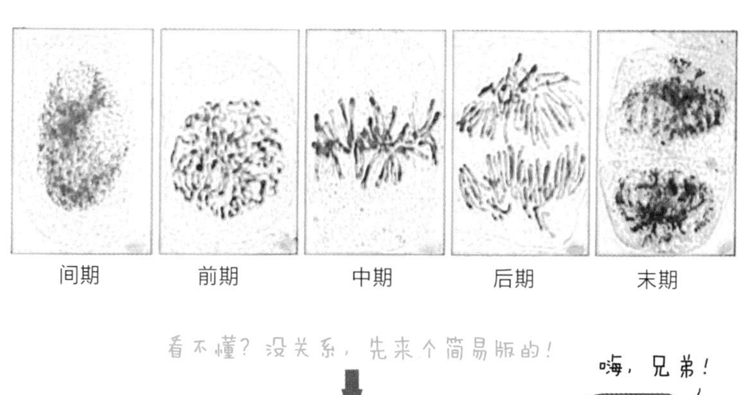

看不懂？没关系，先来个简易版的！

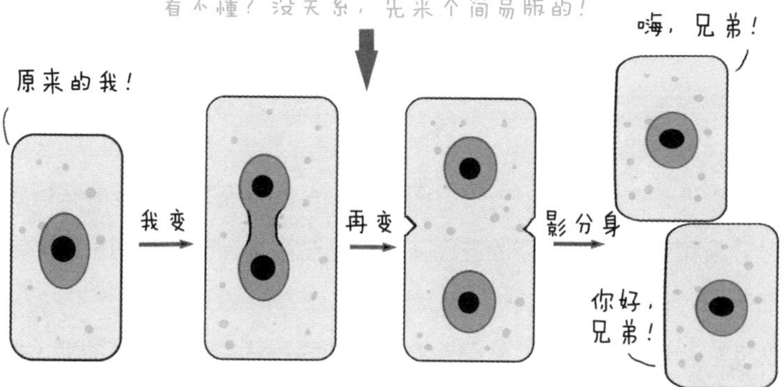

细胞周期

连续分裂的细胞，从一次分裂完成开始，经过物质的准备和积累后，直到下一次分裂完成时为止，称为一个细胞周期。

细胞周期包含两个阶段：分裂间期和分裂期（又叫M期，包括前期、中期、后期和末期）。分裂间期占整个细胞周期的90%～95%，**经过一个细胞周期后，细胞数目相应地增加1倍**，如下图所示。

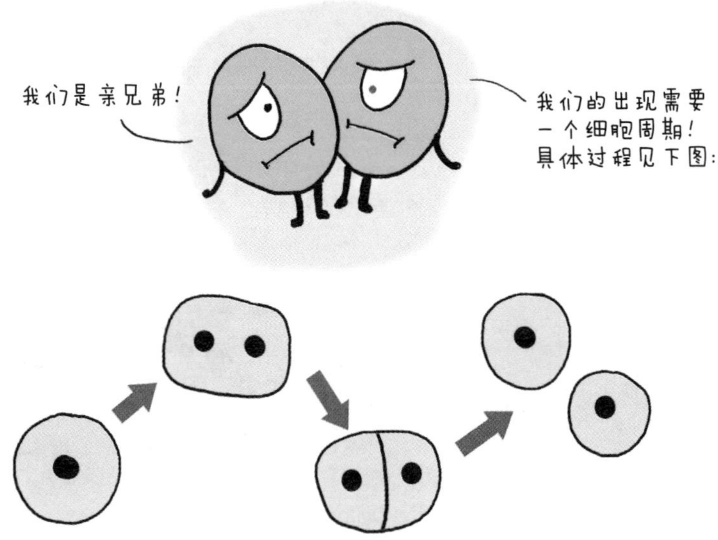

值得注意的是，高度分化的体细胞和减数分裂形成的生殖细胞由于不再分裂，所以没有细胞周期。其实人体内的大多数组织细胞是没有分裂能力的，如人的心肌细胞和脑内的神经细胞，它们会跟随人体终生，这也是脑部和心肌的损伤无法修复的原因。

除此之外，血细胞和上皮组织细胞也没有分裂能力，但是会有特定的干细胞经过分裂和分化对其不停地进行补充。这里用来补充细胞的造血干细胞和皮肤干细胞都存在细胞周期。

然而细胞种类不同，细胞周期的时间不同，分裂间期和分裂期（M期）所占的比例也不同。而分裂间期又包括G_1期、S期和G_2期。一个细胞周期的表示可如下页图所示。

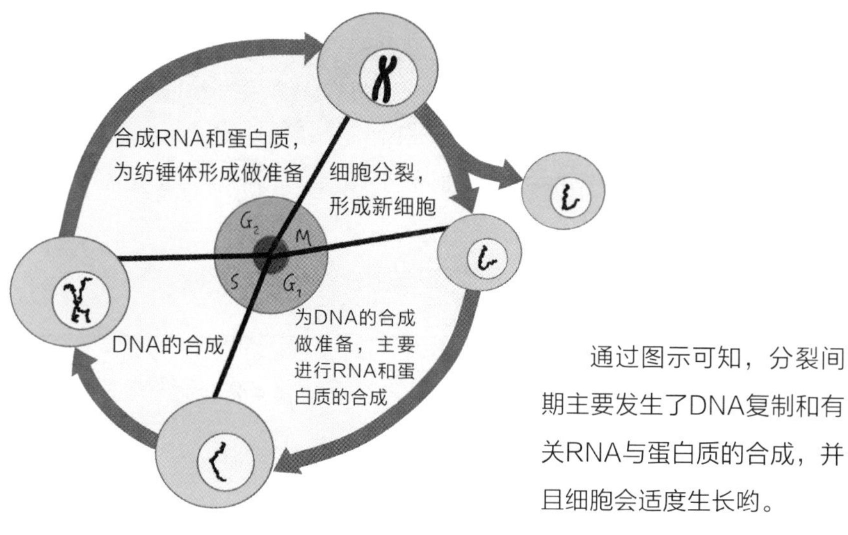

通过图示可知，分裂间期主要发生了DNA复制和有关RNA与蛋白质的合成，并且细胞会适度生长哟。

有丝分裂的过程

我们以高等动物细胞的内部变化为例，介绍有丝分裂的过程，下图主要为细胞核及周边变化。

前期

瞧！这个由微管“弥漫”而成纺锤状的结构叫作纺锤体！

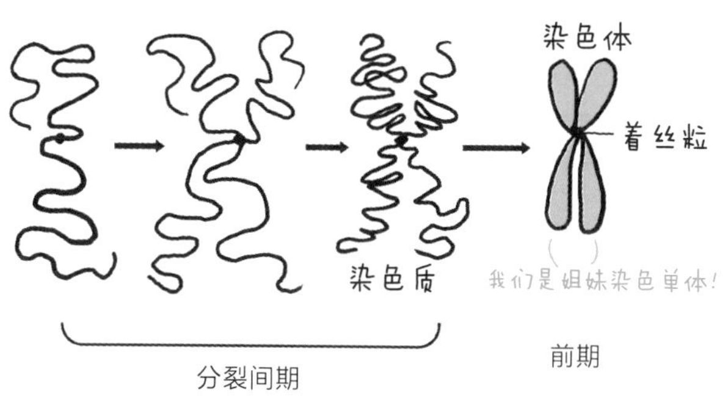

由间期完成复制的丝状的染色质开始浓缩，高度螺旋化缩短变粗逐渐形成X状的染色体；随着核膜消失、核仁逐渐解体，在间期复制了的中心体与其周围的微管在相关蛋白质的作用下逐渐向细胞两极移动，而后微管迅速“捕获”染色体，与各条染色单体的着丝粒部位结合，如下页上图所示。

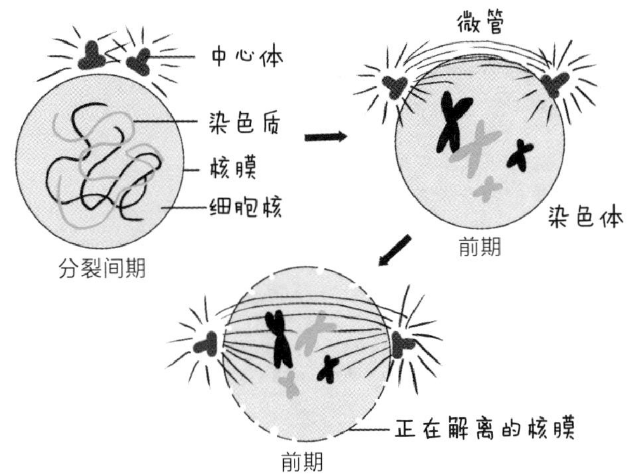

中期

所有染色体在纺锤体微管的牵引下，着丝粒排列在赤道板上，此时染色体形态紧密，数目较为清晰，相对来说更易于观察，如下左图所示。

后期

着丝粒分裂，染色体的两条染色单体相互分离，使染色体数目加倍；形成的子染色体在纺锤体微管的牵引下移向两极，如下右图所示。

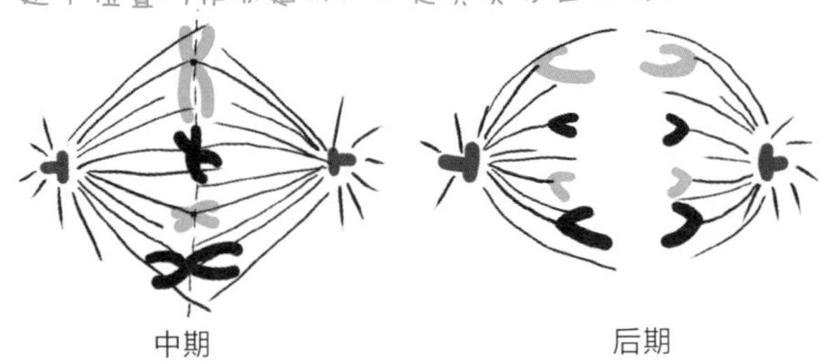

中期　　后期

末期

末期，子染色体到达两极，染色体逐渐解螺旋变成细丝状的染色质，核膜、核仁重新装配出现，如下图所示。

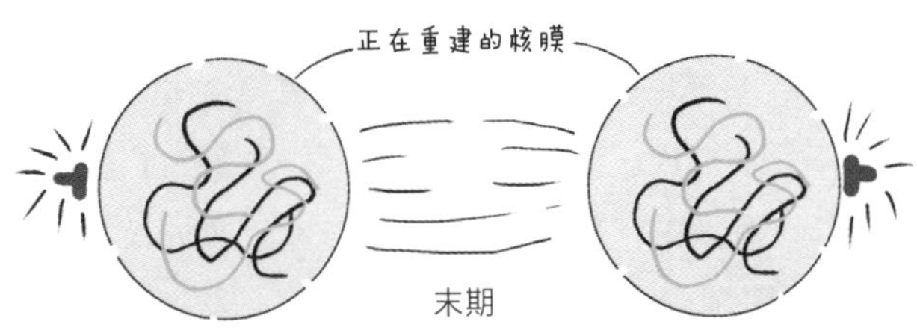

末期

胞质分裂

胞质分裂是有丝分裂或减数分裂之后发生的细胞质的分裂，高等动物细胞一般开始于分裂后期，完成于细胞分裂的末期。细胞膜在赤道板上的表层细胞质部位向中间逐渐凹陷，而后凹陷处细胞膜融合，缢裂成两个细胞，如下图所示。

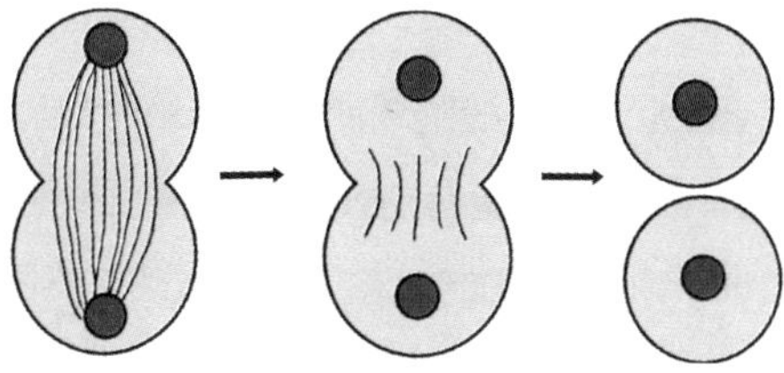

动植物细胞有丝分裂的区别

高等动植物进行有丝分裂时，其内部染色体的变化基本一致，两者主要的区别在于前期纺锤体的形成和胞质分裂的方式。

在细胞分裂的前期，动物细胞是通过复制后移动到细胞两极的中心体与其不断变化的微管及其他相关蛋白，形成了与染色体运动变化密切相关的纺锤体。而高等植物细胞伴随着有丝分裂进入前期，在核膜崩裂前，细胞核周围的微管结构在相关蛋白质的辅助下开始向两极移动，随后逐渐出现具有两个极的纺锤体。

高等植物细胞中的胞质分裂机制完全不同于动物细胞，两个子细胞是通过在细胞内形成新的细胞壁来分开的。有丝分裂末期开始时，一些来自高尔基体的小泡（里面含有形成细胞壁所必需的多糖等物质）沿着微管被转运至赤道板处。小泡逐渐融合，并不断向外膨胀，最后到达细胞膜和原有的细胞壁处，进而形成新的细胞壁，将细胞质一分为二，如下图所示。

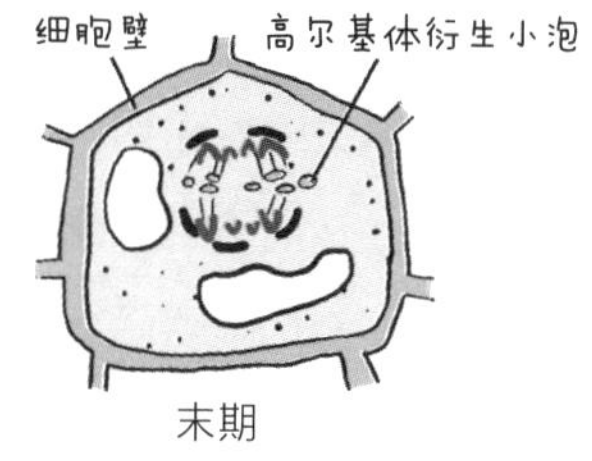

末期

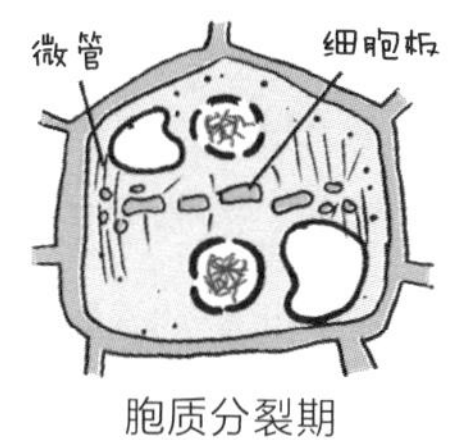

胞质分裂期

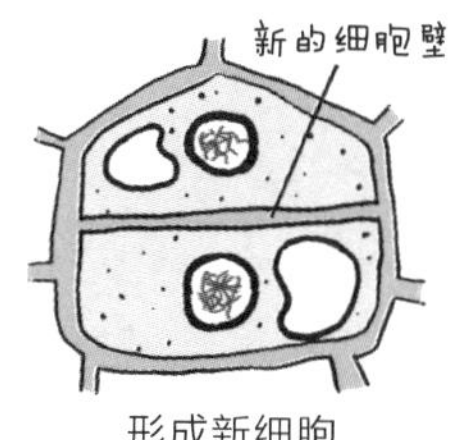

形成新细胞

原理应用知多少！

细胞周期与癌症治疗

细胞周期蛋白（cyclins）与细胞周期蛋白依赖性激酶（CDKs）是细胞周期调控系统的核心，细胞周期蛋白随细胞周期进程周期性地出现和消失。CDK的活性需要在cyclin和磷酸化的双重作用下激活。不同的cyclin-CDK配合物存在于细胞周期的特定点（检验点），推动细胞周期的进程，比如周期蛋白A-CDK2对S期的进展很重要。

常见检验点示意，如下图所示。

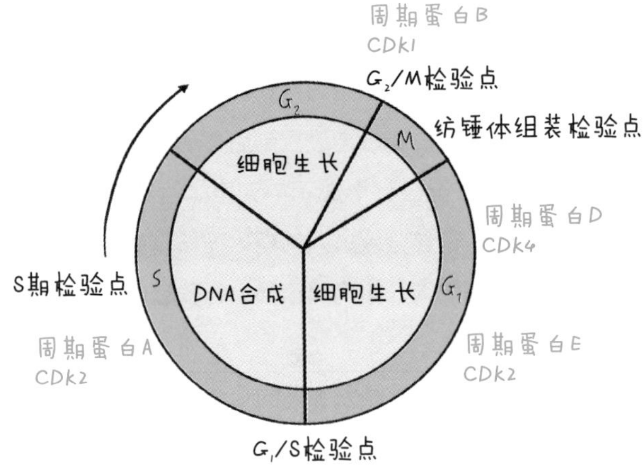

G_1/S检验点：启动DNA的复制。

S期检验点：检验DNA复制是否完毕。

G_2/M检验点：能否开始分裂。

纺锤体组装检验点（M中–后期检验点）。

从本质上来说，肿瘤是一种细胞周期性疾病，我们可以通过某些药物干扰癌细胞的细胞周期调控，使癌细胞无法通过正常的细胞周期，从而达到杀死癌细胞的目的。目前常使用一些激酶抑制剂，比如选择CDK4抑制剂，阻滞细胞从G_1期进入S期，提高抗肿瘤效果。

无丝分裂

真核细胞分裂的方式包括3种：有丝分裂、减数分裂和无丝分裂。

无丝分裂是最早被发现的一种细胞分裂方式，是指细胞核和细胞质直接分裂成两个大小大致相等的子细胞。因为在分裂过程中没有出现纺锤丝和染色体的变化，故被称为无丝分裂。

无丝分裂有多种形式，最常见的是横缢式分裂：在无丝分裂早期，染色体复制倍增，细胞核先伸长，核的中部向内凹陷呈哑铃形，中央部分狭细，然后缢裂成两个细胞核。这时细胞质也随着分裂，并且在光面内质网的参与下形成细胞膜，最后整个细胞从中部缢裂成两部分，形成两个子细胞，如下图所示：

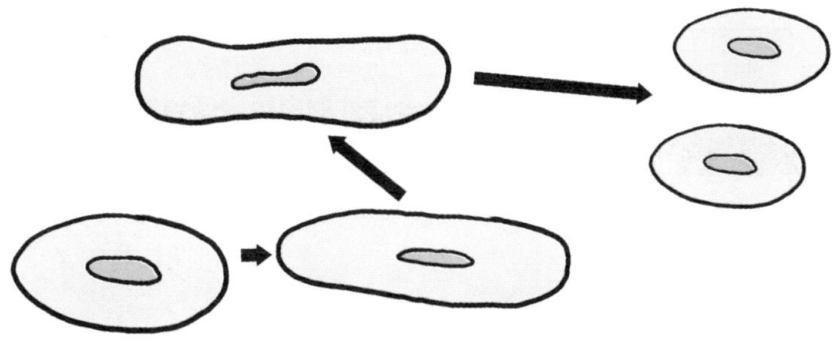

无丝分裂和有丝分裂相比，速度较快，耗能较少。

无丝分裂在植物中比较常见，如胚乳细胞、表皮细胞、根冠等薄壁细胞占大多数；人体大多数腺体都有部分细胞进行无丝分裂，主要见于高度分化的细胞，如肝细胞、肾小管上皮细胞等；蛙的红细胞、蚕的睾丸上皮细胞也进行无丝分裂。

维尔穆特

克隆技术

克隆羊多莉
隐含在细胞核中的鲜活生命

发现契机！

—— 伊恩·维尔穆特（Ian Wilmut，1944—2023），英国胚胎学家。世界上第一个用体细胞克隆出动物（克隆羊多莉）的科学家。

其实，在“多莉”之前很多克隆动物已经面世，区别在于，它们是由胚胎细胞克隆出来的。由于胚胎细胞本身全能性较高、分化程度较低，所以并没有引发太多的关注。“多莉”之所以称为克隆界的里程碑，是因为它来源于体细胞。

—— 我知道，体细胞由于高度分化，全能性的表达会受到很大的限制，那么“多莉”是如何摆脱这些限制的呢?

我们知道，克隆羊多莉是提供细胞的“基因母羊”的复制品，但确切地说，它有3个亲本。它的“基因母亲”是一只芬兰多塞特白面绵羊，线粒体母亲和生育母亲都是苏格兰黑脸羊。正是苏格兰黑脸羊的卵母细胞的细胞质，才得以激发出体细胞核的全能性表达。

—— “多莉”的诞生，不但将克隆技术再次推向了一个新的高度，有关“克隆人”的争论想必也会持续下去。

原理解读！

- 克隆技术又叫作体细胞核移植技术，是指将动物一个体细胞的细胞核移入去核的卵母细胞中，使这个重新组合的细胞发育成新胚胎，继而发育为动物个体的技术。
- 克隆技术的原理：动物体细胞核具有全能性。
- 繁殖方式：无性繁殖。

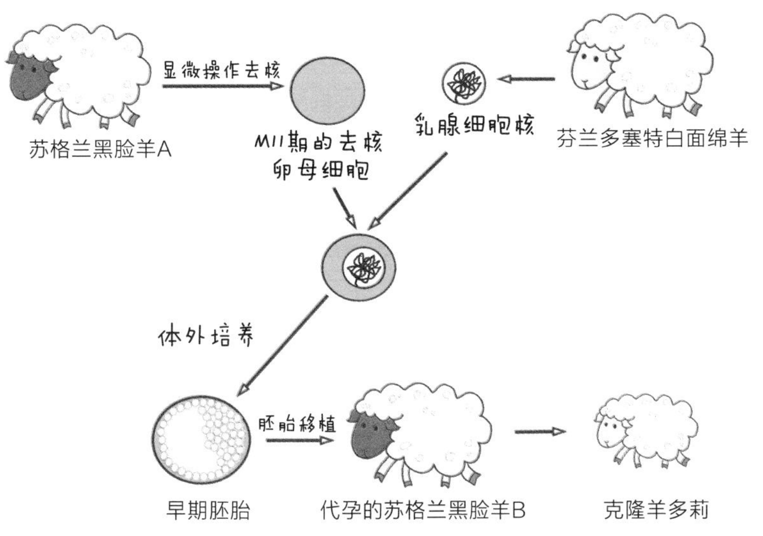

选择苏格兰黑脸羊（上图）减数第二次分裂期（MⅡ期）的卵母细胞作为受体细胞的原因：MⅡ期卵母细胞的体积大，容易操作；细胞质中含有激发细胞核全能性表达的全部物质和营养条件。

在体外培养阶段，需要用物理或者化学方法激活重组细胞，使其完成细胞分裂和正常的发育进程。胚胎发育到一定的阶段后，才可以进行胚胎移植。

细胞的全能性

细胞全能性是指具有全套遗传信息（至少含有一个染色体组）的细胞经分裂和分化后，仍具有形成完整有机体或分化成各种细胞的潜能或特性。

一般来说，细胞全能性高低与细胞分化程度呈负相关：分化程度越高，细胞全能性越低，全能性表达越困难，克隆成功的可能性越小。

幼嫩细胞全能性高于衰老细胞，细胞分裂能力强的全能性高于细胞分裂能力弱的，植物细胞全能性高于动物细胞，生殖细胞全能性高于体细胞。在生物体的所有细胞中，受精卵的全能性最高。特别的是，生殖细胞（尤其是卵细胞）虽然分化程度较高，但是仍然具有较高的全能性，如蜜蜂的孤雌生殖等。

高度分化的植物体细胞虽具有全能性，但想表现其全能性，必须处于离体状态，并且给予一定的营养物质、激素和其他适宜的外界条件。如科学家们将高度分化的胡萝卜根的韧皮部组织细胞放在适宜的培养基上培养，发现根细胞逐渐失去分化细胞的结构特征，发生反复分裂，最终分化成具有根、茎、叶的完整植株。如下图所示。

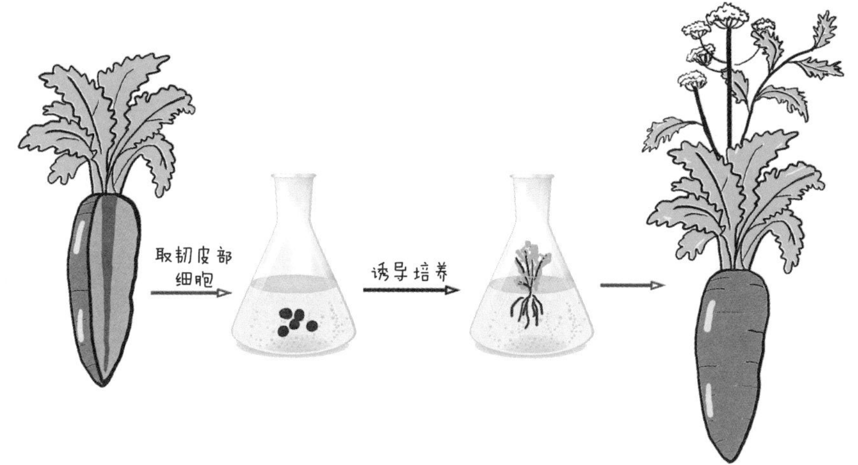

在动物体内，随着细胞分化程度的提高，细胞分化潜能越发受到限制，但它们的细胞核仍然保持着原有的全部遗传物质，具有全能性。绵羊“多莉”的成功克隆，就证明了高度分化的**动物细胞核**具有全能性。

“多莉”的性状更像谁？

从克隆羊多莉的产生过程，可以看出多莉有3个亲本：提供细胞核的芬兰多塞特白面绵羊、提供去核卵母细胞的苏格兰黑脸羊A和负责代孕生育的苏格兰黑脸羊B。

因为细胞核内含有众多的遗传物质，所以多莉的大多数性状与芬兰多塞特白面绵羊相同，因核基因型也与其完全一样，所以多莉与芬兰多塞特白面绵羊相似度最高。

又因为苏格兰黑脸羊的卵母细胞的细胞质中含有具有DNA的线粒体，细胞质中的基因来自苏格兰黑脸羊A，故受细胞质基因控制的性状与其相同。

多莉的性状与苏格兰黑脸羊B无关，因为它只是提供了繁育的场所，并没有为新个体提供任何的遗传物质。

值得注意的是，生物的性状不仅与遗传物质有关，还受环境影响哟！

治疗性克隆与生殖性克隆

首先，无论是生殖性克隆人还是治疗性克隆人，都是利用体细胞核移植技术（克隆技术），因为操作过程中没有减数分裂和受精作用，故属于无性生殖。

区别在于，生殖性克隆是通过克隆技术产生独立生存的新个体。治疗性克隆是利用克隆技术产生特定的细胞、组织和器官，来修复或替代受损的细胞、组织和器官，从而达到治疗疾病的目的。

所以，两者最终的目的和操作水平是不同的，如下表所示。

名称	治疗性克隆	生殖性克隆
目的	利用克隆技术产生特定的细胞、组织和器官，达到治疗疾病的目的	用于生育，获得人的复制品
水平	细胞水平	个体水平
联系	都属于无性生殖；产生新个体或新组织，遗传信息不变	

因为生殖性克隆人最终是制造出人类的复制品，所以面临着伦理道德问题，目前普遍反对其技术应用的观点如下：

①克隆人可能使以血缘为纽带的人伦关系消亡。

②克隆人冲击了现有的一些有关婚姻、家庭和两性关系的伦理道德观念。

③克隆人是人为地制造在心理上和社会地位上都不健全的人，严重违反了人类伦理道德，是克隆技术的滥用。

④克隆技术尚不成熟，导致胎儿流产率高、畸形率高、出生后死亡率高等，也可能孕育出有严重生理缺陷的克隆人。

⑤生殖性克隆人是对人类尊严的侵犯，如果允许人像产品一样被制造，强制一个人共享另一个人的DNA，将使人类的尊严丧失殆尽。

⑥生殖性克隆人破坏了人类基因多样性的天然属性，不利于人类的生存和进化。

我国政府对生殖性克隆的态度十分明确，即我国政府积极支持制定《禁止生殖性克隆人国际公约》，坚决反对克隆人，不赞成、不允许、不支持、不接受任何生殖性克隆人实验。针对治疗性克隆，我国政府通过制定相关法规，对治疗性克隆进行有效监控和严格审查，并尊重国际公认的生命伦理准则，促进我国干细胞等方面研究的健康发展。

原理应用知多少！

克隆技术的应用

应用克隆技术，繁殖优良物种

常规的育种方式，往往育种周期长，还无法保证100%的纯度。用克隆这种无性繁殖的方式，理论上可从同一个体中复制出大量完全相同的纯正品种，且花费时间少、选育的品种性状稳定，可以用来加速家畜遗传改良进程，促进优良畜群繁育。

克隆技术与濒危生物保护

克隆技术对保护野生物种，特别是珍稀、濒危物种来讲是一个重大的契机，具有广泛的应用前景。2009年，一种已灭绝的比利牛斯山羊被克隆成功，这是人类第一次将已灭绝的物种克隆出来，虽然它仅活了7分钟，但为灭绝动物的再生打开了一扇亮窗。克隆技术的应用可望人为地调节自然动物群体的兴衰，拯救濒危动物，保护生态平衡。

克隆异种纯系动物，提供移植器官

目前，医生几乎能在所有人类器官和组织上施行移植手术，然而器官移植中的排斥反应和供体器官不足仍是最为头疼的事。采用克隆技术，可以先把人体相关基因转移到纯系动物（猪）中，再用克隆技术把这种动物大量繁殖产生可用器官，且同时改变或去除器官的细胞表面携带的能够引起免疫排斥反应的物质。当动物的器官植入病人体内时，由于免疫排斥反应减弱，手术成功率大大提高。

除上述应用外，克隆技术还可以用于科学研究。例如，通过了解胚胎发育及衰老过程，分析致病基因，建立实验动物模型，为探索人类发病规律和开发相应的药物提供帮助等。

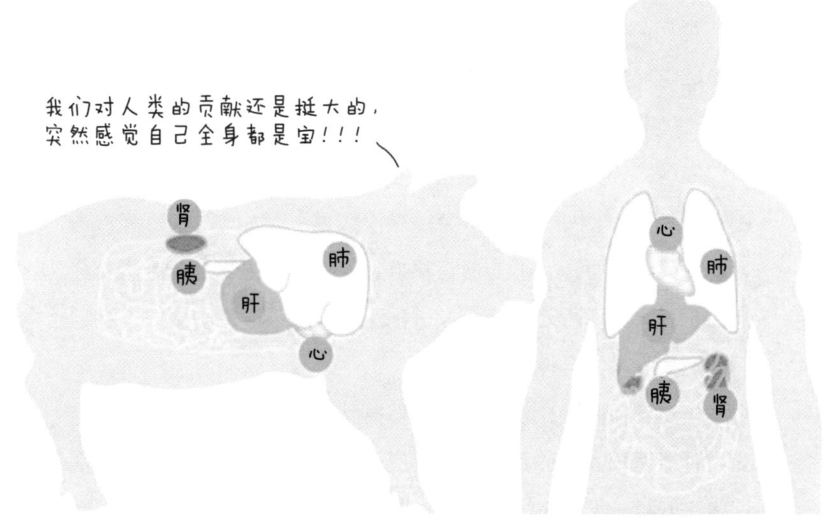

为什么异种器官移植的首选是猪?

选择移植器官的供体，我们的第一反应可能是“大师兄孙猴子”，然而最后却发现“二师兄”成功晋级，这是为什么呢?

首先，要考虑到移植器官的性能和尺寸。灵长类动物虽然和人类最接近，但大多数成员（例如猴）的体形太小，它们的器官根本无法承担人体代谢的需要。而猩猩和狒狒等大型类人猿又都是濒危的稀有动物。从体形、食性、代谢水平这些外在指标来看，猪和人类大体接近。猪的一些器官从“性能参数”上看和人类基本处于同一档次。例如，猪的心脏与人的心脏大小差不多，其管道分布和动力输出也相似；人和猪的体温均是36℃～37℃；人的心率为60～100次/分钟，猪为55～60次/分钟。

同时，灵长类动物的特点是世代间隙长，尤其是猩猩和狒狒，世代间隙长达10年以上，繁殖率低，一胎一仔，很难满足人类器官移植的需求。而猪的繁育能力简直是绝佳，便于定向育种和大规模繁殖，显然是不错的潜在移植器官来源。

最后，因为灵长类动物与人类是“近亲”，存在于它们体内的一些病毒，例如SIV（猴免疫缺陷病毒）、埃博拉病毒等，很容易传染给人类，它们的器官移植到人体上发生重组之后甚至会产生更有害的病毒。而猪与人进化距离不远不近，刚刚好，猪组织内的病毒不太会造成人类感染。

虽然到目前为止，将猪器官移植到人身上还有许多障碍，比如异种器官移入后的免疫排斥反应等。但随着科学的进步，相信在未来的某一天，科学家有能力将猪的器官完美地移植到人身上。

遗传与进化学篇

生 物 是 如 何 遗 传 和 进 化 的 ？

分离定律

揭示肤色、长相等特征的“遗传因子”如何遗传的、令人着迷的定律

发现契机！

——“分离定律和自由组合定律”是由格雷戈尔·孟德尔（Gregor Mendel，1822—1884）发现的。孟德尔经过多年的潜心研究和无数次杂交实验，最后通过分析豌豆杂交实验的结果发现了生物遗传规律，并总结成论文《植物杂交实验》。

不得不说，豌豆是我最重要的伙伴，我选取了7对最明显的相对性状进行了无数次的实验，对于它们的研究让我发现，融合遗传的观点是多么可笑……

——咦？融合遗传说了什么？

你能想象吗？他们居然认为两个亲本杂交后，双亲的遗传物质会在后代体内发生混合，最终后代呈现出来的是介于两个亲本之间的性状。如果这样，那么黑马和白马生出来的小马驹应该是灰色的，这是多么离谱的错误！

——那么，您的遗传定律是怎么发现的呢？

我选用纯种的高茎豌豆和纯种的矮茎豌豆作为亲本杂交，子一代全部都是高茎（你瞧，完美地推翻了融合遗传！）。再用子一代的高茎豌豆自交，子二代出现了意想不到的情况：子一代“消失不见”的矮茎性状居然又出现了，并且通过统计分析，矮茎所占比例为25%。然后，我的一系列猜想才逐步得以验证……

原理解读！

- 分离定律，又叫作孟德尔第一定律。
- 在生物的体细胞中，控制同一性状的遗传因子成对存在，各自保持其独立性；在形成配子（精子或卵细胞）时，成对的遗传因子彼此分离，分离后的遗传因子分别进入不同的配子中，并随着配子遗传给后代。如下图所示。

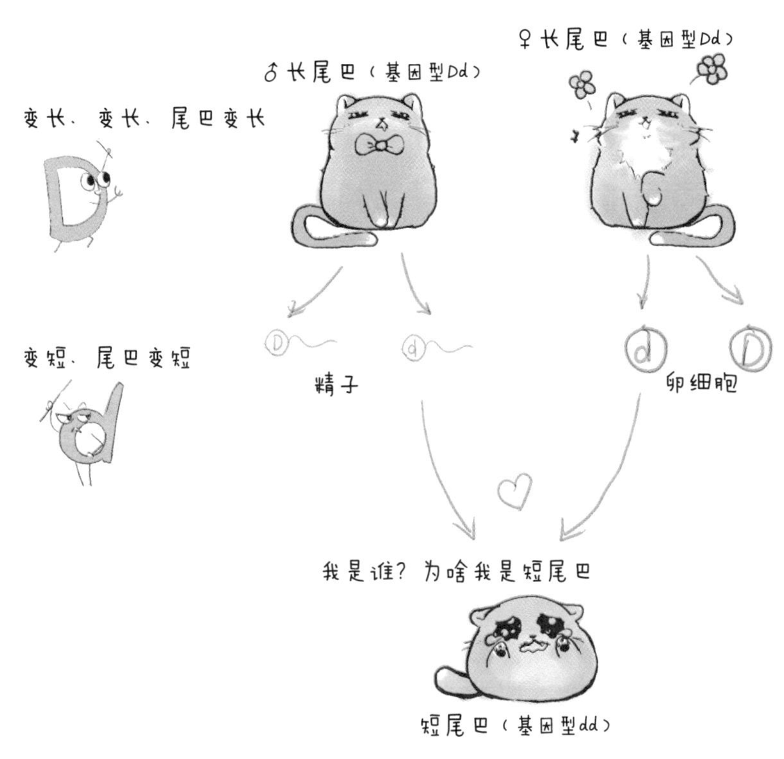

遗传因子就是我们常说的基因哟！只不过“基因”这个概念是由丹麦生物学家约翰逊提出的。

 一对相对性状的豌豆杂交实验

孟德尔的豌豆杂交实验是如何做的呢？示意如下：

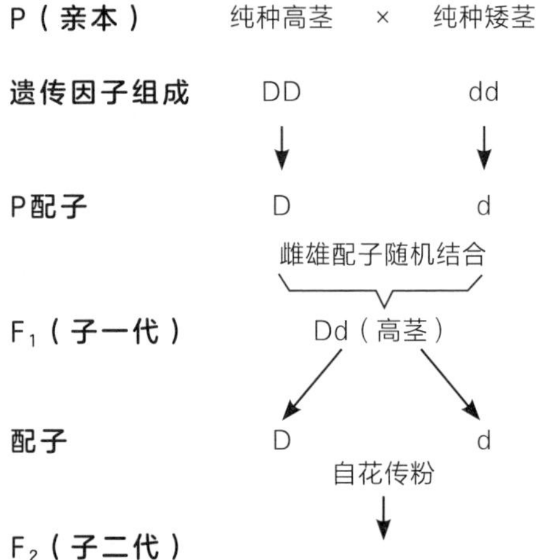

♀ ♂	D	d
D	DD高茎	Dd高茎
d	Dd高茎	dd矮茎

注：♀代表雌性，♂代表雄性。

故F_1（Dd）产生的配子D：d＝1：1，F_2中基因型分离比为1：2：1，表型分离比（高茎：矮茎）为3：1，这3种特定的分离比率又叫作孟德尔比率。

 显性性状、隐性性状与相对性状

什么是生物的性状呢？性状就是可遗传的生物体所能观察到的表型的特征，包括形态结构、解剖生理构造和行为特性等，如人的单眼皮和双眼皮、血型、卷舌与不卷舌，豌豆的高茎与矮茎等。

遗传学家把同种生物同一性状的不同表现类型称为相对性状，相对性状又分为显性性状和隐性性状，其中显性性状受显性基因控制。

比如人的单眼皮和双眼皮是一对相对性状，其中双眼皮为显性性状，假设

由显性基因D控制；单眼皮为隐性性状，由隐性基因d控制。那么，有关眼皮的基因型包括3种，即DD、Dd、dd。眼皮单双的控制为完全显性的，即只要具有显性基因，就会呈现显性性状，故基因型为DD和Dd的个体为双眼皮，只有基因型为dd的个体为单眼皮。

那么，该如何判断显性性状和隐性性状呢？

• 无中生有为隐性

亲代性状相同，子代性状不同，新出现的性状是隐性性状。如孟德尔豌豆实验中，F_1（Dd）为高茎，自交后代出现了矮茎，矮茎就是隐性性状。

• 凭空消失为隐性

亲代性状不同，子代性状相同，隐藏了其中一种亲本的性状，被隐藏的性状是隐性性状。如纯种红花豌豆和纯种白花豌豆杂交，后代都是红花，那么白花就是隐性性状。

• 根据性状分离比判定

杂种后代中同时出现显性性状和隐性形状的现象，叫作性状分离。若亲代性状相同，子代性状分离比是3∶1，占3份的性状是显性性状，占1份的是隐性性状。如孟德尔豌豆杂交实验中，F_1都是高茎（Dd），子代高茎与矮茎之比是3∶1，那么高茎是显性性状，矮茎是隐性性状。

分离定律适用于所有生物吗？

肯定不是呀！分离定律实现的大前提是：**真核生物有性生殖的细胞核遗传**。其实，真核生物有性生殖过程中，位于细胞核里面染色体上的基因在父母双方的体细胞中是成对存在的，当父母双方在分别形成配子（精子和卵细胞）时遵循分离定律，最终导致存在于配子中的基因是单个的。而后，精子和卵细胞结合形成受精卵，受精卵细胞核中同时具有精子和卵细胞细胞核内的基因。

母系遗传不遵循分离定律哟！

因为精子中几乎不含有细胞质，故受精卵中细胞质的成分绝大多数来自卵细胞（母本），所以由受精卵发育而来的子代细胞的细胞质中的基因只会来源于母本，这就是母系遗传，也叫细胞质遗传。比如田螺壳的右旋、左旋就受到母体基因型的调控，如果雌性为右旋，无论雄性螺旋方式如何，所有的后代都是右旋。

原核生物和病毒也不遵循分离定律哟！

原核生物和病毒不存在有性生殖，病毒甚至都不具有细胞结构！原核生物（如细菌）虽有细胞结构，但不具备细胞核，只有一个裸露的、环状的DNA分子，这种DNA分子上的基因成单存在，在进行细胞分裂的时候，DNA发生复制，只能产生两个相同的DNA分子，没有基因分离定律存在的基础。

常见的性状分离比

以豌豆的红花（由基因A决定）和白花（由基因a决定）为例：

情况一：纯合体杂交

P　　纯合红花 AA × aa 纯合白花

↓

F_1　　Aa（红花）

情况二：杂合体自交

P　　杂合红花 Aa × Aa 杂合红花

↓

F_1　　1AA（红花）:2Aa（红花）:1aa（白花）

情况三：杂合体与纯合隐性杂交

P　　杂合红花 Aa×aa 纯合白花

↓

F_1　　1Aa（红花）:1aa（白花）

那么，上述比例在生活中有什么用途呢？以眼皮的遗传为例，如果有一对夫妇均为双眼皮，生育的第一个孩子为单眼皮女孩，那么第二胎生育一个单眼皮的男孩的概率是多少呢？（提醒一下：正常情况下，生男生女的概率均为1/2）

我们可以先来画一个遗传系谱图：

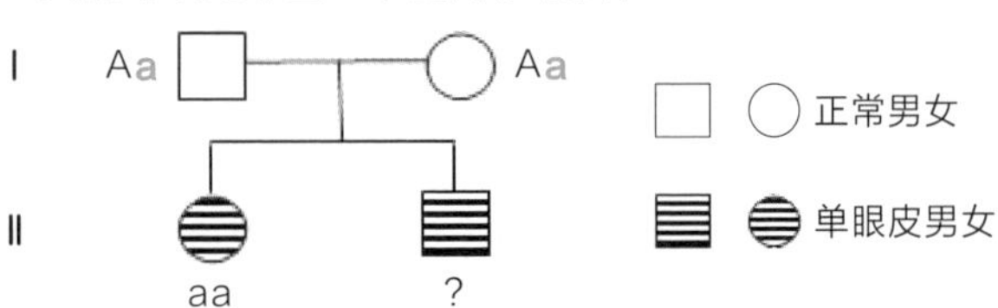

因为第一个孩子的基因型为aa，两个a基因一个来自父方、一个来自母方，故双亲的基因型应该均为Aa。再根据情况二可知，生育出单眼皮（基因型为aa）的概率应为1/4，还要求为男孩（1/2），故生育单眼皮男孩的概率为1/8。

所以，在生活中，我们可以根据已知条件来推测前后代的基因型，并且计算某种性状出现的概率哟!

原理应用知多少!

为什么不能近亲结婚?

我们知道，现代人类中是不提倡近亲结婚的，甚至禁止近亲结婚。我国法律已明确规定：禁止直系血亲和三代以内的旁系血亲结婚。

这是为什么呢？可以用我们刚学会的分离定律来解释：

因为近亲带有相同隐性遗传致病基因的可能性较大，近亲结婚所出生的孩子患有遗传病的可能性较大。以白化病（aa为患者）为例，如果双亲为近亲，且该家族存在白化病遗传病史，那么双亲基因型均为Aa的概率就很大，进而他们所生育的孩子有高达1/4的概率患白化病。

据研究显示，近亲结婚时所生的子女中，单基因隐性遗传病的发病率比非近亲结婚要高出7.8～62.5倍，先天畸形及死产的概率比一般群体要高3～4倍，其危害显著。

也许会有人问，动物间近亲繁殖有影响吗?

其实在自然界中，有些动物也会和人类一样，避免近亲繁殖，比如雄狮会赶走种群中亚成年的雄狮，而雄性斑鬣狗也会离开原来的家，加入别的家族。这是因为在漫长的生物演化史中，近亲繁殖容易造成后代患病，甚至可能会导致这一类动物的种群慢慢消失。自然界中的白虎就是动物近亲繁殖的产物，虽然白虎能够成功出生，但它的寿命比一般老虎短很多。

ABO血型问题

在17世纪80年代的英国，有位医生给一个生命垂危的年轻人输羊血，奇迹般地挽救了他的生命，其他医生纷纷效仿，结果造成大量受血者死亡。19世纪80年代，北美洲的一位医生给一位濒临死亡的产妇输人血，产妇起死回生。医学界再次掀起输血医疗热，却带来惊人的死亡率。

直到20世纪初，我们才打开了科学输血的大门。1900年奥地利科学家卡尔·兰德斯坦纳发现和确定的人类第一个血型系统。他根据红细胞表面有无特异性抗原（凝集原）A和B来划分的血液类型系统，把血液分为A、B、AB、O这4种类型。

那么，与我们熟知的ABO血型有关的基因是什么呢?

研究发现，控制人类的ABO血型的遗传基因有3个：I^A、I^B、i。其中，I^A和I^B对i为显性，I^A和I^B间无显隐性关系。血型和基因型之间的关系如下表所示。

血型	对应基因型
A型血	I^AI^A、I^Ai
B型血	I^BI^B、I^Bi
AB型血	I^AI^B
O型血	ii

那么，AB型血的母亲和O型血的父亲，生育的孩子血型有哪些可能呢?

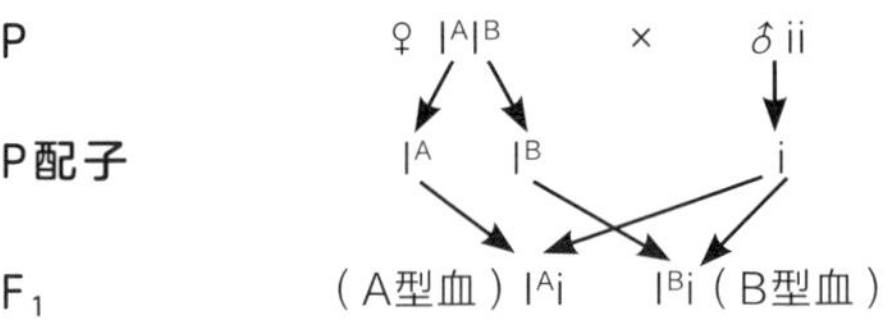

那么，来考考你！如果父母双方均为A型血，有没有可能生育O型血的孩子？A型血的母亲和O型血的父亲有可能生育AB型血的孩子吗?

超越时代的生物学家

孟德尔通过长达8年的豌豆杂交实验发现了遗传规律，并于1865年，满怀期待地在当地的自然科学学会上宣读了论文——《植物杂交实验》。但结果却不尽如人意，没有人相信并理解一个普通牧师穿插着繁杂数字和烦琐论证的研究成果。

孟德尔调整好心态继续验证自己的成果，还用紫罗兰、玉米等植物进行杂交，甚至还做了动物实验，均验证了自己的结论。1869年他又发表第二篇论文《动植物遗传之研究》，只可惜，依旧没有在学术界引起一丝涟漪。

为什么如此出色的研究，却没有得到同时代生物学家的认可呢?

因为在生物学史上，孟德尔是第一个运用数学方法来研究生物学问题的人。他在植物杂交研究中采用了统计法来对实验结果进行分析，并用概率论来加以说明，此前从未有人做过这样的尝试。这种全新的研究方法是超越时代的，因而当时有很多生物学家感到无法理解。

直到发表35年后，他的理论才开始得到认可和承认，而此时孟德尔已经去世16年了。也终于有人回忆起并深刻理解了那个戴着金色眼镜的、生性羞涩的牧师所说的话："**虽然我的生命里有过很多悲苦的时刻，但我必须充满感激地承认生活中美好的一面。我的科学研究工作给我带来了太多的开心和满足，而且我确信我的工作将很快得到全世界的承认。**"

自由组合定律

揭示位于非同源染色体上控制不同性状的基因彼此之间关系的定律

发现契机！

——孟德尔（1822—1884）先生！您在发现了分离定律后，又是如何总结出自由组合定律的呢？

当时我做了7对相对性状的实验，按照相同的方式杂交，总会出现一致的结果，即F_2中显性性状与隐性性状之比为3：1，那么接着我们就很容易去思考：一对相对性状的分离对其他相对性状有没有影响呢？我又做了两对相对性状的实验。

——啊哈，这我知道！您选择了纯种的黄色子叶圆形种子（简称“黄色圆粒”）和纯种的绿色子叶皱形种子（简称“绿色皱粒”）杂交，得到了子二代。

是的！结果是就算两对相对性状放在一起杂交，每一对最后依旧遵循3：1的比例，这说明子叶的颜色和种子的形状是独立遗传、互不干扰的。

——天哪！感觉我们发现了了不起的东西！那么，自由组合定律是不是可以应用于真核生物有性生殖过程中任何两对基因的遗传呢？

很遗憾，并不是！自由组合成立的前提是两对等位基因必须分别位于两对同源染色体上，关于什么是同源染色体，将在第110页由“减数分裂”部分为你详细介绍……

原理解读！

- 自由组合定律，又叫作孟德尔第二定律。
- 控制不同性状的遗传因子（基因）的分离和组合互不干扰，各自保持其独立性；在形成配子时，决定同一性状的成对的遗传因子（等位基因）彼此独立分离，决定不同性状的遗传因子自由组合。

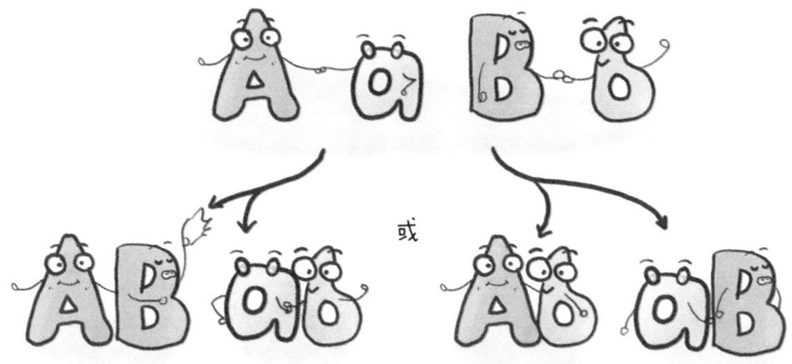

等位基因是指控制一对相对性状的基因，假如花的颜色包括红色和白色，其决定基因分别为A和a，那么A和a就是一对等位基因。同理，控制叶子大小的基因B和b也是一对等位基因。那么基因A与基因B(或b)之间叫作非等位基因。

豌豆的两对相对性状的杂交实验

孟德尔两对相对性状的豌豆杂交实验是如何做的呢?

P　　纯种黄色圆粒 × 纯种绿色皱粒

基因型　　AABB　　aabb

↓

F_1　　AaBb（黄色圆粒）

↓（自交）

F_2**（此处采用棋盘法来表示，见下表）**

♀ ＼ ♂	AB	Ab	aB	ab
AB	黄色圆粒 AABB	黄色圆粒 AABb	黄色圆粒 AaBB	黄色圆粒 AaBb
Ab	黄色圆粒 AABb	黄色皱粒 AAbb	黄色圆粒 AaBb	黄色皱粒 Aabb
aB	黄色圆粒 AaBB	黄色圆粒 AaBb	绿色圆粒 aaBB	绿色圆粒 aaBb
ab	黄色圆粒 AaBb	黄色皱粒 Aabb	绿色圆粒 aaBb	绿色皱粒 aabb

故F_1（AaBb）产生的配子AB∶Ab∶aB∶ab＝1∶1∶1∶1；F_2中出现了4种表型，其分离比为黄色圆粒∶黄色皱粒∶绿色圆粒∶绿色皱粒＝9∶3∶3∶1，其中黄色皱粒和绿色圆粒是两种新的性状组合。

常见的杂交后代概率计算

以豌豆的红花（A）和白花（a）、高茎（B）和矮茎（b）为例：

情况一：纯合体杂交

P　　纯合红花高茎 AABB × aabb 纯合白花矮茎

↓

F_1　　AaBb（红花高茎）

还有一种情况：AAbb × aaBB。结果是一样的哟。

情况二：杂合体自交

P　　红花高茎 AaBb × AaBb 红花高茎

↓

问：F_1中红花高茎和白花矮茎的种子所占比例是多少呢?

可以利用分离定律来解决问题。

P：Aa × Aa→3/4的红花、1/4的白花；P：Bb × Bb→3/4的高茎、1/4的矮茎。

故红花高茎所占比例为3/4 × 3/4 = 9/16，白花矮茎所占比例为1/4 × 1/4 = 1/16。

情况三：杂合体与纯合隐性杂交

P　　红花高茎 AaBb × aabb 白花矮茎

↓

问：F_1中有几种表型的后代，其中白花矮茎的种子所占比例是多少呢?

P：Aa × aa→1/2的红花、1/2的白花；

P：Bb × Bb→1/2的高茎、1/2的矮茎。

故会出现2 × 2 = 4种表型，白花矮茎所占比例为1/2 × 1/2 = 1/4。

其他情况：

AaBb × aaBb和Aabb × aabb这两种亲本组合形式，后代分别有几种表型？其中白花矮茎所占比例分别为多少呢?

你来试试吧！

原理应用知多少！

农作物的杂交育种

自然变异和天然的杂交可逐渐改变农作物的基因，但这个过程实在是太漫长和不可控了！为了能够较快地、目标明确地把控农作物的变异方向，科学家们采用了“包办婚姻”的方式进行育种，这就是杂交育种。

作物杂交育种是指**作物不同基因型个体间进行杂交，并在其杂种后代中通过选择而培育成纯合品种的方法**。举个例子！科学家看上了香蕉和苹果各自的优点，就会让它们强行“婚配”，产生杂交后代。但是，杂交的结果也有随机性，基因重新组合会形成各种不同的类型……

所以，科学家们需要不断地筛选和纯化，这样才能通过基因重组将双亲控制不同性状的优良基因结合于一体，或将双亲中控制同一性状的不同微效基因积累起来，产生在各该性状上超过亲本的类型。下面，具体应用一下吧！

现有某作物的两个纯合品种：抗病高秆（易倒伏）和感病矮秆（抗倒伏），抗病（A）对感病（a）为显性，高秆（B）对矮秆（b）为显性。利用这两个品种进行杂交育种，获得具有抗病矮秆(AAbb)的优良新品种，该怎么做呢？

首先需将纯合抗病高秆植株（AABB）与纯合感病矮秆植株（aabb）杂交产生F_1（AaBb）。F_1自交获得的F_2，F_2中会出现3/16的抗病矮秆品种（AAbb和Aabb），选取F_2中抗病矮秆植株（AAbb和Aabb）进行连续自交，由于纯合子抗病矮秆植株（AAbb）自交不会出现性状分离现象，即获得具有稳定遗传的抗病矮秆优良新品种（AAbb）了。

中国荷斯坦奶牛

从一杯香浓的牛奶开启全新的一天时，你可知道，我国古代是没有我们所熟知的“黑白花奶牛”的。这种奶牛的学名叫作中国荷斯坦奶牛，是19世纪末期由中国的黄牛（母牛）与当时引进我国的荷斯坦公牛杂交的后代。经过近10年的不断驯化和人工选育，逐渐形成的良种奶牛。

有人可能会问，**为什么不直接繁殖国外的荷斯坦良种奶牛，而反过来要进行源源不断的杂交呢?**

这与荷斯坦牛和本地黄牛各自的特点有关：国外的荷斯坦牛虽然产奶量高，但是对我国环境条件的适应性较差，乳脂率较低，不耐热，高温时产奶量明显下降。而黄牛具有耐粗饲、抗病力强、适应性好、遗传性稳定、肉质好等优良特性。但是相对地，我国黄牛也存在生长速度慢、母牛泌乳量少等缺点。

利用杂交育种的方法将两者的优点集合于一身，再经过多代筛选，最终得到了体格健壮、泌乳量大的中国荷斯坦奶牛。设控制适应性好的基因A对适应性差的基因a为显性，产奶量高的基因B对产奶量低的基因b为显性，大致流程如下图所示。

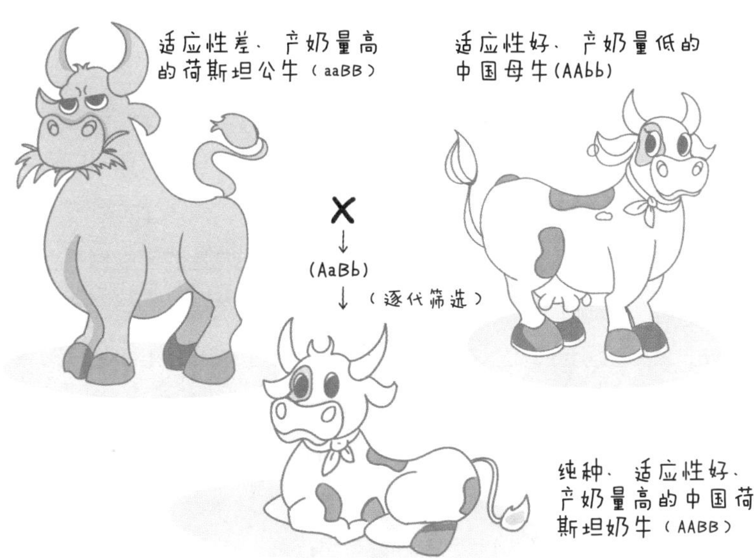

遗传病的预测和诊断

我们可以根据基因自由组合定律分析家系中两种或者两种以上遗传病后代发病的概率，为遗传病的预测和诊断提供理论基础。若两种遗传病（甲和乙）的患病概率分别为a和b，且这两种遗传病之间具有“自由组合”关系时，各种患病情况如下表所示。

类型	计算公式
只患甲病的概率	a(1－b)
只患乙病的概率	b(1－a)
同时患两种病的概率	ab
只患一种病的概率	a(1－b)＋b(1－a)
不患病概率	(1－a)(1－b)
患病概率	1－(1－a)(1－b)

已知人类中的白化（a）和并指（B）都是常染色体遗传，白化是隐性遗传病，并指是显性遗传病。假设一个表型正常的女人与一个并指的男人结婚，他们第一胎生育了一个白化病但手指正常的孩子。

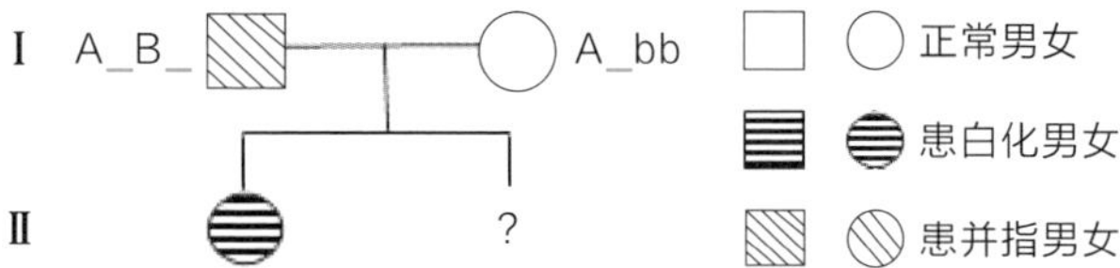

那么，可以确定这个孩子的基因型是aabb，则其父母的基因型分别为AaBb和Aabb。若他们再生育一个孩子：①只出现并指的可能性是多少？②只患一种病的可能性是多少？③生一个既白化又并指的男孩的可能性是多少？

首先，我们分别计算这对夫妇再生育一个孩子时患白化和并指的概率。P：Aa×Aa→1/4aa（白化）；P：Bb×bb→1/2Bb（并指）。然后再根据问题，对应表格中的公式进行计算：只出现并指的可能性是（1－1/4）×1/2；只患一种病的可能性是1/4×（1－1/2）＋（1－1/4）×1/2；生一个既白化又并指的男孩的可能性是1/4×1/2×1/2（男孩）。

所以答案为：①3/8、②1/2、③1/16。你学会了吗？

趣闻轶事

农作物千奇百怪的“父辈”

不管你是否想承认，但其实你现在入口的每一粒粮食都不是“纯天然”的。细数整个历程，毫不夸张地说，所有非转基因作物都是从各种野草“驯化”而来的。

我们熟知的玉米，来源于一种名为类蜀黍（拉丁名为teosinte）的一年生野草，原产于南美洲，当地印第安人通过逐代积累优良性状，使其成为当地唯一的粮食作物。1942年，哥伦布发现新大陆后，将玉米视为神品，最终传播到世界各地。

普通小麦体内有3套不同的染色体，是几种不同野草杂交形成的六倍体。一粒小麦（乌拉尔图小麦，染色体组为AA）和拟斯卑尔脱山羊草（BB）天然传粉，其杂交后代拥有了AB两种染色体组，随后经过染色体的自然加倍成了四倍体的二粒小麦（AABB）。二粒小麦又与节节麦（DD）“通婚”，就形成了带有ABD的小麦后代，随后又经过染色体的自然加倍才得到穗大、籽粒多的六倍体普通小麦（AABBDD）。

除此以外，水稻、小米等作物也都是野草变的哟。

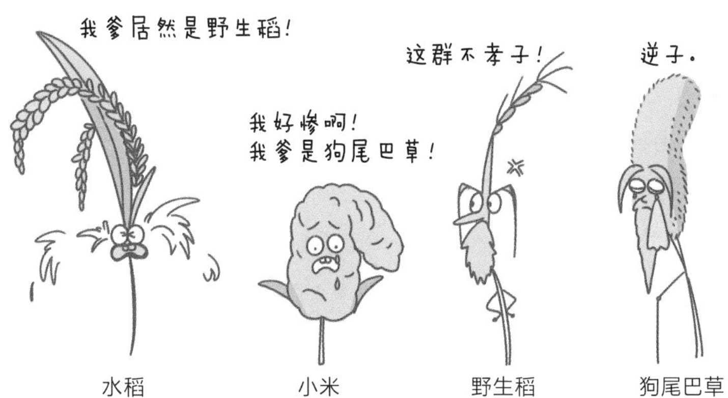

减数分裂

一粒花粉的形成
物种延续的秘密

发现契机！

——魏斯曼（Weismann，1834—1914）提出了“种质连续学说”。在早期，减数分裂还没有足够的实验依据时，魏斯曼就提出了“在卵细胞和精子成熟的过程中，必然要发生一种染色体数目减少一半的特殊细胞分裂”这一天才性的预见。

首先，这要得益于赫特维奇、斯觉斯伯格的研究，他们分别在动物和植物的受精过程中观察到了精卵细胞核结合的现象，并提出细胞核保持着遗传物质的连续性。而后，弗莱明和贝内登等又发现了在有丝分裂过程中，染色体的形态和数目上的变化。仔细思考就会发现，如果卵细胞和精子成熟的过程中染色体数目没有减半，那么，当精子和卵细胞相融合形成受精卵后，子代体细胞的染色体数目就会2倍于亲代细胞，这并不符合实际情况，毕竟每一个物种细胞内的染色体数目是恒定的。

——是的，后来您的预测在鲍维里等科学家的实验中得到了验证，并揭示了与动植物生殖细胞形成有关的减数分裂过程，使人们进一步看到了染色体和基因之间的平行关系！

我的理论在某些名词上与现代遗传学略有出入，下面我就利用你们比较熟悉的方式讲解减数分裂，这样能够更好理解一些！

原理解读！

- 减数分裂是进行有性生殖的生物，在产生成熟的生殖细胞（精子和卵细胞）时进行的染色体数目减半的细胞分裂。如下图所示。
- 减数分裂前染色体复制一次，减数分裂过程中细胞连续分裂两次，最终产生的成熟生殖细胞中染色体数目是本物种体细胞中染色体数目的一半。

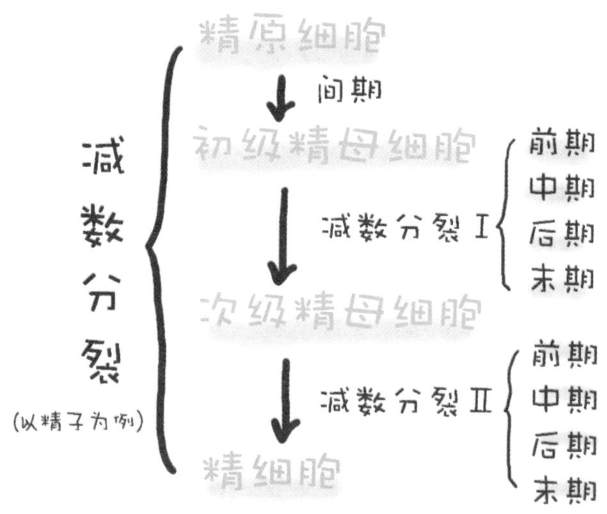

减数分裂不仅是保证物种染色体数目稳定的机制，同时也是物种适应环境变化不断进化的机制。

减数分裂各过程特点（以精子的发生为例）

首先，我们认识一下同源染色体。它是指形态、大小基本相同，一条来自父方、一条来自母方的一对染色体。

下面看看减数分裂中各时期的具体变化和特点吧！

间期： 进行DNA的复制、相关蛋白质的合成。

减Ⅰ前期： 同源染色体联会、形成四分体，四分体中非姐妹染色单体间可能会发生片段的互换。如下图所示。

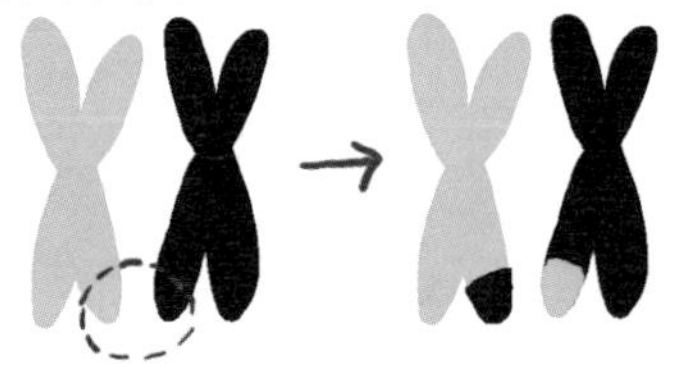

• **联会：** 在减数分裂过程中，减Ⅰ前期同源染色体两两配对的现象。

• **四分体：** 联会后的每对同源染色体含有4条染色单体。

实际上本时期比较复杂，里面又包括5个过程（细线期、偶线期、粗线期、双线期、浓缩期），如下图所示。

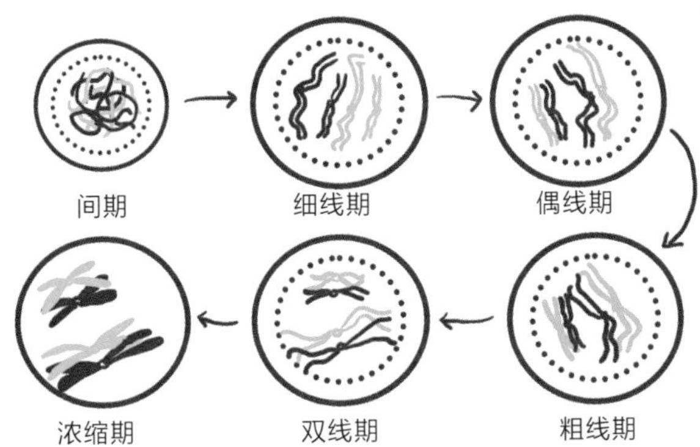

减Ⅰ中期： 同源染色体排列在赤道板上。

减Ⅰ后期： 同源染色体彼此分离，并移向细胞的两极。与此同时，非同源染色体自由组合。

减Ⅰ末期： 1个初级精母细胞分裂成2个次级精母细胞，染色体、DNA数目均减半。如下页上图所示。

减Ⅱ前期： 无同源染色体，细胞中染色体散乱分布。

减Ⅱ中期： 着丝粒排列在赤道板上。

减Ⅱ后期： 着丝粒分裂，姐妹染色单体分开并移向细胞的两极，染色体数目加倍。

减Ⅱ末期： 两个次级精母细胞分裂成4个精细胞。如右图所示。

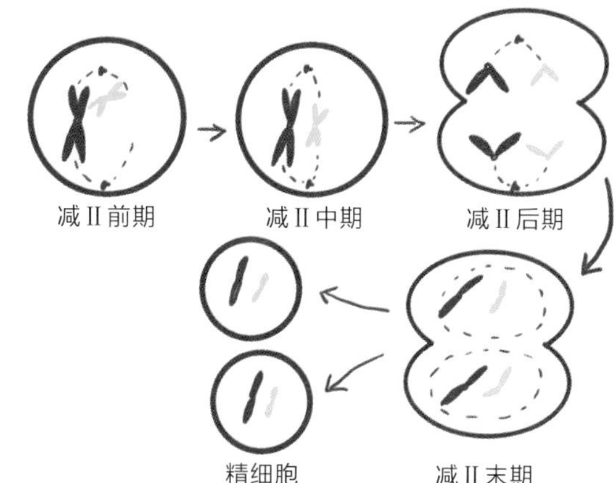

精子与卵细胞减数分裂的区别

在进行减数分裂时，精原细胞的两次分裂为细胞质的均等分裂，即产生的子细胞大小相同；卵原细胞一般为不均等分裂（第一极体分裂产生两个，第二极体时均等分裂）。

1个精原细胞最终产生4个精子，而1个卵原细胞产生1个卵细胞和3个极体，但极体最后一般会退化消失。

精子的形成需变形，减数分裂形成的精细胞的细胞核变为精子头部的主要部分，高尔基体发育成头部的顶体，中心体演变为精子的尾部，线粒体聚集在尾的基部形成线粒体鞘，其他物质浓缩为原生质滴，随精子的成熟就会消失。精子外形很像蝌蚪，卵细胞的形成不变形，精子和卵细胞发生过程如下页图示。

下图为精子发生过程

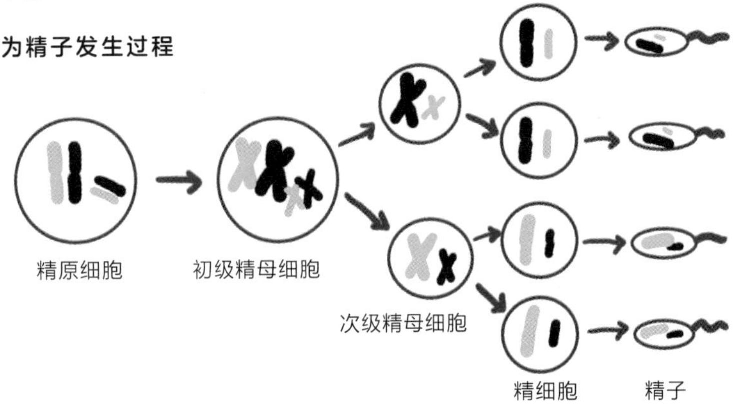

精原细胞
初级精母细胞
次级精母细胞
精细胞
精子

下图为卵细胞发生过程

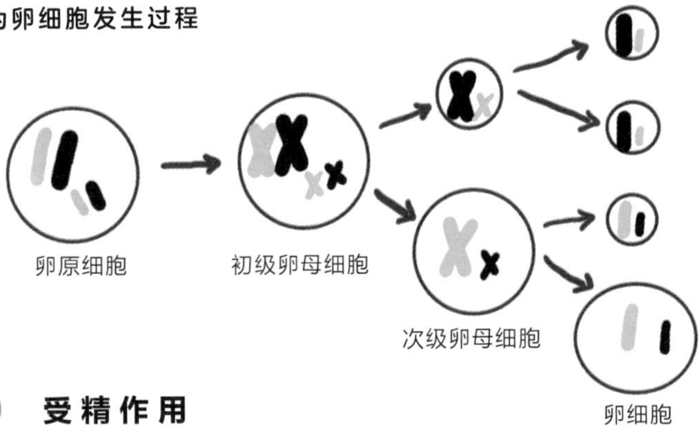

卵原细胞
初级卵母细胞
次级卵母细胞
卵细胞

受精作用

精子（如下左图所示）必须在雌性动物的生殖道内发生相应的生理变化后，才获得受精能力，这种生理现象叫作精子的获能；与此同时卵子（如下右图所示）也必须在输卵管中发育到减数第二次分裂时期，才具有与精子受精的能力。

· **准备阶段**

顶体
细胞核
线粒体鞘
尾

精子形态结构示意图

放射冠
透明带
卵细胞膜

卵细胞形态结构示意图

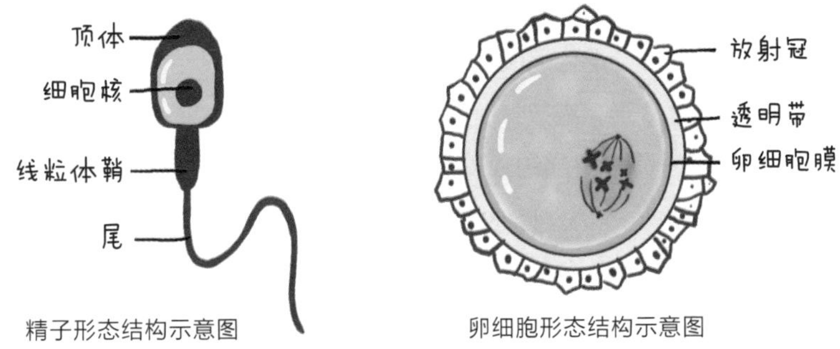

- 受精阶段

卵子的透明带上存在特殊的糖蛋白（精子受体），它能够特异性地识别精子，具有物种特异性，这就保证了只有同种的精卵才能受精。在卵子外围可能会集聚几十个精子，当精子和卵子接触后，启动了精子的顶体反应，顶体会释放顶体酶，顶体酶溶解卵子周围的放射冠。大多情况下，多个精子会同时溶解，一旦放射冠产生裂隙，精子就会依靠其尾部的摆动，穿越透明带到达卵子表面。当某一个精子接触卵细胞膜时，卵子周围的颗粒细胞立即释放水解酶扩散至透明带，使卵子上的精子受体失活；与此同时，透明带中的蛋白质变性而变硬，最终导致其他精子不能再与卵子结合并穿过透明带，从而阻止其他精子穿越透明带，这是防止多精子入卵的屏障。如下图所示。

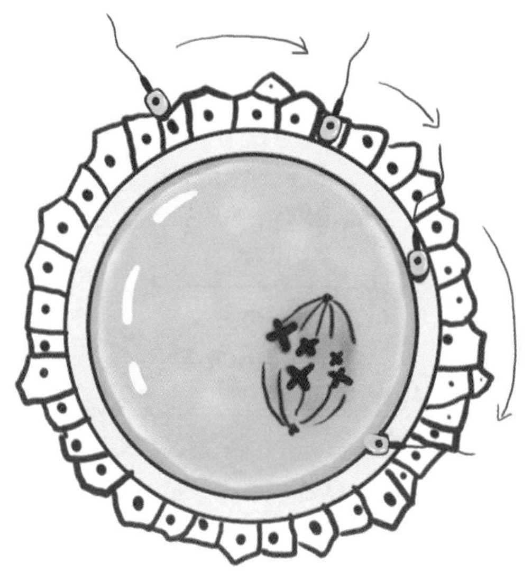

精子进入卵子后，尾部脱落，其细胞核原有核膜破裂，再重新形成新的核膜，最后形成一个比原细胞核大的核——雄原核。同时，卵子被激活并完成减数第二次分裂过程，排出第二极体后形成雌原核（比雄原核小）。雌、雄原核同时向细胞中部靠拢，并相互融合成一个细胞核，形成受精卵。

原理应用知多少！

减数分裂与孟德尔遗传定律

·分离定律的细胞学基础

在杂合子的细胞中，位于一对同源染色体上的等位基因（如A和a）具有一定的独立性；在减数第一次分裂的后期，等位基因会随同源染色体的分开而分离，分别进入两个不同的配子，独立地随配子遗传给后代。如下图所示。

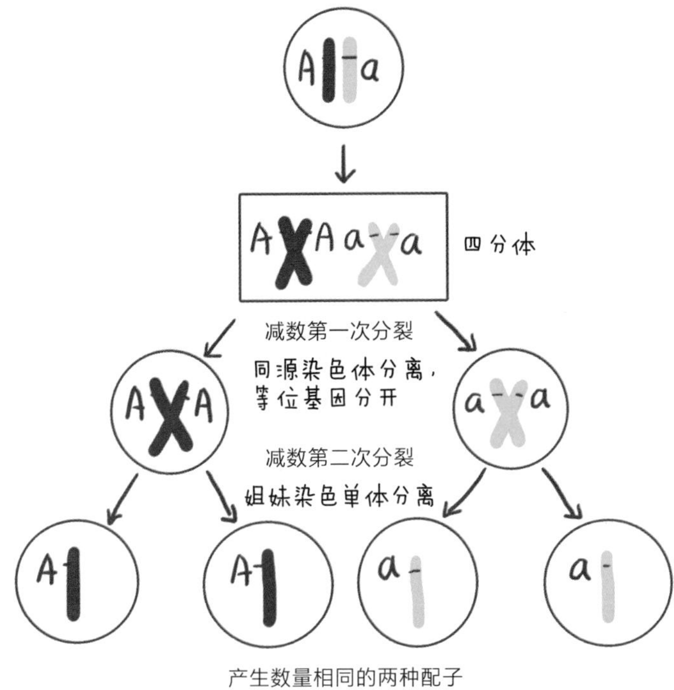

·自由组合定律的细胞学基础

位于非同源染色体上的非等位基因的分离或组合是互不干扰的。在减数第一次分裂的后期，同源染色体上等位基因彼此分离的同时，决定不同性状的位于非同源染色体上的非等位基因，以同等的机会在配子内自由组合，从而实现性状的自由组合。如下页上图所示。

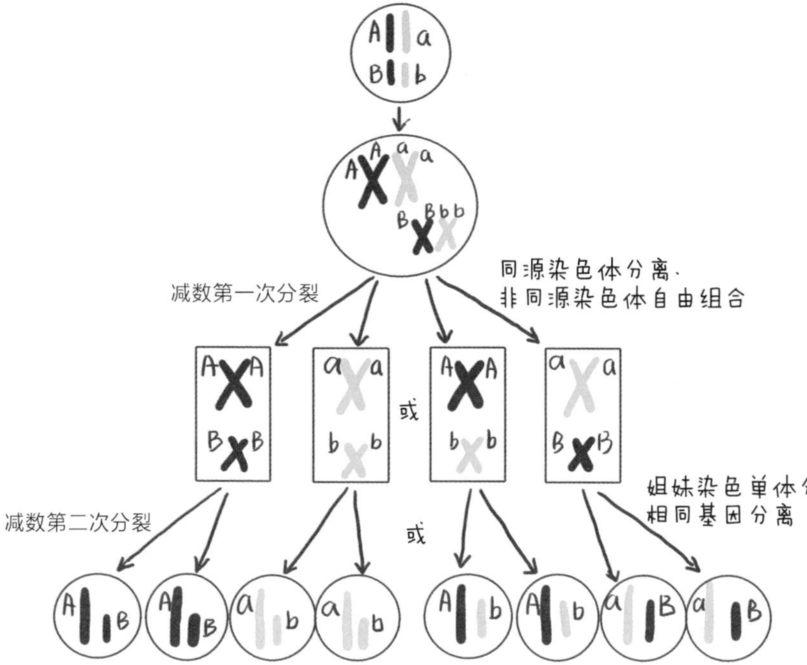

同源染色体分离、
非同源染色体自由组合

减数第一次分裂

或

姐妹染色单体分离、
相同基因分离

减数第二次分裂

或

减数分裂异常

按照减数分裂和受精过程，新生儿的染色体应该一半来自父亲，另一半来自母亲。但如果这一规则出现差错了呢？比如说众所周知的唐氏综合征（即21三体综合征，又称先天性愚型或Down综合征），是由染色体异常（多了一条21号染色体）而导致的疾病。60%患儿在胎内早期即流产，就算侥幸存活，也会有明显的智能落后、特殊面容、生长发育障碍和多发畸形等症状。

那么，唐氏综合征的病因是什么呢？

导致唐氏综合征的其中一个因素就是父母某一方在进行减数分裂形成生殖细胞时，因为减数分裂异常，从而导致受精卵内多一条21号染色体。如右图所示。

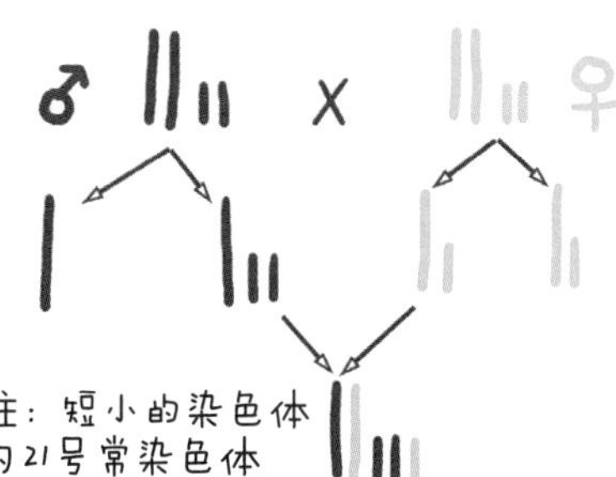

雄蜂的“假减数分裂”

雄蜂，是通过“假减数分裂”的特殊分裂方式产生配子来繁衍后代的，如下图所示。雄蜂的精母细胞也经过连续的两次减数分裂。首先，精原细胞（16条染色体）在间期进行染色体的复制，体积增大为初级精母细胞。此时的细胞含有姐妹染色单体，染色体数目仍为16条。但细胞中出现的单极纺锤体导致细胞进行不均等分裂，仅在细胞的一极挤出一个无核的细胞质芽体。所以在减数第一次分裂（MⅠ）产生的两个子细胞中：一个子细胞体积较小，无细胞核，只是一团细胞质，不能进行分裂，最终退化消失；另一个子细胞的体积大得多，且含有细胞核，称为次级精母细胞（16条染色体），可以进行减数第二次分裂（MⅡ）。

减数第二次分裂后期，着丝粒断裂，姐妹染色单体分离，向细胞的两极移动。同时，细胞质进行不均等分裂，含有细胞质少（含16条染色体）的子细胞逐渐退化消失，含有细胞质多的细胞体积较大（含16条染色体），最终发育成精细胞，可参与受精作用。所以，雄蜂的一个精原细胞通过分裂最终产生一个精子，精子的染色体数和精原细胞相同。这种细胞分裂的方式与减数分裂不同，称为假减数分裂。

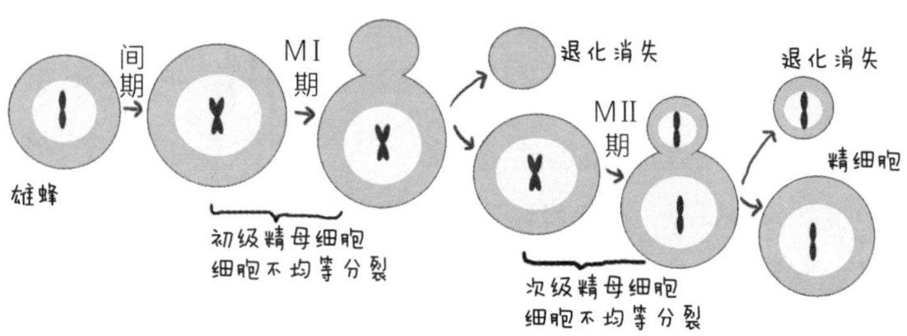

生物是如何遗传和进化的？

史蒂文斯

性别决定

从黄粉虫到人类
解释了生物界性别的奥秘

发现契机！

——“Y染色体”是由内蒂·玛丽亚·史蒂文斯（Nettie Maria Stevens，1861—1912）发现的，其在论文《精子发生研究》中正式宣布了性染色体的存在，并公开认定性染色体就是性别的决定因素。

很荣幸在布林莫尔学院认识了令人敬佩的导师摩尔根先生和威尔逊先生，虽然在性别决定的观点上，我们经常意见相左，但是他们的研究给予我很大的帮助，我始终觉得生物体内存在着一些“附属染色体”能够影响后代性别……

——1891年，德国细胞学家H. 亨金（H. Henking）在研究减数分裂时已经发现半翅目昆虫中有一团特殊的染色体，一半的精子里含有，另一半则没有。

是的，科学的发展总是循序渐进的！在1905年，我的合作者威尔逊先生证明，多种昆虫雌性个体具有两套普通的染色体（常染色体）和两套X染色体，而雄性也有两套常染色体，但只有一条X染色体。

——您是在对黄粉虫的研究中发现了Y染色体?

我发现，黄粉虫体内有一条染色体明显小得多。更重要的是，不含有这条染色体的个体均为雌性，含有的均为雄性。由此，我大胆推论，携带那条小染色体的精子进入卵细胞后产生的后代必然是雄性。那条小染色体，就是现在众所周知的Y染色体。

原理解读！

- XY型性别决定是生物界最普遍的类型，包括哺乳类、某些两栖类和鱼类，甚至多种昆虫和雌雄异株的植物等。
- 以人类为例，人具有23对（即46条）染色体，其中22对为常染色体（每一对染色体形态大小基本相同），最后一对为性染色体，即X和Y染色体，这两条染色体在形态大小上具有明显的差异，如下图所示。

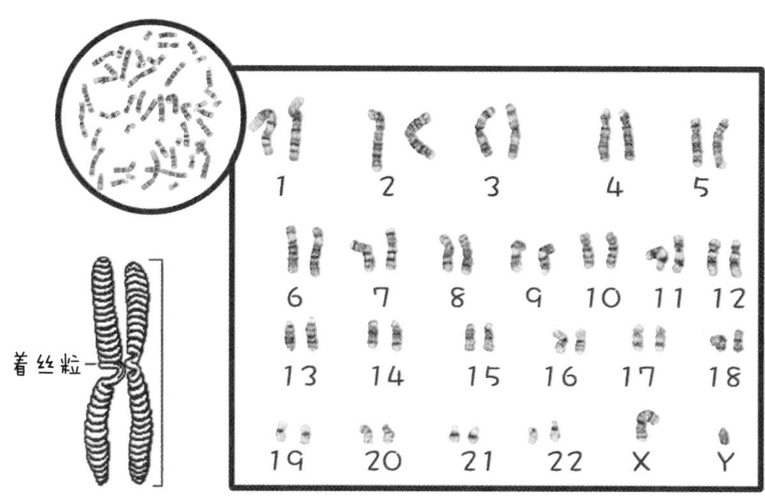

XY型性别决定的生物：
- 性染色体组成为XX的个体为雌性。
- 性染色体组成为XY的个体为雄性。

Y染色体为什么能够决定性别？

人类的X和Y染色体是一对很神奇的染色体，当前的主要观点认为，它们最初是一对古老的、普通的常染色体。在演化过程中，X染色体保留了大部分的原始基因，这些基因十分不同寻常，目前已发现该染色体上大约有70%的基因与疾病相关。

但Y染色体却在演化过程中丢失了其中的大部分基因，所以在形态结构上，人类的Y染色体大约只有X染色体的1/3，至于含有的基因数量则更是天差地别，X染色体的基因含量是Y染色体的32倍。而与此同时，Y染色体上也出现了众多在X染色体上找不到等位基因的特殊基因，以及许多几乎不含功能的基因，其中就包括SRY基因。SRY基因编码的蛋白质，通过活化其他染色体上的一些基因，从而触发睾丸的形成，进而开启男性生殖系统的发育，使个体发育为男性，所以SRY基因又被称为雄性决定基因。

严格地说，SRY基因被限定在Y染色体上。不过偶尔也有出错的时候，由于某些原因，本应该存在Y染色体上的SRY基因，因为染色体片段的互换而转移到了X染色体上（下图），这样的X染色体会导致胚胎雄性化或者男性化，成为XX男性，此类疾病属于“性别发育异常”（简称DSD）。

随着科学的研究，其他与性别相关的基因也被逐步发现，敬请期待吧！

其他性别决定方式

• ZW型

鸟类、鳞翅目昆虫（如蝴蝶）、某些两栖类及爬行类动物、极少数植物（如某种草莓）的性别决定属于ZW型。这种生物的性染色体分别为Z染色体和W染色体，雄性的染色体组成为ZZ，雌性的染色体组成为ZW，如下图所示。

芦花鸡的雌性存在性别反转的情况。所谓性别反转，是指母鸡在遗传物质未改变但性状转变为公鸡的性反转现象，表现为能与其他母鸡交配、牝鸡司晨（母鸡报晓）等特征。需要注意的是，就算芦花鸡的性别改变了，但是其基因型并没有发生改变，这种变化是因为激素分泌的影响。

• XO型

蝗虫、蟋蟀等直翅目昆虫和蟑螂等少数动物存在的性别决定属于XO型。雌性的性染色体成对，为XX；雄性只有一条单一的X染色体，为XO型。以蝗虫为例，形成精子时，会产生比例相等的两种类型的精子，一种染色体组成为11条常染色体＋X染色体，另外一种只有11条常染色体。所以含有X染色体的精子与卵细胞结合后产生的后代为雌性。

• 蜜蜂型

蜜蜂的性别由细胞中染色体倍数（染色体组）决定。雄蜂由未受精的卵细胞发育而来，体细胞内只有一套染色体，属于单倍体。雌蜂是由受精卵发育而来，体细胞内有两套染色体，是二倍体。膜翅目昆虫中的胡蜂、蚂蚁、寄生蜂等都属于此种类型。

除了上述情况，还存在ZO型（个别鳞翅目昆虫）、复等位基因决定（如喷瓜）以及与环境因子相关联（如鳄类）等情况的性别决定方式，感兴趣的话，可以试着去收集一下资料，分享给你的小伙伴吧！

原理应用知多少！

生男生女取决于谁？

人类女性的染色体组成可表示为44＋XX，产生的卵细胞中染色体组成只有一种类型：22＋X；男性染色体组成为44＋XY，会产生比例相等的两种不同类型的精子：22＋X或22＋Y。

一般来说，当携带Y型性染色体的精子与卵细胞结合，后代即为男孩；携带X型性染色体的精子与卵细胞结合，后代则为女孩。因此说，生男生女主要是由父亲决定的，如下图所示。而X精子和Y精子的数量相等，受精概率基本上各为50%，故针对整个人类种群来讲，生男生女的概率各占1/2。

然而，也有研究表明，形成受精卵时，除了精子的随机性（X或Y）外，还会存在淘汰率问题，以及卵细胞对于“配偶”微妙的选择作用。在受精这个“赢家通吃”的游戏中，数以百万计的精子游向在终点线等待的卵细胞。很多精子由于缺少尾部或尾部畸形等缺陷甚至直接输在了起跑线。一些精子可能因为没有足够的能量运动到终点而惨遭淘汰。这意味着除了最健康的、能够成功接近卵细胞的部分精子外，其他所有精子都会被阻碍。与此同时，卵细胞也可能会利用某些特殊的方式主动吸引或选择精子，以获取其遗传物质。

蜂王与工蜂

蜂王和工蜂都是由受精卵发育而来的雌性，但它们之间的差别极大。蜂王能活几年；具有旺盛的生育力；在蜂群中的主要作用是产卵（一天能产几千个卵）并分泌“蜂王信息素”，用于调控蜂群秩序。工蜂只能活几个月，往往由于性腺发育不良而丧失了生育能力；工蜂会受到激素的控制，负责饲养幼虫、建筑蜂巢、寻找蜜源和水以及从事危险的采集任务。

为什么蜂王和工蜂有着相同的基因，却有这么大的差异呢？

蜂王与工蜂的命运差异发生在出生的3天后。其实，所有蜜蜂幼虫一开始吃的都是由工蜂喉咙里一种腺体分泌的蜂王浆，3天后，护理蜂会在雌蜂幼虫中挑选很少一部分继续喂食蜂王浆，这些幼虫将发育为蜂王；其他幼虫则被喂食花粉和花蜜，将来发育为工蜂。也就是说，一只雌蜜蜂是发育成工蜂还是蜂王并不是天生注定的，而是完全取决于它后天吃的东西。

这和“DNA甲基化”有关。如果DNA中某个基因的部分碱基被加上一个甲基（甲基化修饰），就会抑制基因的表达，进而对表型产生影响。将蜂王和工蜂的大脑细胞中的基因做比较，发现有近600个基因在工蜂中被甲基化了，而在蜂王中则没有。

DNA的甲基化是由一种酶（Dnmt3）来控制的，如果让蜜蜂幼虫中的这种酶失去作用，蜜蜂幼虫就发育成了蜂王，和喂它蜂王浆的效果是一样的。可见蜂王浆的作用就是让控制DNA甲基化的酶不起作用。

下页上图表示DNA甲基化与蜜蜂的发育分化密切相关。

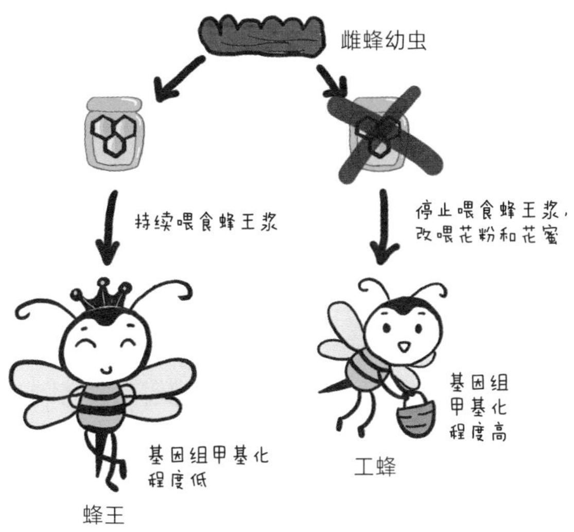

下图为雌蜂幼虫表观遗传酶（Dnmt3）的破坏，导致雌蜂幼虫向蜂王发育分化。

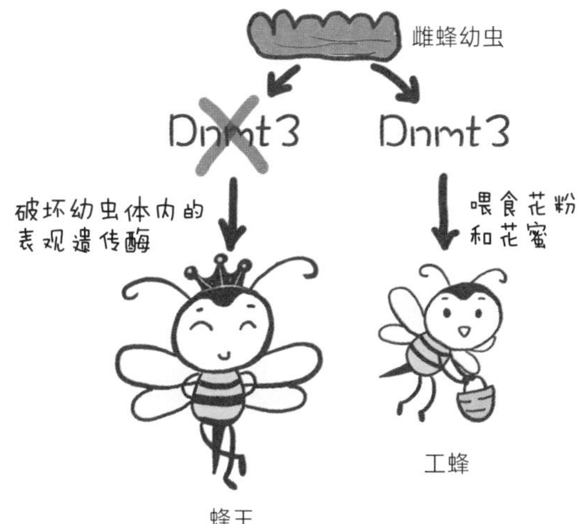

与环境有关的性别决定

温度决定性别

许多爬行动物（包括鳄鱼、某些蜥蜴及龟类等），它们的性别取决于卵孵化时的温度。温度的高低和性别间的关系，随着物种的不同而各异。如乌龟卵在20℃～27℃条件下孵出的个体为雄性，在30℃～35℃时孵出的个体为雌性；刚发育的鳄鱼卵中所有小鳄鱼都是雌性，后期受温度的变化影响，孵化后的鳄鱼的性别也会发生变化。我国特产的扬子鳄，巢穴建于潮湿阴暗的弱光处，可孵化出较多雌鳄；巢穴建于阳光曝晒处，则可孵化出较多的雄鳄。

族群中的性别比例决定性别

海底动物小丑鱼们按族群生活，群体中由一条雌性首领和许多雄性组成。小丑鱼幼年时没有性别区分。到了需要繁衍后代的时候，会有一只小丑鱼主动变成雌性，其余伙伴与之对应变成雄性。一旦族群中的雌性不幸殒命或失踪，族群遭遇繁衍危机，那么族群中最强壮的雄鱼会接替主动变成雌性，生殖器官甚至体色等特征均会彻底改变，以此来保证族群的繁衍。而隆头鱼则正好相反，当失去雄性首领时，最强壮的雌鱼便会转变为新的雄鱼。

营养条件决定性别

雌性线虫的染色体总数比雄性线虫多了一条。一般线虫会在性别未分化时侵入寄主体内，如果营养条件理想，则会保留两条X染色体，发育为雌性成体；若营养条件欠佳，线虫则会丢失一条X染色体，最终发育为雄性成虫。

伴性遗传

果蝇的眼色和色盲
阐述某些性状和性别的关系

发现契机！

—— 托马斯·亨特·摩尔根（Thomas Hunt Morgan，1866—1945）基于果蝇伴性遗传方面的实验发现，创立了关于遗传基因在染色体上做直线排列的基因理论和染色体理论，获1933年诺贝尔生理学或医学奖。

我坚信，生物的性别肯定是由基因控制的。那么，决定性别的基因是显性的还是隐性的呢?

—— 的确！在自然界中大多数生物的性别比例是1：1，而不论性别基因是显性还是隐性，都不会得出这样的比例！对了，当时萨顿提出了基因位于染色体上的假说……

我一直坚持“一切通过实验”的原则！对果蝇进行诱变的两年多后，我在红眼的果蝇群中偶然发现了一只异常的白眼雄性果蝇。并且经过杂交实验发现白眼性状总是与性别相关联，而且与X染色体的遗传相似！我把这种白眼基因跟随X染色体遗传的现象，叫作“连锁”。你看，这两类基因（白眼基因和决定性别的基因）好像锁链一样铰合在了一起。

—— 这也是您发现第三大遗传定律——连锁互换定律的契机！

原理解读！

- 由性染色体所携带的基因控制的性状，在遗传时总是和性别相关联，这种现象叫作伴性遗传。
- 下图为果蝇染色体示意图（左♀右♂）

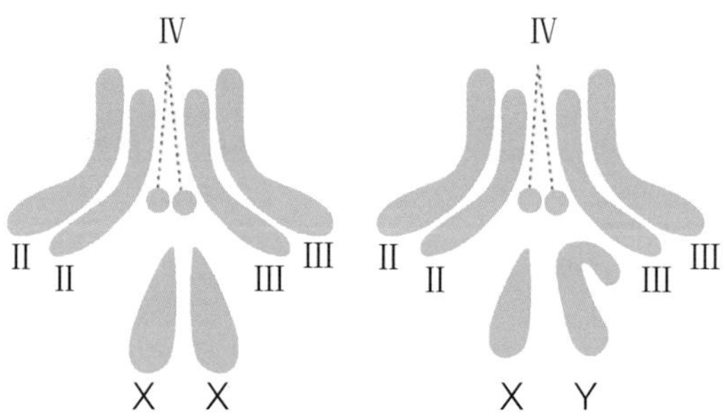

- 果蝇的体细胞中含有4对染色体，其中3对常染色体（Ⅱ、Ⅲ、Ⅳ）和1对性染色体。

控制红眼和白眼的基因（分别由R和r表示）位于X染色体上，则基因型的书写形式如下：

雌性基因型：X^RX^R（红眼）、X^RX^r（红眼）、X^rX^r（白眼）

雄性基因型：X^RY（红眼）、X^rY（白眼）

摩尔根的果蝇杂交实验

摩尔根利用基因突变得来的白眼雄性果蝇与纯合的红眼雌性果蝇做杂交实验，示意如下。

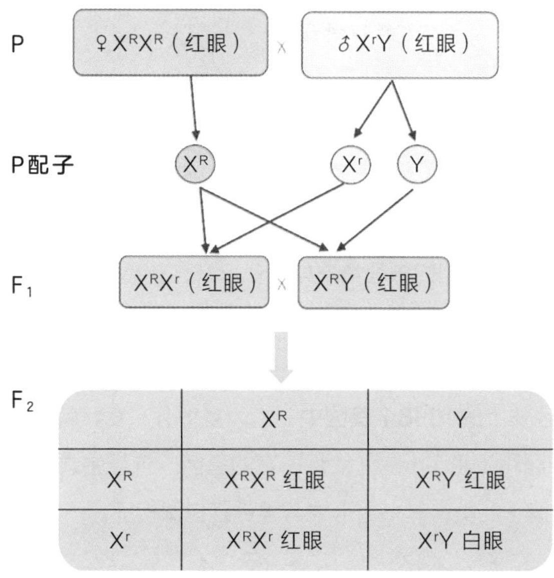

由实验可知，F_1无论雌雄个体均为红眼，说明红眼对白眼为显性性状。F_2中性状分离比为红眼：白眼=3：1，遗传表现符合孟德尔的分离定律，说明果蝇的红白眼受一对等位基因的控制；性别分离比为1：1，且白眼性状只在F_2雄性中体现，说明性状与性别相关联。

三种“基因在性染色体上”情况的书写形式

同源染色体是指在减数分裂过程中，能够相互配对的、形态大小一般相同，一条来自父方、一条来自母方的两条染色体。但X和Y染色体形态大小的差异往往较大，为什么还认为它们是一对同源染色体呢？主要是因为它们具有同源区段（Ⅱ），又叫作假常染色体区（PAR）。而X染色体与Y染色体间彼此无对应部分的区段，称为非同源区段。

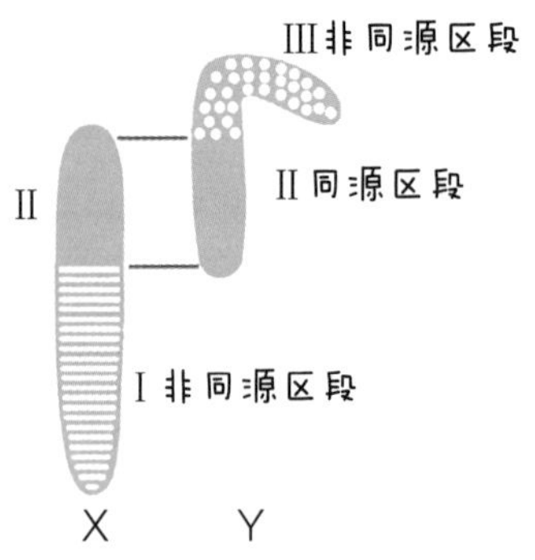

• 若基因位于X和Y染色体的同源区段

人类X和Y染色体的同源区段中约包含了54个基因。假设此区段有等位基因A/a，则雌雄个体基因型的书写情况如下：

♀：X^AX^A、X^AX^a、X^aX^a　　　　♂：X^AY^A、X^AY^a、X^aY^A、X^aY^a

• 若基因位于X染色体的非同源区段

在人类X染色体上的1098个基因中，绝大多数分布在其特异性区段，即X染色体的非同源区段（Ⅰ），控制红绿色盲的基因、抗维生素D佝偻病基因、血友病基因等均属于此类，其书写形式与果蝇红白眼相同。

♀：X^BX^B、X^BX^b、X^bX^b　　　　♂：X^BY、X^bY

• 若基因位于Y染色体的非同源区段

人类Y染色体的非同源区段（Ⅲ）占整条染色体全长的95%，控制人类外耳道多毛症的基因位于此区段，表现为限雄遗传，呈现“父传子、子传孙、子子孙孙无穷尽”现象，其特殊的表型是外耳道长有许多长2～3cm黑色硬毛成丛生长，伸出于耳孔之外，常见于印第安人群中。基因型书写形式如下：

♀：无对应基因　　　　♂：XY^D、XY^d

伴性遗传实例

• 人类红绿色盲症

控制人类红绿色盲的基因位于X染色体的非同源区段上，为隐性遗传病。假设致病基因为b，则人的正常色觉和红绿色盲的基因型和表现型如下：

曾有色盲调查结果显示，人群中男性色盲患病率(7%)远远高于女性(0.49%)。为什么会出现这种性别上的差异呢？据下表格内容可知，女性体细胞内两条X染色体上同时具有b基因(X^bX^b)时，才会表现出色盲；男性体细胞中只有一条X染色体，只要存在色盲基因b，就表现色盲。所以，色盲患者总是男性多于女性。

	女性			男性	
基因型	X^BX^B	X^BX^b	X^bX^b	X^BY	X^bY
表型	正常	携带者	患病	正常	患病

注：表中的“携带者”只是携带致病基因，但是并不患病哟！

人类红绿色盲遗传的主要婚配方式及子代发病率之间的关系如下。

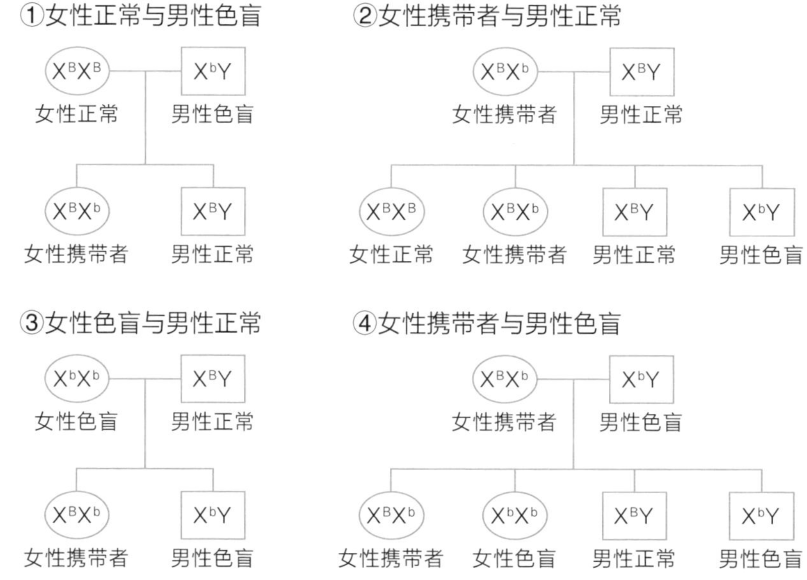

根据上述4种常见的家系组合，我们可知，伴X染色体隐性遗传病的特点如下：

1）男性患者多于女性患者。

2）往往有隔代交叉遗传现象。

3）女性患者的父亲和儿子一定患病。

• **抗维生素D佝偻病**

控制抗维生素D佝偻病的基因也是位于**X染色体的非同源区段**上。和红绿色盲不同的是，该病为**显性**遗传病。假设致病基因为D，则相关的基因型和表型如下表所示。

	女性			男性	
基因型	X^DX^D	X^DX^d	X^dX^d	X^DY	X^dY
表型	患病	患病	正常	患病	正常

可推知，伴X染色体显性遗传病的特点如下：

① **女性患者多于男性患者。**

② **具有世代连续性。**

③ **男性患者的母亲和女儿一定患病。**

我们之前提到的白化病，为常染色体遗传病，男女患病概率相等，各占1/2。与之相比，伴X染色体遗传病在男性和女性中的发病率一般不相同，患病情况总会与性别相关联，这也是伴性遗传最主要的特点。

原理应用知多少！

精准性别繁育

不论是个体养鸡，还是集约化养鸡，饲养者都希望多养能产蛋的母鸡。利用伴性遗传的原理采取雏鸡的雌雄鉴别体系，可以在雏鸡出壳后进行雌雄鉴别，及早淘汰公雏，有利于养殖户合理饲养、提高经济效益。

鸡的性别决定是ZW型，假设控制羽毛性状的基因位于Z染色体上，芦花（指黑白相间的横斑条纹，由基因B控制）对非芦花（基因b）为显性，可以在早期根据雏鸡羽毛特征区分雄性和雌性，具体办法如下。

P　　♀芦花Z^BW × 非芦花Z^bZ^b♂

F_1　　♀非芦花Z^bW　芦花Z^BZ^b♂

所以，在F_1代中选择刚出壳的非芦花就是母鸡啦！

同理，家蚕的饲养也有同样的情况！家蚕的性染色体也为ZW型。蚕幼虫的皮肤有两种类型：一种是皮肤不透明，由基因A控制；另一种叫作“油蚕”，皮肤透明如油纸，可透过皮肤看到内部器官，由基因a控制。这对等位基因就位于Z染色体上。

桑蚕中雄蚕产丝多、质量好！为了在幼虫时期及时鉴别雌雄，以便淘汰雌蚕、保留雄蚕，我们该如何去设计实验呢？

对啦！利用非油蚕雌性（Z^BW）和油蚕雄性（Z^bZ^b）杂交，蚕宝宝出生后观察皮肤即可！

如何判断某对等位基因位于常染色体上还是X染色体上？

进行正反交实验即可！

正反交又称互交，是指两个杂交亲本相互作为母本和父本的杂交。如以A（♀）×B（♂）为正交，则B（♀）×A（♂）为反交。所以，正交与反交是相对而言的，并不是绝对的。

例如，人类的白化病是由常染色体上等位基因 A/a控制的，而红绿色盲是由X染色体上等位基因B/b控制的，现选择纯合亲本进行正反交实验，具体如下。

① 白化病

正交实验		反交实验	
P	♀正常纯合AA × 白化aa♂	P	♀白化aa × 正常纯合AA♂
	↓		↓
F_1	♀♂均为正常Aa	F_1	♀♂均为正常Aa

② 红绿色盲

正交实验		反交实验	
P	♀正常纯合X^BX^B × 色盲X^bY♂	P	♀色盲X^bX^b × 正常纯合X^BY♂
	↓		↓
F_1	♀♂均正常X^BX^b、X^BY	F_1	♀正常X^BX^b、♂色盲X^bY

结论：若正反交结果表现一致，则由常染色体上的基因（完全显性）控制；若正反交结果表现不一致，则由X染色体上的基因（完全显性）控制。

另外，正反交实验还可用于判定某性状的遗传是属于核遗传还是细胞质遗传。核遗传中，具有一对相对性状纯合亲本杂交时，无论正交，还是反交，F_1均表现一致。细胞质遗传中，具有一对相对性状亲本杂交时，其正交和反交的F_1表现并不一致，且均与其母本一致。

遗传咨询

优生是利用遗传学原理，让每一个家庭生育出健康的孩子。我国开展优生工作主要有如下几点：夫妇有明显血缘关系禁止结婚、进行遗传咨询、提倡适龄生育和产前诊断等。遗传咨询是预防遗传病发生的主要手段之一。医生通过了解咨询者的家庭病史，分析遗传病的传递方式，推算后代的再发病风险率，从而提出防治遗传病的对策、方法和建议。

以某种严重的伴X染色体隐性遗传疾病为例。

假如某女性是患者，配偶正常，根据交叉遗传的特点，他们共同生育的儿子一定是患者、女儿正常，所以医生会建议生女孩。

若某女性的父亲为患者，她肯定是该病携带者，与正常男性结婚后，儿子有1/2的可能性是患者；而女儿肯定正常（虽然有1/2的可能性是该病携带者），所以可建议其只生女孩。

同理，如果一个家系中同时存在两种或两种以上的遗传病史，医生也会根据自由组合定律进行推测，判断家系中某夫妇生育遗传病孩子的概率。

提示tips *胎儿鉴定相关条例*

根据胎儿鉴定条例第三条，除已诊断为伴性遗传性疾病需要鉴定胎儿性别和选择胎儿性别终止妊娠外，禁止使用超声诊断仪、染色体检测或者其他医学技术手段鉴定胎儿性别，禁止选择胎儿性别终止妊娠。

遗传学家选择实验对象的重要性

孟德尔因为选择了豌豆作为遗传实验对象而取得了成功，原因是：豌豆是严格的自花传粉、闭花授粉的植物，因此在自然状态下获得的后代均为纯种；豌豆花大，易于人工授粉；豌豆的不同性状之间差异明显、易于区别；豌豆的性状能够稳定地遗传给后代，实验结果容易观察和分析；豌豆一次能繁殖产生许多后代，因而很容易收集到大量的数据用于分析。而孟德尔后期选择山柳菊却没有得到相应结论，主要原因是山柳菊没有既容易区分又可以连续观察的相对性状；并且山柳菊的花小，难以做人工杂交实验；更让人无奈的是，山柳菊有时进行有性生殖，有时进行无性生殖，所以后代无法统计出符合规律的比例。

摩尔根之所以选择果蝇作为实验对象，并且取得巨大的成就，也与果蝇的特性密不可分。首先果蝇**具有许多易于区分的相对性状**，比如红白眼、长翅和残翅等；**成本低**、**易饲养**，一点点捣碎的香蕉浆就可以让它们饱食终日；果蝇**繁殖力强**、**培育周期短**，一年可以繁殖30代，如右图所示；**染色体数目少**、**便于观察**等。

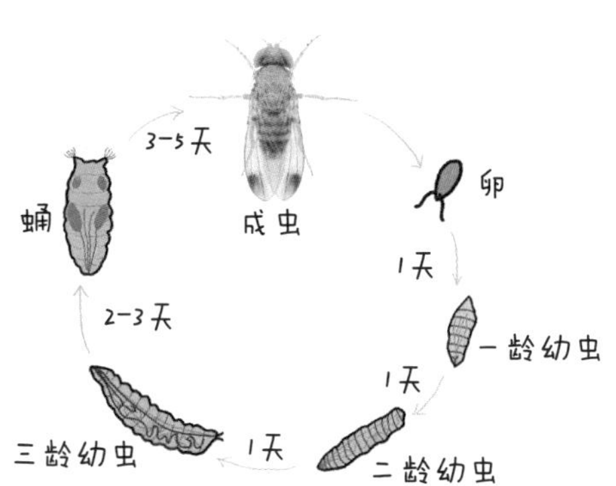

所以说，除了科学家不断探索的精神外，正确选择实验对象也是必不可少的条件。

连锁互换定律

连锁基因遗传时
形成亲代不具有的新组合机制

发现契机！

——摩尔根从一只极为罕见的白眼果蝇开始，发现了白眼基因跟随X染色体遗传的现象，就是之前说的伴性遗传，其实这是一种“连锁”现象；而后残翅基因的发现，造就了“互换”定律。“连锁互换定律”与孟德尔的分离定律、自由组合定律一起，被称为遗传学三大定律。

我正在激动于白眼基因与X染色体能够连锁遗传时，我的学生又发现了新的突变性状——残翅，而后发现控制残翅的基因也位于X染色体上。

——这恰好说明一条染色体上线性排布着许多基因，正符合您的理论啊！

问题是当染色体配对时，白眼基因和残翅基因有时却并不像是连锁在一起的，还出现了一些本来不可能出现的白眼正常翅和红眼残翅的类型。这给我的理论提出了新的挑战，好在后来连锁互换定律得以诞生。

——人们对您最好的纪念，也许要算将果蝇染色体图中基因之间的单位距离叫作“摩尔根”。您的名字，永远作为基因研究的一个单位而长存于世。

原理解读！

- 连锁互换定律——遗传的第三大定律。
- 位于同一染色体上的两个或两个以上基因遗传时，基因的传递同基因所在染色体的传递是连锁的——连锁定律。
- 生殖细胞形成过程中，有时同源染色体的非姐妹染色单体间发生了局部交换，从而产生了重组类型。联合在一起（亲本型）的频率大于重新组合（重组型）的频率——互换定律。

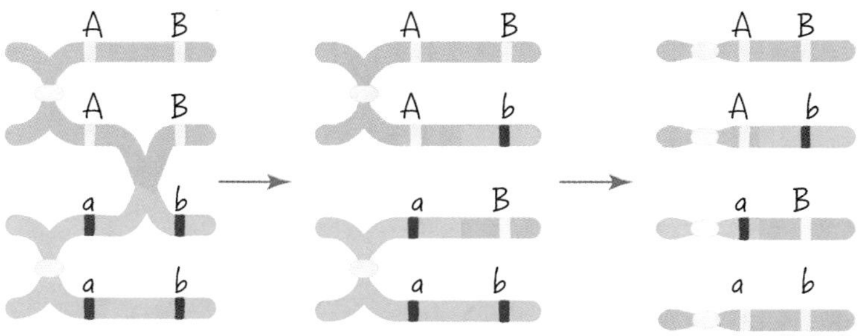

完全连锁和不完全连锁

当两对或两对以上基因均位于同一对同源染色体上时，我们管这种情况叫作连锁，又包括以下两种情况：

• 完全连锁

位于同一染色体上的基因（尤其是邻近位置）紧密连锁，几乎不交换，总是一起进入到同一个配子中，共同传递给子代的现象称为完全连锁，如下图所示。

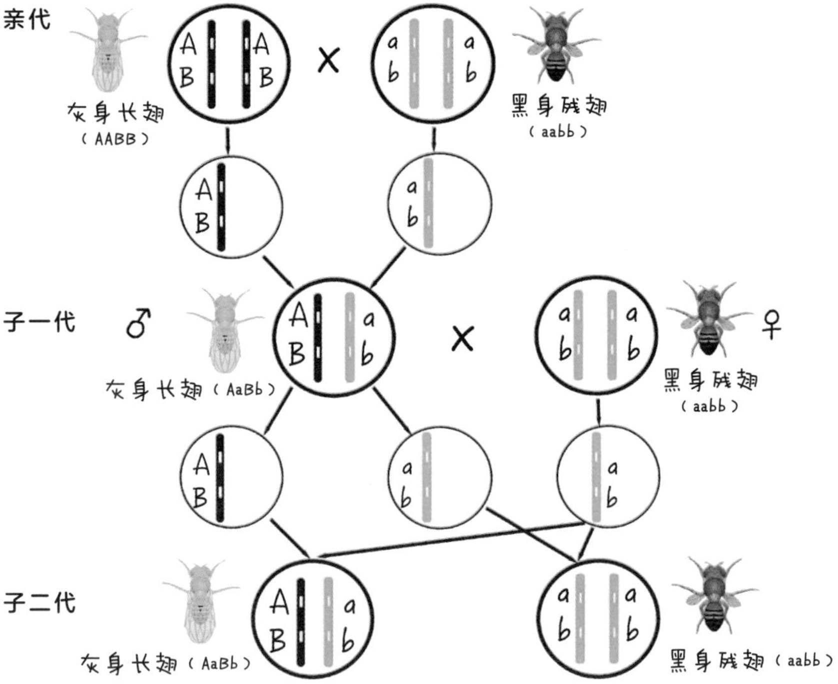

亲代
灰身长翅（AABB）
×
黑身残翅（aabb）
子一代 ♂
灰身长翅（AaBb）
×
黑身残翅（aabb） ♀
子二代
灰身长翅（AaBb）
黑身残翅（aabb）

• 不完全连锁

位于同源染色体上的非等位基因的杂合体在形成配子时，通常会因染色体交叉断裂而发生交换，使位于同源染色体上的连锁基因发生部分的重新组合，导致除有亲本型配子外，还有少数的重组型配子产生的现象，称为不完全连锁，如下页图示。不完全连锁是生物界普遍存在的现象。

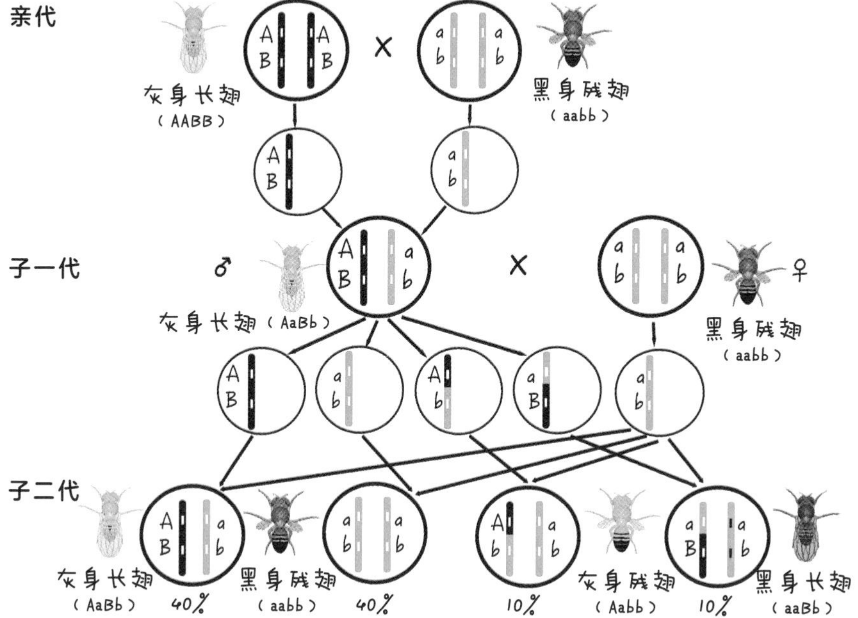

重组率是指同源染色体的非姐妹染色单体间有关基因的染色体片段发生交换的频率，一般利用上述测交后代中重组型后代数占总后代总数的百分率进行估算，即：

$$重组率（RF）=\frac{重组型数目}{重组型数目+亲本型数目}\times 100\%$$

重组率的幅度经常变化于0～50%：

• 重组率越接近0，说明连锁强度越大，两个连锁的非等位基因之间交换较少。

• 重组率越接近50%，说明连锁强度越小，两个连锁的非等位基因之间交换越大。所以，重组率的大小主要与基因间的距离远近有关。

原理应用知多少！

基因定位

基因定位是指确定基因在染色体上的相对位置和排列顺序的过程。我们利用连锁互换定律，可以实现基因定位。

一般而言，两对等位基因在染色体上的位置距离越远，发生交换的机会越大，即交换率越高；反之，相距越近，交换率越低。而遗传物质的局部交换，无法检测其大小，但排除某些特殊情况（如双交换等）下，交换的遗传学效应体现在重组型配子中，因此，我们可用重组率来反映同一染色体上两个基因之间的相对距离。以基因重组率为1%时两个基因间的距离记作1厘摩（centimorgan，cM）。

摩尔根就是采用了三点测交法来确定一个基因连锁群中基因的位置关系。

存在于同一染色体上的基因群，称连锁群。一种生物连锁群的数目与染色体的对数是一致的。也就是说，有几对染色体，就有几个连锁群。

三点测交法就是通过一次杂交和一次用隐性亲本测交，通过计算出基因的重组率（或交换率）来表示的基因位置距离，同时确定三对基因在染色体上的位置。进而发现基因在染色体上呈现线性分布。

假如有ABC三个基因，为线性排列，它们属于同一连锁群。已知AB之间的重组率为m，AC之间的重组率为n，m>n。

若BC之间的重组率是m＋n，则可推测基因A在BC之间。

若BC之间的重组率是m－n，则可推测基因C在AB之间。

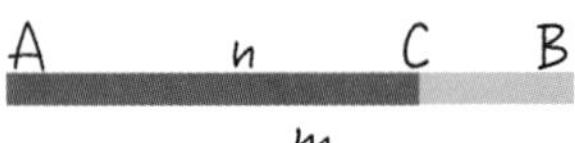

摩尔根与果蝇的“相爱相杀”

摩尔根就算正确选择了果蝇如此良好的实验对象，成功也来得并不容易。

1908年，摩尔根开始用果蝇作为实验对象，研究生物遗传性状中的突变现象。第一批果蝇遭到了摩尔根的“严刑拷打”，使用激光照射，用不同的温度，加糖、加盐、加酸、加碱等，目的是诱发果蝇发生突变。

其中一批果蝇被摩尔根“关了禁闭”，他安排一名研究生在暗室里饲养果蝇，希望出现由于长期不使用眼睛而退化的果蝇品种。

虽然连续繁殖了68代，始终过得“暗无天日”的果蝇还是倔强地瞪着它那如同红宝石般的眼睛。第69代果蝇刚羽化出来时，一时“睁不开眼”，那个研究生欣喜若狂，兴奋地叫摩尔根过来看。然而，还没等两人为实验成功击掌欢呼，那些果蝇便恢复了常态，大摇大摆地向窗口飞去，留下了目瞪口呆的师徒二人。

像这样一败涂地的实验，摩尔根经历了许多次。他经常几十个实验同时进行，不出所料，许多实验都走入了死胡同。虽然频频失败，但摩尔根屡败屡战，因为他知道，在科学研究中，只要出现一个有意义的实验，所有付出的劳动就都得到了报偿。

最终，他遇到了那只独特的白眼雄性果蝇……

DNA双螺旋结构

DNA的优美螺旋
揭秘生命遗传本质之谜

发现契机！

——在20世纪彰显人类探索成就的精神橱窗里，詹姆斯·杜威·沃森（James Dewey Watson，1928— ）和克里克对生命之谜的发现——“DNA双螺旋模型”占据着相当显赫的位置，人类自此开始破译生命的密码。

我们的成就很大一方面是因为志同道合的伙伴们的慷慨分享。瞧！DNA的实证论据来自富兰克林和威尔金斯的DNA晶体的X-射线衍射图，模型建构方法来自鲍林。正是因为这些我们才能去猜测，也许DNA的分子结构是呈螺旋形的。

——是的，查哥夫的发现也很重要！他发现在DNA样品中，腺嘌呤数（A）与胸腺嘧啶数（T）总是相等的，并且鸟嘌呤数（G）也总与胞嘧啶数（C）相等，即A＝T和G＝C。我们现在称之为Chargaff比率或查哥夫定律。

还有，化学家多诺休提出的碱基的酮基形式为互补配对提供了物质基础，结构化学的氢键理论为互补配对架起了一座金色的桥梁。

——的确，DNA双螺旋结构的发现和完善，与其说是生命科学的突破，不如说是生物学与化学、物理学以及物理技术的共同突破。

原理解读！

DNA分子双螺旋结构的特点：

- DNA分子是由两条互补的单链组成，并按反向平行的方式盘旋成双螺旋结构。
- DNA分子中亲水的脱氧核糖和磷酸交替连接，排列在外侧，构成基本骨架；疏水的碱基排列在内侧。
- 两条链上的碱基通过氢键连接成碱基对，遵循碱基互补配对原则，即A和T配对，G和C配对，如下图所示。

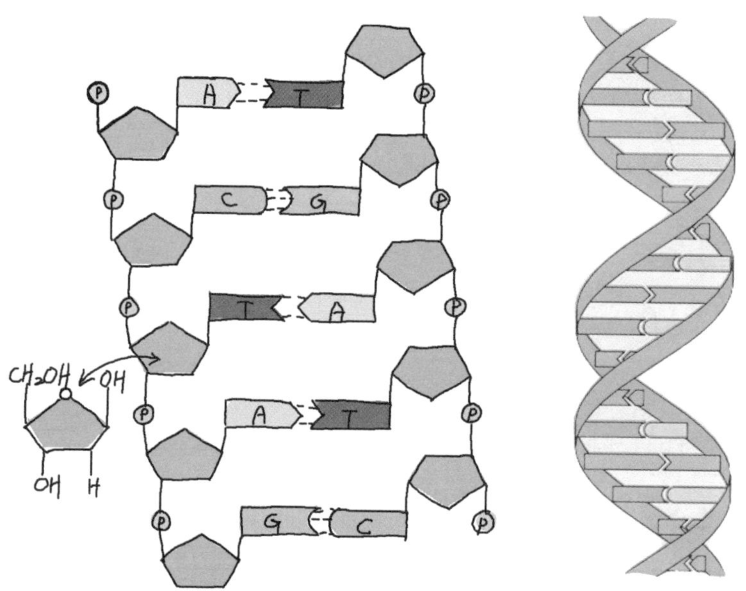

A和T之间有2个氢键，G和C之间有3个氢键，氢键数目越多，DNA分子越稳定。

脱氧核苷酸

核酸有两种：脱氧核糖核酸（简称DNA）和核糖核酸（简称RNA）。天然存在的DNA在大多数情况下是双链结构，而RNA分子是单链。也有某些病毒具有由单链DNA或双链RNA构成的基因组，并且在某些情况下可形成具有3条或4条链的核酸结构。

DNA的基本单位是脱氧核苷酸。它是一类由碱基、脱氧核糖以及磷酸三种物质组成的小分子化合物，如下图所示。

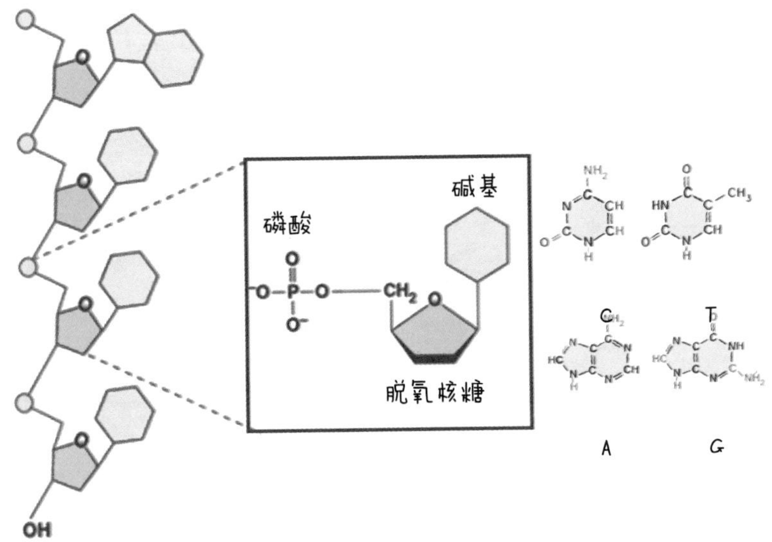

脱氧核糖是一种五碳糖，其中与碱基相连的碳叫作1'-C，与磷酸基团相连的碳叫作5'-C。

DNA分子中含有4种碱基，分别是腺嘌呤（简写为A）、胸腺嘧啶（简写为T）、胞嘧啶（简写为C）和鸟嘌呤（简写为G），它们在DNA长链中的排列顺序储存着遗传信息。

每一个脱氧核苷酸中都有一分子磷酸基团、一分子脱氧核糖和一分子的碱基，所以根据所含碱基的不同，脱氧核糖核苷酸也有4种，即腺嘌呤脱氧核苷酸、鸟嘌呤脱氧核苷酸、胞嘧啶脱氧核苷酸和胸腺嘧啶脱氧核苷酸，如下页上图所示。

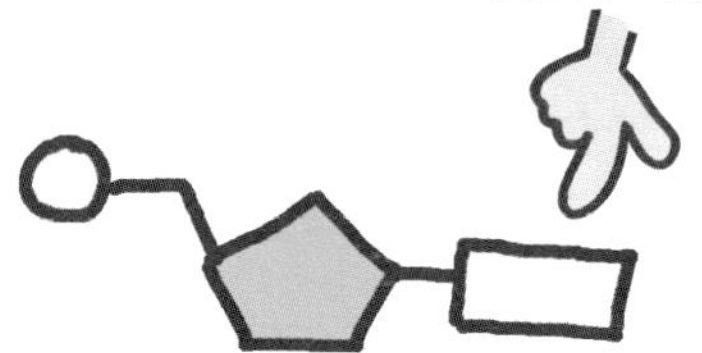

DNA分子的三级结构

DNA的一级结构是指4种脱氧核苷酸（dAMP、dCMP、dGMP、dTMP）在DNA分子中的排列顺序。在DNA的一级结构中，因为各种脱氧核苷酸的脱氧核糖和磷酸都是相同的，所以碱基顺序就代表了核苷酸顺序。

DNA的二级结构为“双螺旋结构”，需要注意的是，连接一条核苷酸链上下两个核苷酸之间的键叫作3',5'-磷酸二酯键，如下图所示。两条反向平行的核苷酸链之间依靠氢键来连接。

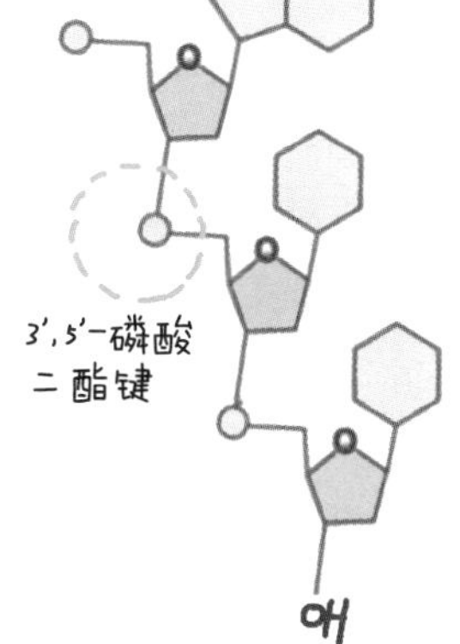

DNA的高级结构的主要形式是DNA的超螺旋结构和染色体DNA所具有的复杂的折叠状态。DNA的螺旋直径为2纳米。每旋转一圈包含10个碱基对，每个碱基的旋转角度为36°，每个碱基平面之间的距离为0.34纳米。DNA双螺旋结构稳定的维系，横向靠互补碱基的氢键，纵向则靠碱基平面间的疏水性碱基堆积力，尤以后者为重要。

DNA分子的特性

• 稳定性

DNA分子的双螺旋结构是相对稳定的。这是因为在DNA分子双螺旋结构的内侧，两条链之间通过氢键形成的碱基对，使两条脱氧核苷酸长链稳固地并联起来。

• 多样性

由于DNA分子碱基对的数量不同，碱基对的排列顺序千变万化，构成了DNA分子的多样性。例如，一个具有1000个碱基对的DNA分子所携带的遗传信息是4^{1000}种。

• 特异性

不同的DNA分子由于碱基对的排列顺序存在着差异，因此，每一个DNA分子的碱基对都有其特定的排列顺序，这种特定的排列顺序包含着特定的遗传信息，从而使DNA分子具有特异性。这也是我们能够利用DNA进行亲缘关系等鉴定的主要原因。

原理应用知多少！

DNA指纹技术

人的遗传信息主要存在于染色体DNA中，DNA分子的脱氧核苷酸序列的某些区域存在着一些高度重复的序列，即由一短序列首尾相连、多次重复串联而成。而重复次数却是因人而异的，具有高度的可变性，所以在两个随机个体间相同的概率微乎其微。

所以我们用限制酶切割来自不同个体的基因组DNA，会产生不同长度的DNA片段，再用某些特定的重复序列作为探针，进行DNA杂交，就能够显示出杂交图谱。由于图谱中带纹的数量和相对位置构成了不同个体的特异性，如同人的指纹一样高度特异而终生不变，因此被形象地称为DNA指纹。

那么，DNA指纹有哪些用途呢？

• 刑事案件上确认犯罪嫌疑人

在法医学上，可提取犯罪嫌疑人的血样或毛发的DNA，做成DNA指纹，然后与犯罪现场残留的血液、精液、唾液、痰液、毛发、骨骼或其他成分提取的DNA指纹比对。若两者一样，则称其指纹相配，证明该犯罪嫌疑人就是作案者，如下页图示。

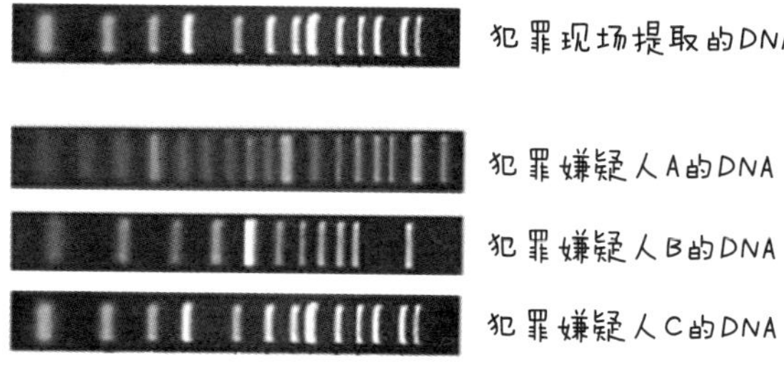

经过比对，犯罪嫌疑人C的DNA图谱与现场采集到DNA样本图像吻合，故作案人是犯罪嫌疑人C。

• 亲子鉴定

子女的DNA指纹图谱中几乎每一条带纹都能在其双亲之一的图谱中找到，这种带纹符合经典的孟德尔遗传规律。

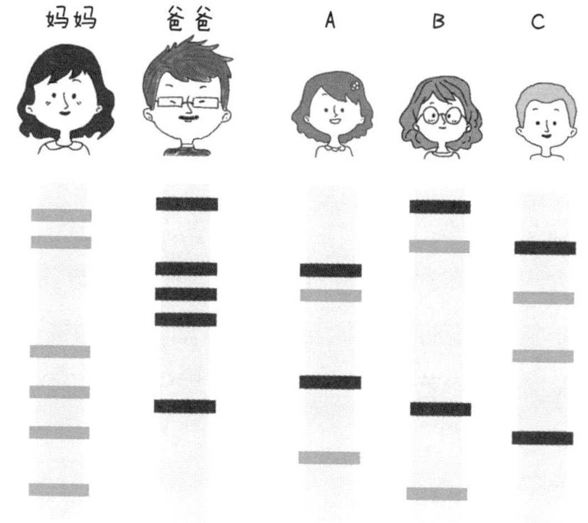

请问上图的A、B、C三个孩子，谁是这对父母的亲生儿女呢?

• 空难事故受难者残骸鉴定、器官移植的配型试验等

• DNA指纹图数据库

我们可以大规模地建立全国性的DNA指纹图数据库，把各种犯罪嫌疑人和那些仍未被告破的谜案现场的血迹得出的基因图谱转化成数字储存在计算机里，再通过计算机自动比对分析，确认作案者。DNA数据库将在侦查破案、查找被拐卖儿童和不明尸体身源、个体识别以及证实犯罪等方面发挥越来越显著的作用。

有关DNA的冷知识

· 为什么无法利用克隆技术复活恐龙？

因为DNA的保存时间有限，科学家估算680万年足以让DNA完全解体，而恐龙灭绝的时间大约是6800万年前。除非在永久冻土条件下，我们能够找到完整保存DNA信息的恐龙遗骸，否则复活恐龙希望渺茫。

· 可以横跨太阳系的人类DNA

人体很小的细胞核内含有46个DNA分子，将它们展开排在一起，会得到一条近2米长的DNA链条。若将人体内所有细胞的DNA连在一起，可以轻松来回穿梭太阳系。

· 数目庞大的遗传信息

人类基因组中有31.6亿个DNA碱基对，而构成基因的碱基对只占DNA的不到2%。如果你想尝试手动输入人类基因组，最好马上进入状态：倘若每天工作8小时，每分钟打60个字，应该要花上50年才能完成。

· 莫名其妙的相似度

人类与黑猩猩的DNA有98%的相似之处，这可能并不令人惊讶。但令人难以置信的是，我们与蛞蝓的DNA相似度为70%，与香蕉的DNA相似度为50%。

· 异常庞大的植物DNA

人类虽为万物之灵，但基因数量却不算多。有种叫衣笠草的植物，拥有目前世界上所有生物体中已知最长的基因组，它具有40条染色体的八倍体，含有约1490亿个碱基对，大约是人类的50倍！

有趣的基因

• 高原反应基因

如果身体内拥有EPAS1基因，那么你爬山登顶可能会比一般人更加顺利。EPAS1基因是居住在高海拔地区人群体内特有的基因，可以阻止血红蛋白浓度的过度升高，降低各种高原疾病发生的可能性，强化人体适应高原环境的能力。

• 睡眠基因

ABCC9基因会影响人们对睡眠的需求，含有此基因的人需要的睡眠时间长于8小时。

• 酒精代谢基因

有人喝酒“沾酒即醉”，也有人“千杯不醉”！告诉你一个秘密：酒量多少跟基因有关哟！酒精代谢需要两种酶：乙醇脱氢酶（ADH）和乙醛脱氢酶（ALDH）。前者由ADH1B基因编码，后者由ALDH2基因编码。这两种酶的活性差异不同，决定了人体对酒精的代谢能力和生理反应也不相同，所以为了提高酒量而过量饮酒真的没啥必要哟！

• 饥饿基因

KSR2基因产生的突变会使人食欲大增，同时也会减弱细胞代谢葡萄糖和脂肪酸的能力，从而导致肥胖概率的增大。研究表明，KSR2基因对于一些细胞构架蛋白质会产生影响，以此来调节细胞的生长、分裂和能量使用。

生物是如何遗传和进化的？

DNA的半保留复制

由一个到多个
以繁殖替代永生

发现契机！

——沃森和克里克发现“DNA双螺旋模型”后，发表了第二篇论文《遗传物质自我复制假说》，阐述了DNA的复制猜想。1958年，美国生物学家马修·梅塞尔森（Matthew Meselson，1930— ）和斯塔尔，用大肠杆菌和同位素标记技术，证明了DNA的复制方式——半保留复制。

在DNA双螺旋结构模型发表后，科学家曾提出3个用于解释DNA复制方式的模型，分别为半保留复制、全保留复制和分散复制模型。

——从无数猜想中确定对的那一个，才是科学立足的最大资本，所以您和斯塔尔用大肠杆菌做实验进行了验证，为什么会选择大肠杆菌呢？

大肠杆菌出现于1.3亿年前，此后就在所有哺乳动物和几乎所有脊椎动物体内扎下了根，舒适地栖居在肠道里。它不仅生存力强、容易获得，最主要的是大肠杆菌繁殖速度快，平均20分钟就可以繁殖一代，这能够使我们快速地获得结果。

——怪不得有人说，大肠杆菌是科学家青睐有加的模型生物。它们的确屡立奇功，有“实验室之星”的美誉，据说是6届诺贝尔奖课题的主角呢。

原理解读！

DNA在进行复制时，两条互补链间氢键断裂，双链解旋后彼此分开，每条链作为模板在其上合成互补链，经过一系列酶（解旋酶、DNA聚合酶等）的作用，生成两个新的DNA分子。如下图所示。

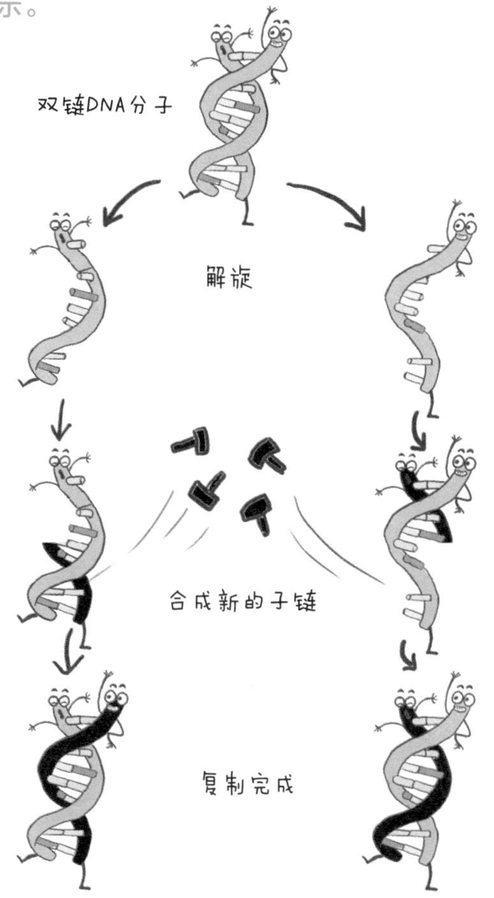

子代DNA分子中的一条链来自亲代DNA分子，另一条链是新合成的，这种方式称为半保留复制。

同位素标记技术

首先，来了解一下同位素！

原子的原子核是由质子和中子组成的，而质子数决定了它是哪种元素，所以同种元素的质子数是固定的。说白了，质子数决定了元素种类。

瞧！一个质子是H元素，两个质子是He元素，三个质子是Li元素。如下图所示。

但同种元素的中子数，可能不固定。这些质子数相同，而中子数不同的原子们，就互为同位素。N元素（质子数为7）有两种常见的同位素，其中子数分别为7和8。而原子质量数是指一个原子核中含有的质子和中子的总数，因为它们中子数不同，所以质量就不同。故这两种N元素分别称为^{14}N、^{15}N。如下图所示。

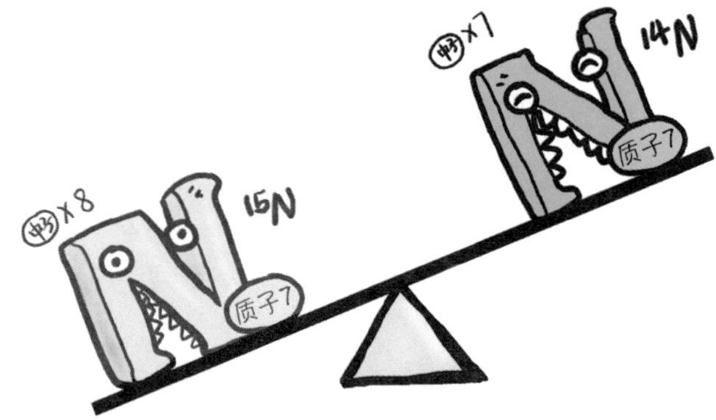

同位素用于追踪物质运行和变化过程，叫作示踪元素。用示踪元素标记的化合物，其化学性质并不改变。科学家通过追踪示踪元素标记的化合物，可以弄清许多化学反应的详细过程。这种科学研究方法叫作同位素标记法。

离心技术

离心技术主要包括两种，差速离心和密度梯度离心，两者都是依靠离心力对细胞匀浆悬浮物中的颗粒进行分离的技术。差速离心通常用于分离大小和密度差异较大的颗粒，比如分离细胞器、制备细胞膜等。密度梯度离心的精确度会更好，更常用来分离小颗粒和大分子物质。颗粒的密度越大，在离心管中的位置就会越靠下，如右图所示。验证半保留复制的实验就利用了密度梯度离心技术，毕竟^{14}N和^{15}N密度是不同的。

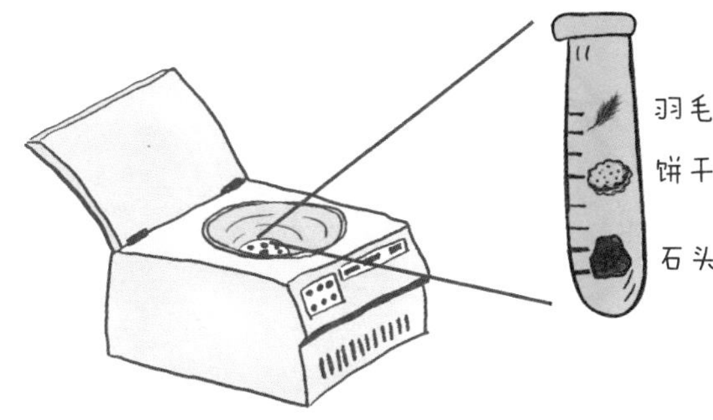

只要把含有^{14}N和^{15}N所在物质的液体倒进离心管，再放入离心机里，一顿疯狂旋转。啊哈！试管中的液体就能分层啦。越往下，密度越大哟。

梅塞尔森和斯塔尔的验证实验

首先，我们怎么获得含有^{15}N的大肠杆菌呢？哈哈，让它吃下去就可以啦！在含$^{15}NH_4Cl$的培养液中培养大肠杆菌，多培养几代，这样大肠杆菌DNA中的氮就基本被^{15}N标记上了，我们把这时的大肠杆菌叫作亲代。如下图所示。

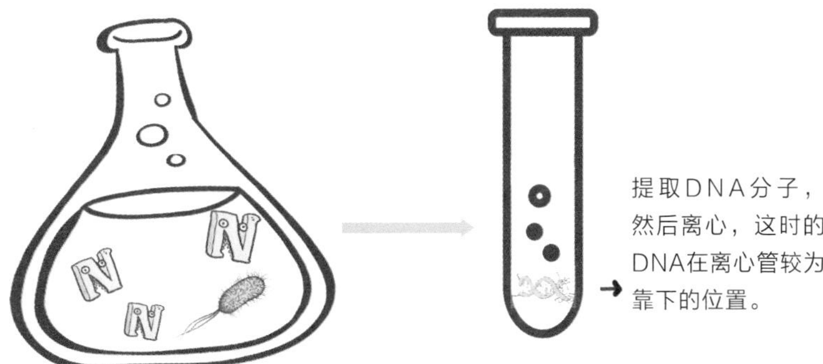

然后，再把含^{15}N的大肠杆菌，放到含$^{14}NH_4Cl$的培养液中尽情地吃饱喝足，让它们发生一次完美又华丽的分裂，瞧瞧它的“影分身”——子一代。如下图所示。

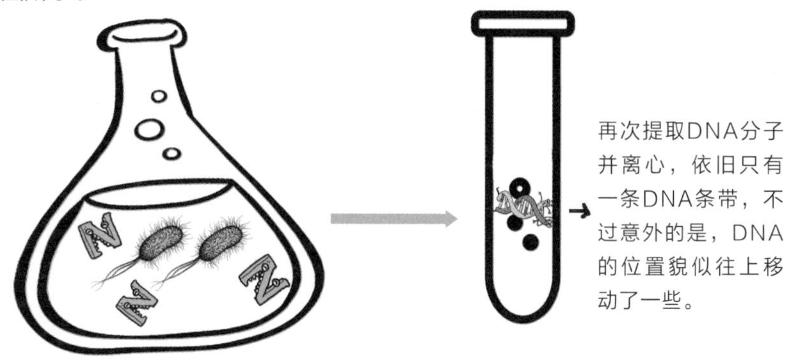

既然这样，那就再分裂一次，现在大肠杆菌已经到了子二代。如下图所示。

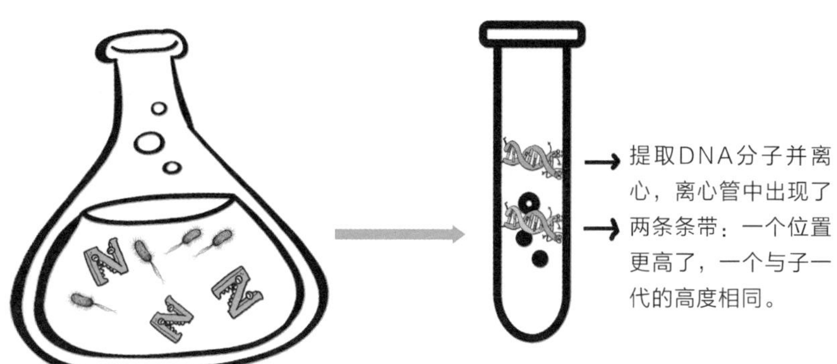

解释一下吧（见下图）!

这就证明了在众多的DNA复制方式假设中，半保留复制胜出了。因为如果是全保留复制，子一代时应该是一条重带、一条轻带，不符合实际；如果是分散复制，子二代不会出现两条条带，也不行哟！如下图所示。

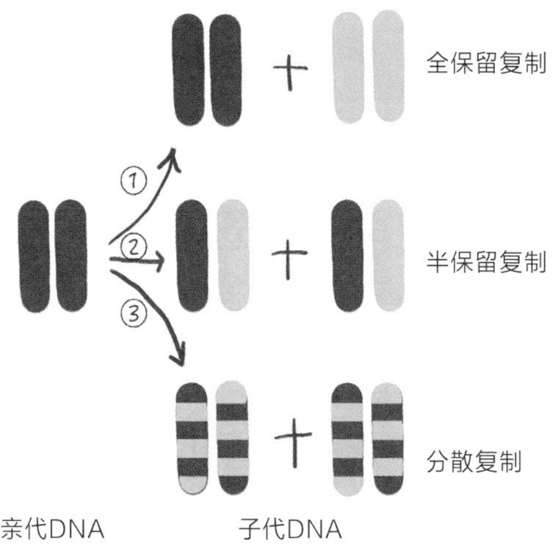

DNA分子的半保留复制

现代生物研究已经有了很多“利器”，电子显微镜就是其中一项，科学家通过“亲眼目睹”，了解了DNA复制的大概过程：

• 解旋提供准确模板

在ATP供能、解旋酶催化的作用下，DNA分子的两条脱氧核苷酸链中间配对的碱基从氢键处断裂，于是部分双螺旋链解旋为两条平行双链（这就是复制时的两条母链），此过程叫作解旋。如下图所示。

• 合成互补子链

在DNA聚合酶的作用下，以解开的两条脱氧核苷酸链为模板，以游离的脱氧核苷酸为原料，按照碱基互补配对原则，各自合成与母链互补的一条子链。如下图所示。

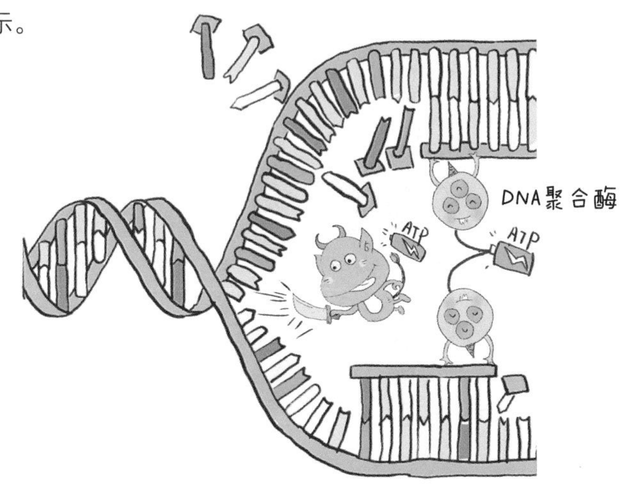

• 子链和母链结合形成新DNA分子

随着模板链解旋过程的进行，新合成的子链也在不断地延伸，同时每条子链与其对应的母链互相盘绕成双螺旋结构，直至复制结束。这样一个DNA分子就形成两个完全相同的DNA分子。如下图所示。

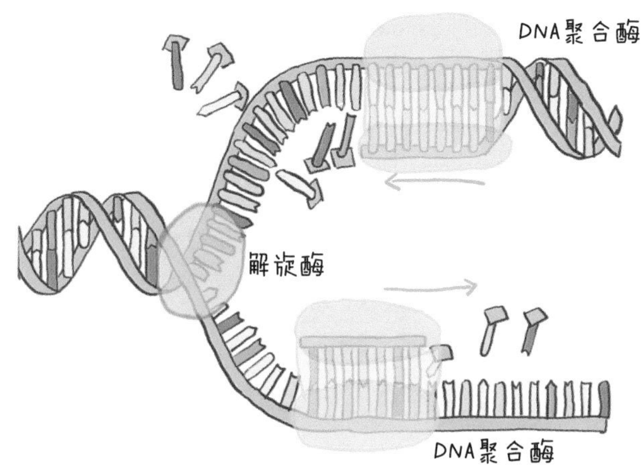

当然，真正的过程要比上述所说复杂得多，我们会感到其“智能”到让人不可思议，甚至有些离谱！

原理应用知多少！

PCR技术

PCR技术，即聚合酶链式反应，是一种体外模拟自然DNA复制过程，迅速获取大量单一核酸片段的技术。这项技术可在试管内经数小时反应后，将特定的DNA片段扩增数百万倍。

PCR的反应步骤包括变性、退火、延伸3步。

• 模板DNA的变性

模板DNA加热至90℃以上一定时间后，模板DNA双链解旋，成为单链。

• 模板DNA与引物的退火（复性）

模板DNA经加热变性成单链后，温度降至55℃左右，引物（人工合成的包含20～30个核苷酸的DNA或者RNA片段）与模板DNA单链的互补序列配对结合。

• 引物的延伸

DNA模板与引物结合物在Taq酶（耐高温的DNA聚合酶）的作用下，以dNTP（4种特殊的脱氧核苷酸）为反应原料，解离出的单链DNA序列为模板，按照碱基互补配对与半保留复制原理，合成一条新的与模板DNA链互补的新链。

重复循环变性、退火、延伸3个过程，可以获得更多的子代DNA分子，而且这些新DNA分子的两条链又可成为下次循环的模板。每完成一个循环需2～4分钟，2～3小时就能将待扩目的基因扩增放大几百万倍。

PCR技术的应用

现代生活中，PCR技术的应用无处不在，只不过我们可能没有留意而已。比如前面介绍过的DNA指纹技术，就是以PCR技术为依托的。

在医药方面，PCR技术可以用于遗传性疾病，如地中海贫血、镰刀状细胞贫血等有遗传倾向疾病的诊断。该技术还可以用于致病病原体的检测，如细菌、病毒（新冠病毒、SARS、禽流感病毒H5N1等）、寄生虫、霉菌、衣原体和支原体等微生物。

以新冠病毒核酸检测为例。由于样本中病毒核酸的量少到不足以检测，需要扩增，即采用PCR技术让核酸通过不断复制增加数量，便于被检测。

新冠病毒核酸检测主要用荧光定量RT-PCR技术。在检测过程中，先采用RT-PCR技术将新冠病毒的核酸（RNA）逆转录为对应的更稳定的DNA。再采用荧光定量PCR技术，将得到的DNA大量复制，同时，使用特异性探针对复制得到的DNA进行检测，打上标记。如果存在新冠病毒核酸，仪器就可以检测到荧光信号，而且，随着DNA的不断复制，荧光信号不断增强，这样就间接检测到了新冠病毒的存在。其检测过程如下图所示。

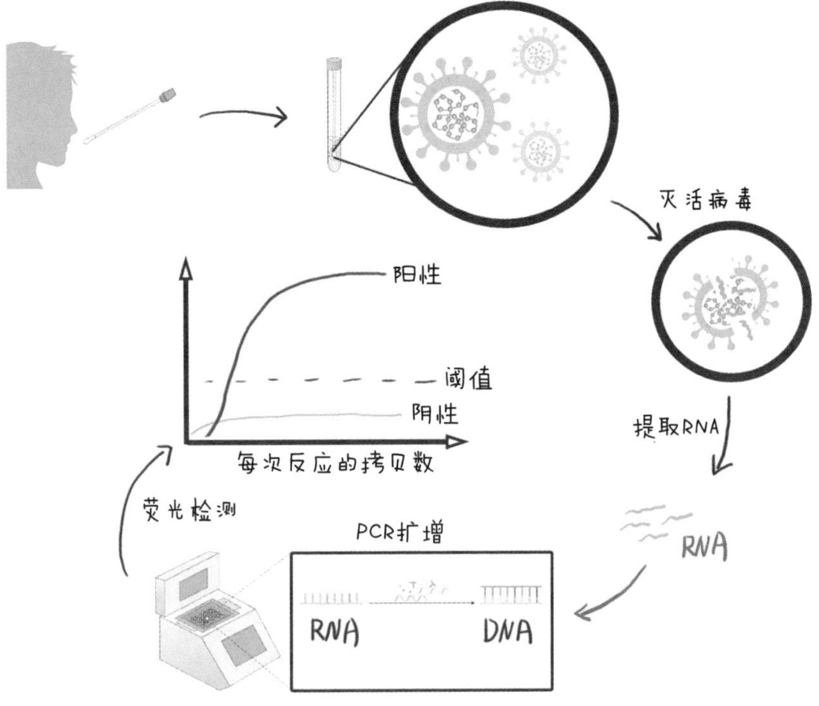

除此以外，PCR技术在物种的分类、进化及亲缘关系确认，基因工程领域，考古以及历史事件解读，食品微生物的检测，动植物检疫等众多方面的应用均有重要地位。

细菌繁殖能力强＝无敌？

细菌是原核生物，因为遗传物质相对较少，二分裂也相对容易，所以它们的繁殖速度很快。以大肠杆菌为例，平均每20分钟繁殖一代，仅用一天的时间，大肠杆菌就可以从一个细胞变成4.722×10^{21}个，据计算，48小时后它的后代就相当于4000个地球的重量。

然而，事实并非如此，至少地球并没有被大肠杆菌占领！为什么呢?

首先，是因为所谓的“万物相生相克”。大肠杆菌也是有天敌的，就是以大肠杆菌“为食”的噬菌体。以T2噬菌体为例，它在37℃下侵染大肠杆菌，只需大约40分钟就可以产生100～300个子代噬菌体。噬菌体的存在，有效地遏制了细菌的数量增长。除此以外，大肠杆菌所寄生的宿主，大多也具有强大的免疫系统，在一定程度上会控制其体内大肠杆菌的数量。

其次，想要大量“生娃”，前提是具有良好的环境条件，空间和营养物质也会成为限制大肠杆菌繁殖的因素。一旦环境压力增大，营养物质不足，细菌还会发生应激性适应，触发基因的程序性死亡。

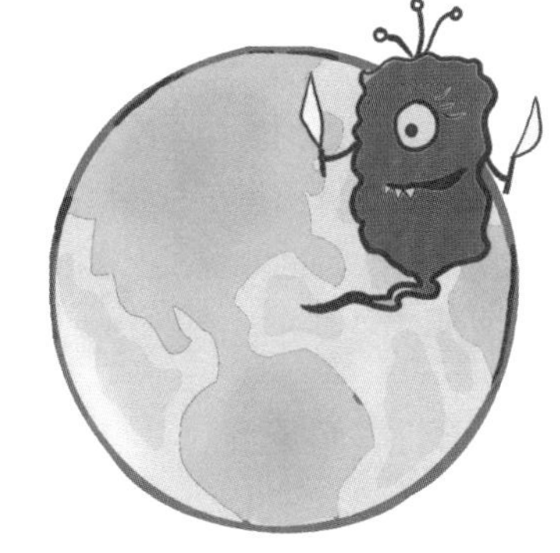

最后，大肠杆菌有着难以弥补的自身缺陷——生命周期短。细菌的生长周期主要分为4个时期：**迟缓期、对数期、稳定期、衰亡期**。一般情况下，大肠杆菌接种后在37℃的环境中培养17～20小时就进入衰亡期。

中心法则

从DNA到蛋白质
在微观中探寻遗传信息的传递

发现契机！

——弗朗西斯·哈利·康普顿·克里克（Francis Harry Compton Crick，1916—2004）在与沃森共同探索出DNA的双螺旋结构以后，进一步分析了DNA在生命活动中的功能和定位，提出了著名的中心法则，由此奠定了整个分子遗传学的基础。

我的一生都在乘风破浪，不断地在物理学、分子生物学以及神经生物学中自由探索，我沉迷于“分子如何从无生命的物质变成生物”“大脑如何产生了意识”而不可自拔。

——您前期对物理学进行了那么久的研究，后来转向生物学，是否会觉得浪费了很多时间和精力呢？

并不会！科学在某些领域是相通的，我反而凭借物理学的优势，不受传统生物学观念的束缚，会以一种全新的视角去思考问题。

——无论您从事哪方面的研究，都做出了卓越的贡献，您觉得在您的研究生涯中最重要的是什么？

兴趣，以及执着的信念。

原理解读！

▸ 1957年克里克提出的中心法则主要适用于动物、植物和DNA病毒，预见了遗传信息传递的一般规律。随着研究的不断深入，科学家也对中心法则做出了补充。

▸ 中心法则图解如下：

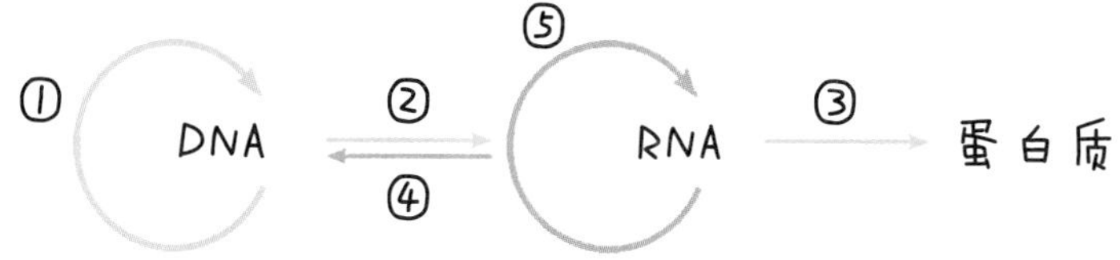

▸ 克里克所叙述的中心法则主要内容包括：①DNA的复制、②转录、③翻译。

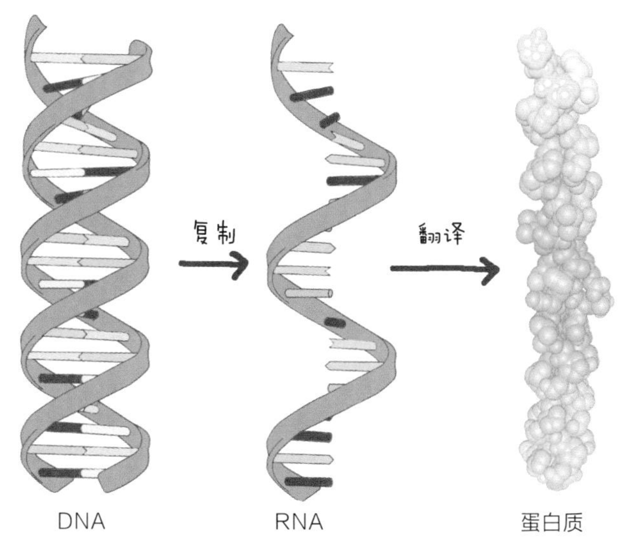

在RNA病毒侵染宿主细胞时，遗传信息的传递，有些遵循RNA自我复制⑤（如烟草花叶病毒、新冠病毒等），有些是以RNA为模板逆转录成DNA④（如HIV等），这两种方式是对克里克提出的中心法则的补充。

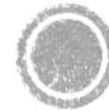

核糖核苷酸

与DNA相似，RNA的基本单位也是一种核苷酸。它由**碱基、核糖以及磷酸**3种物质组成，叫作核糖核苷酸。

核糖也是一种五碳糖，与脱氧核糖的区别在于2'-C上，脱氧核糖连接的是H，而核糖该位置连接的是OH，如下图所示。

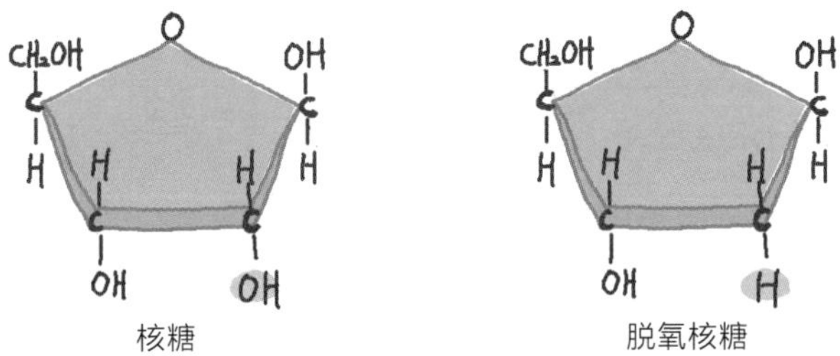

RNA分子中含有4种碱基，分别是腺嘌呤（简写为A）、胞嘧啶（简写为C）、鸟嘌呤（简写为G）和尿嘧啶（简写为U）。与DNA的区别在于，DNA特有的碱基为T，而RNA特有的碱基为U。同理，核糖核苷酸也有4种，命名规律与脱氧核苷酸相同。

与中心法则有关的RNA

RNA一般是由核糖核苷酸聚合而成的单链结构，与中心法则相关的RNA主要是3种，即信使RNA（mRNA）、转运RNA（tRNA）、核糖体RNA（rRNA），如下图所示。

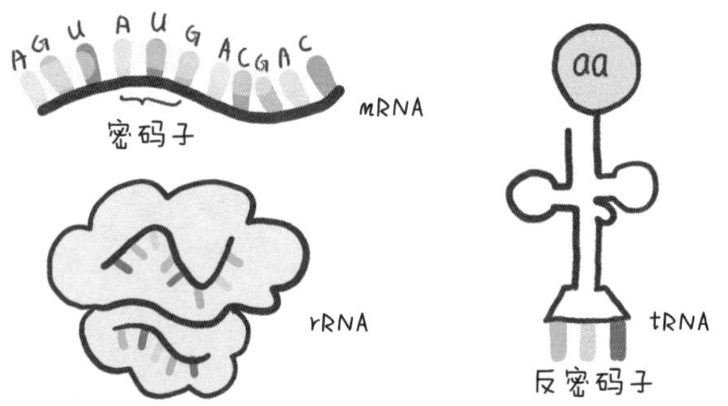

• mRNA

mRNA是一条多核苷酸单链，每3个相邻的核苷酸构成一个密码子（又叫作遗传密码），代表一个氨基酸的信息，故按数学中排列组合法则计算，可形成4^3个（即64个）不同的密码子。

mRNA的功能：从细胞核内的DNA分子转录出遗传信息，使其自身携带与DNA分子中某些功能片段相对应的碱基序列，并带到细胞质内的核糖体上，作为合成蛋白质的模板。

• tRNA

tRNA是由一条长70～90个核苷酸折叠成三叶草形的短链组成。

tRNA的功能：tRNA在ATP供应能量和酶的作用下，可分别与特定的氨基酸结合。翻译的过程中，tRNA可借由自身的反密码子识别mRNA上的密码子，将该密码子对应的氨基酸转运至核糖体合成中的多肽链上。

• rRNA

rRNA为单链，包含不等量的A与U、G与C，但是有广泛的双链区域。在双链区，碱基因氢键相连，表现为发夹式螺旋。

rRNA的功能：rRNA与多种蛋白质分子共同构成核糖体。核糖体相当于“装配机”，能促使tRNA所携带的氨基酸脱水缩合成多肽。

基因的表达

• 转录

转录是遗传信息从DNA流向RNA的过程。转录是以双链DNA中的一条链为模板，以4种核糖核苷酸为原料，在RNA聚合酶催化、ATP的供能下合成RNA的过程。

RNA转录可分为识别、起始和延长、终止3个阶段。

识别　转录是从DNA分子的**启动子**开始的，它是一段具有特定序列的DNA，是RNA聚合酶识别并结合的位点，决定了基因转录的起始位点。RNA聚合酶与启动子结合后，在特定区域将DNA双螺旋两条链之间的氢键断开，使DNA解旋，碱基暴露，形成单链区。如下页上图所示。

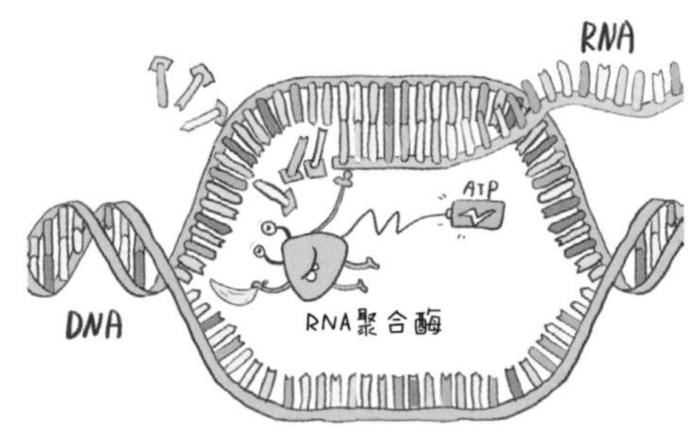

起始和延长 真核生物转录起始十分复杂，往往需要多种蛋白质的协助。我们把过程简化一下：首先，游离的核糖核苷酸与DNA模板链上暴露出来的碱基互补配对，而后在RNA聚合酶的作用下，相邻核苷酸之间通过形成磷酸二酯键，使核糖核苷酸依次连接到正在合成的RNA分子上。

终止 转录是在DNA模板某一位置上停止的，这时RNA聚合酶的运行发生停顿，合成的RNA从DNA链上释放，DNA双链恢复螺旋状态。

- **翻译**

起始 在真核生物细胞的细胞质中具有转录形成的mRNA，翻译通常由mRNA上的起始密码子AUG开始。当核糖体的大小两个亚基合并，形成一个功能成熟的核糖体并与mRNA结合，携带甲硫氨酸的tRNA通过反密码子与mRNA上的AUG互补配对，开启翻译过程。

延长 核糖体有3个tRNA结合位点，携带甲硫氨酸的tRNA结合在第一位点。翻译延长的第一步是通过与mRNA的第二个密码子配对，将下一个tRNA结合到第二位点。与此同时，甲硫氨酸与第二个氨基酸之间形成肽键，导致甲硫氨酸转移到第二位点的tRNA上。然后核糖体沿着mRNA移动，读取下一个密码子。原第一位点的tRNA离开核糖体，原第二位点的tRNA进入第一位点，新的tRNA进入该位置，以此类推，使多肽链继续延长，如下图所示。

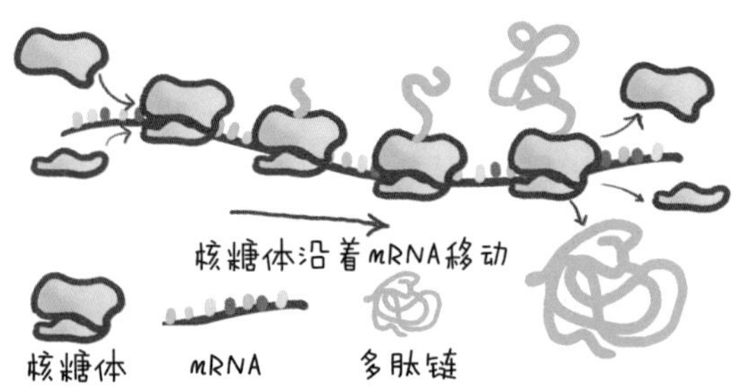

终止　直到mRNA终止密码子（UAA、UAG或UGA）出现在核糖体的第二位点，使得tRNA与多肽链之间发生键解，翻译完成的多肽链从核糖体中被释放，tRNA也被释放，核糖体的两个亚基和mRNA也进行分离。

原理应用知多少！

抗生素抗菌原理

抗生素是目前临床上应用较为广泛的特效抗菌药物。注意！这里说的是抗菌！抗菌！！抗菌！！！记住，抗生素是不能直接杀灭病毒的，毕竟病毒连基本的细胞结构都没有！抗生素主要是特异性地干扰细菌的生化代谢过程，以影响细菌的结构和功能，使其失去正常的生长繁殖能力，从而达到抑制或者杀灭细菌的作用。

其中，某些抗生素的作用原理就与中心法则有关，具体如下：

抗菌药物	抗菌机理
环丙沙星	抑制细菌DNA解旋酶的活性
红霉素	能与细菌细胞中的核糖体结合
利福平	抑制敏感型的结核杆菌的RNA聚合酶的活性

由上表可知，3种抗生素的杀菌机制分别如下：

环丙沙星：DNA复制时首先要用DNA解旋酶解开螺旋，环丙沙星能抑制细菌DNA解旋酶的活性，因此可抑制DNA的复制。

红霉素：蛋白质的合成场所是核糖体，红霉素能与细菌细胞中的核糖体结合，从而导致细菌蛋白质的合成过程受阻。

利福平：RNA聚合酶作用于转录过程，故利福平治疗结核病的机制是抑制了结核杆菌的转录过程，从而导致其无法合成蛋白质。

令人“畏惧”的克里克

在卡文迪许实验室，克里克总是在思考解决蛋白质结构的理论问题，并不断做实验验证其想法的正确性。除此之外，据说克里克的大嗓门明显活跃了整个实验室的气氛。他不但说话的声音比较大，而且语速也比其他人都快。只要他开怀大笑，大家就知道他身在卡文迪许实验室的哪个位置了。有些同事“深受其害”，不得不躲到更加安静的房间里去，甚至很少参与卡文迪许实验室的早茶和午茶，因为那意味着必须忍受克里克震耳欲聋的“噪声”轰炸。

除了令人“畏惧”的大嗓门，克里克还经常到其他实验室去“溜达”，目的只是为了了解别人都完成了哪些新实验。克里克这种做法通常会引发其他科学家对他的一种心照不宣的、真实的恐惧，尤其是在那些尚未成名的同辈人中，这种倾向更明显。克里克掌握别人的资料后抓住其本质的速度之快，常常令他的朋友们倒吸一口凉气。克里克的朋友们不得不时刻如履薄冰，尽管他们都知道克里克是一个讨人喜欢的午餐伙伴，但他们都无法回避这样一个事实：在酒桌上的每一次偶尔失言，都可能给克里克提供机会，从而使自己的实验研究遭受莫大的冲击。

生物是如何遗传和进化的？

基因突变

辐射引发突变
变异推进生物进化

发现契机！

——赫尔曼·约瑟夫·穆勒（Hermann Joseph Muller，1890—1967）于1927年发表了文章《基因的人工诱变》，1946年因辐射遗传学研究方面的重大贡献而获得诺贝尔生理学或医学奖，是继摩尔根之后获得诺贝尔奖的第二位遗传学家。

碱基互补配对原则保证了DNA分子复制的准确性，然而在某些特殊情况下，总有一些新性状产生，这不得不让人怀疑，也许遗传信息复制的过程中也会“出错”？这种错误会造成基因的突变。

——但是想抓住自然界中基因突变的概率太低了，有时即使基因突变发生了，我们也无法察觉。

是的，因为基因突变是分子水平上的改变，无法用光学显微镜直接观察。并且有些属于隐性突变，比如AA的个体突变为Aa，生物的性状并没有发生改变，所以研究基因突变时需要找到较为有效的手段。

——在某些诱变物质的作用下，突变的频率大幅度提高！所以整整10年的时间，您在得克萨斯大学的一间地下室里，不知疲倦地探索用射线诱发基因突变以及检测这些突变的方法。

你瞧！突变造就了生物的进化，而进化过程又可以进行人工干预而加快。我并不会觉得无聊，我沉迷其中不能自拔。

原理解读！

基因突变是指基因内部在分子结构上发生的一个或几个碱基对（实际上是核苷酸对）的改变，是一种可遗传变化，能引起基因碱基序列的改变，使其产生新的等位基因。

基因突变的主要类型：

- **碱基置换：** 单个碱基对的替换，如下图甲所示。
- **缺失突变：** 单个或少数几个碱基的缺失，如下图乙所示。
- **插入突变：** 单个或少数几个碱基的插入，如下图丙所示。
- **动态突变：** 三核苷酸（碱基）重复序列拷贝数的改变，如下图丁所示。

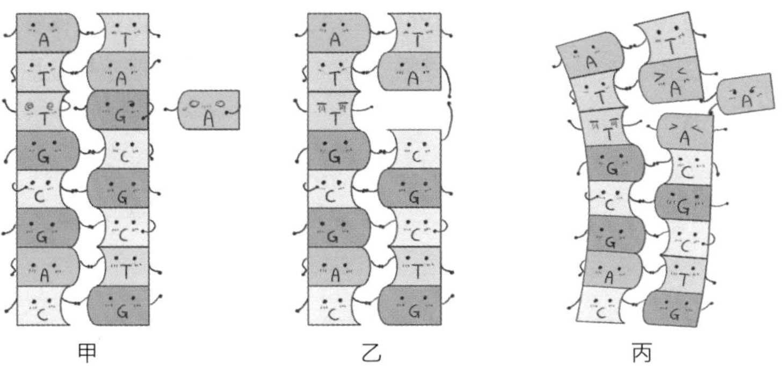

甲　　乙　　丙

ACTTCGCAGCAGCAGCAGAATTCACGG

丁

基因突变并不是一个单纯的化学变化，而是一个与一系列酶的作用相关的复杂过程，它能够产生新的基因，是生物变异的根本来源，也是生物进化的原始材料。

基因突变的特点

• 普遍性和重演性

基因突变在生物界是普遍存在的，并且相同的突变类型在同种生物的不同个体、不同时间、不同地点可能会重复出现和发生。例如果蝇的白眼性状在许多群体中均可发现。

• 不定向性

一个基因可以发生不同的突变，产生一个以上的等位基因，如基因A可以突变成a1、a2、a3……甚至A+，这些等位基因性状表现可能各不相同，在遗传上具有对应关系，被称为复等位基因。例如人类的ABO血型中存在着复等位基因I^A、I^B和i。

• 独立性和稳定性

引起各种性状改变的基因突变彼此独立发生，不会互相影响，而突变后的新性状可以稳定遗传。

• 随机性

基因突变可以发生在生物个体发育的任何时期和生物体的任何细胞，可以发生在细胞内的不同DNA分子以及同一个DNA分子的不同部位。

• 低频性

突变发生的频率是指生物体（微生物中的每一个细胞）在每一世代中发生突变的概率。据估计，在自然状态下，高等生物10^5～10^8个生殖细胞中才会有一个生殖细胞发生基因突变。不同生物的基因突变率是不同的。

• 利害性

基因突变可能会削弱或破坏生物与现有环境间的协调关系，所以大多数不利于生物的生长发育，60%以上的人类和动物遗传病是基因突变引起的。也有少数基因突变能促进或加强某些生命活动，如作物的抗病性、早熟性及微生物的抗药性等。有些突变既无害也无利，属于中性突变。

有翅的昆虫在经常刮大风的海岛上很难生存，但其残翅或者无翅的突变类型却因为不能飞行而避免被吹到海里，生存能力反而大大提高。所以基因突变的利害性主要取决于该生物所在的生存环境。

基因突变的因素

正常的细胞活动或细胞与环境的随机相互作用也会引发基因突变，这种叫作自发突变。使用某些特定化合物或特定条件可以增加突变发生率，该种突变称为诱发突变。

• **物理因素**

紫外线以及X射线、α射线、β射线、γ射线等**电离辐射**照射可引起遗传物质的损伤，影响DNA双链结构。当发生DNA复制时，可出现碱基配对错误，从而引起基因突变。

• **化学因素**

羟胺类、**亚硝酸类**及**碱基类似物**可将正常碱基对转换成结合特性与原来不同的错误碱基，导致基因突变。此外，**芳香族化合物**能造成碱基的丢失或错位，**甲醛、氯乙烯等烷化剂**也有一定可能引起基因突变。

• **生物因素**

某些病毒（如流感病毒、疱疹病毒等）在宿主细胞内增殖的同时，可破坏宿主细胞中DNA的正常复制，诱发基因突变。

基因突变的结果

下面，我们将从基因突变的不同类型，来研究蛋白质分子水平和个体性状水平的差异。

• 若为碱基置换

同义突变　DNA分子中的某个碱基改变，突变后的mRNA上的密码子仍然编码原来的氨基酸，不引起多肽链中氨基酸的变化，不影响蛋白质的功能，因此不会引起个体表型的变化。

错义突变　DNA分子中某个碱基改变引起了mRNA上密码子的变化，导致编码的氨基酸发生改变，使蛋白质的结构和功能发生改变，引起个体表型改变。

无义突变　DNA分子中某个碱基改变，导致编码某一氨基酸的密码子变成终止密码子（UAG、UGA和UAA），使mRNA翻译提前终止，产生一条不完整的、没有活性的多肽链，对所编码的蛋白质有严重的影响，产生明显的突变效应。

延长突变　DNA分子中某个碱基改变，导致终止密码子（UAG、UGA和UAA）变成某一氨基酸的密码子，多肽链的合成将继续进行下去，直至遇到下一个终止密码子时方可停止，结果使肽链延长，形成异常多肽链。

右图为碱基置换后可能造成的结果。

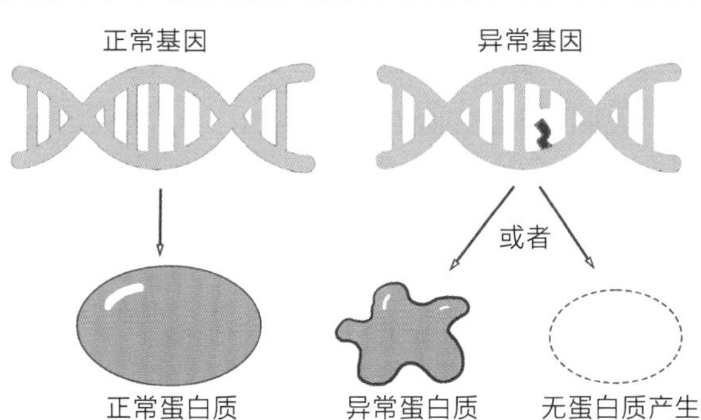

• 若为碱基的插入或缺失

基因的碱基序列中插入或缺失1个或几个碱基，会导致mRNA上密码子的排序发生改变，最终合成的多肽链将增加或减少1个或几个氨基酸，使蛋白质的结构和功能发生改变，引起个体表型改变。

• 若为动态突变

动态突变是指基因中一些串联重复的三核苷酸序列（多为CAG）随着世

代的传递而发生拷贝数扩增而导致的突变，扩增的重复序列在各世代之间及不同器官、不同时期高度不稳定，往往倾向于增加几个重复拷贝。重复拷贝数达到或超过某一阈值，往往会引起严重的疾病。

除此以外，若基因突变发生在体细胞，其影响仅能在自身表现出来，而不可能通过有性生殖遗传给子代，比如说某种癌症；若基因突变发生在形成生殖细胞，其影响有可能遗传到子代，比如白化病等遗传病。

DNA损伤修复

DNA受到损伤了，一定会发生基因突变吗？

导致DNA损伤的化学过程，与检测、纠正这些损伤的修复过程往往处于动态平衡之中，这是因为生物体内存在各种各样的修复系统。例如细胞中的高效修复系统能够识别、修复这些DNA的损伤，使其避免过度频繁地发生突变，包括错配修复、切除修复、重组修复、利用DNA分子双链的互补性进行修复等。

其实DNA损伤修复是细胞对DNA损伤后的一种反应，这种反应可能使DNA结构恢复原样，重新执行它原来的功能。但有时DNA损伤并非能完全消除，只是使细胞能够继续生存，而这些未能完全修复的损伤会在某些条件下造成另一种效果，比如细胞的癌变等。

其他变异类型

我们通常将变异归纳为两大类：可遗传变异和不可遗传变异。其中可遗传变异是由于遗传物质的改变引起的，即它是由基因决定的，因而能遗传给下一代。

不可遗传变异是由环境因素导致的，没有遗传物质的改变，因而不能遗传给后代。如父母双方原本都是单眼皮（aa），均通过医美变成了双眼皮，婚配后生育的后代只能是单眼皮；高产玉米种子若遇到恶劣环境，也无法实现高产，如下页图所示。

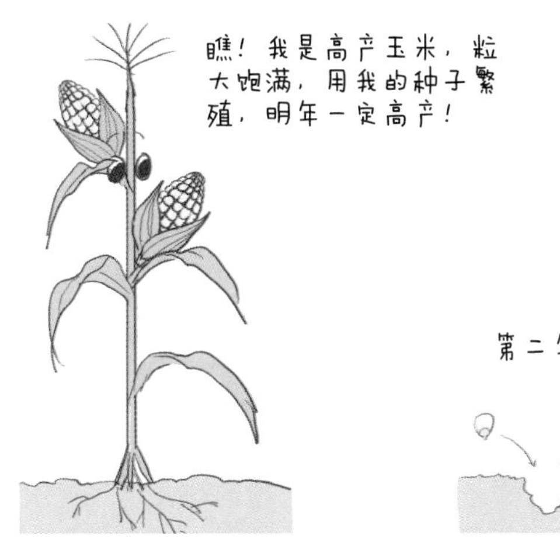

除了基因突变外，基因重组和染色体畸变也属于可遗传变异范畴。

• 基因重组

基因重组主要发生在真核生物有性生殖过程中，即减数分裂Ⅰ前期（四分体时期）同源染色体非姐妹染色单体间的互换，以及减数分裂Ⅰ后期非同源染色体之间的自由组合。所有喜爱“喵星人”的小伙伴都知道，有时同样的猫爸爸和猫妈妈生育的后代的花色及花纹却“五花八门”，这就是基因重组导致的。

除此以外，基因工程和细菌的转化也属于基因重组。

基因工程通过转基因技术，将外源基因（如源自苏云金芽孢杆菌的Bt抗虫蛋白基因）插入到受体细胞（如棉花细胞）内，可以得到具有预期新性状的新品种。如下图所示。

• 染色体畸变

染色体是基因的主要载体。正常情况下，生物体细胞内染色体的形态、结构和数目是恒定的，这样可以保证遗传物质在传递过程中的稳定。如人类有2n = 46条染色体，即有两套染色体，其中一套含有完整的非同源染色体，叫作一个染色体组。

若染色体的固有形态结构或数目发生了改变，势必导致基因的结构和功能出现异常。

染色体畸变主要包括两类：染色体结构变异和染色体数目变异。

染色体结构变异

染色体结构变异示意如下：

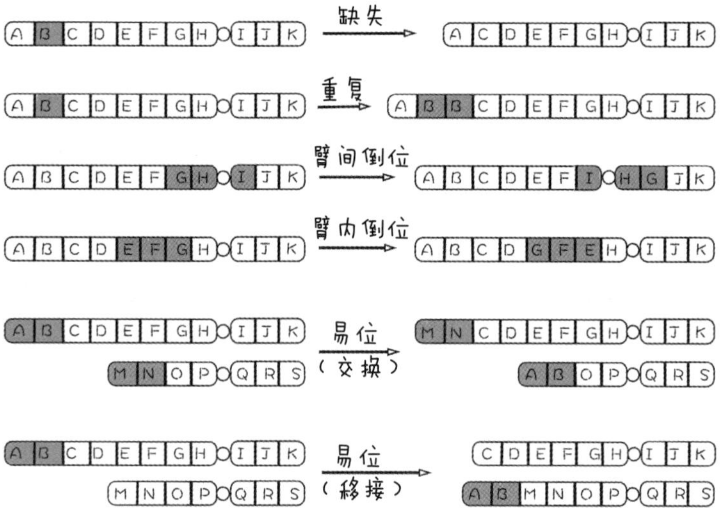

缺失　染色体丢失某一片段，位于该片段上的基因也随之丢失，如人类猫叫综合征。

重复　染色体上某一片段出现重复，其上基因也重复出现，如果蝇的棒状眼。

倒位　分为臂间倒位和臂内倒位，即同一条染色体上的某一片段180°颠倒后重新连接，其上基因的顺序也随之改变，如果蝇的卷翅。

易位　位于非同源染色体上的片段发生交换或移接，如果蝇的花斑眼。

染色体数目变异

染色体数目变异表现为细胞内个别染色体的增多（如21三体综合征）或减少（如单体）。

细胞内以染色体组的形式成倍地增加（如多倍体）或减少（单倍体，如雄蜂）。雌性果蝇染色体组成如下图所示。

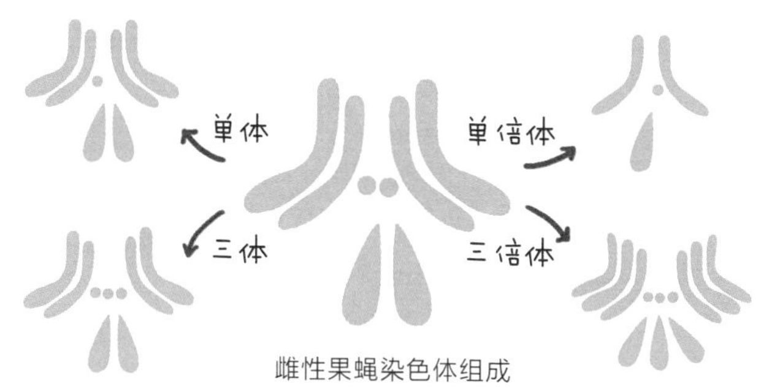

雌性果蝇染色体组成

原理应用知多少！

诱变育种

诱变育种的原理是人为损伤细胞中的DNA，即利用物理因素（如X射线、γ射线、紫外线、激光等）或化学因素（如亚硝酸、硫酸二乙酯等）来处理生物，“迫使”生物发生基因突变，从而提高突变率，创造人类需要的生物新品种。

例如，从自然界分离出来的青霉菌只能产生青霉素20单位/毫升，后来人们多次对青霉菌进行X射线、紫外线照射，使绝大部分菌株死亡，只有极少数菌株生存下来，其中有的菌株产生青霉素的能力提高了几十倍。

再例如，美国的亨茨用热中子处理哈德逊（Hudson）葡萄柚，获得一个少核而色泽深的星路比（Star Ruby）葡萄柚突变体；利用甲基磺酸乙酯（EMS）对酿酒酵母进行诱变处理，获得性能更优良的突变类型。

关于诱变育种，我们最熟悉的可能就是所谓的“太空”育种了。

土生土长的地球种子被送到太空接受宇宙射线照射，再随着卫星或飞船返回地球，在地面进行培育、杂交和筛选，这项技术被称为空间诱变育种。宇宙的环境远比地球复杂，拥有强射线、微重力、强太阳辐射和高真空度等，这种环境引起植物基因变异的概率更高、程度更彻底、育种周期更短，而细菌、病毒等微生物无法在太空中生存，可以降低育种过程中的坏种率。如下图所示。

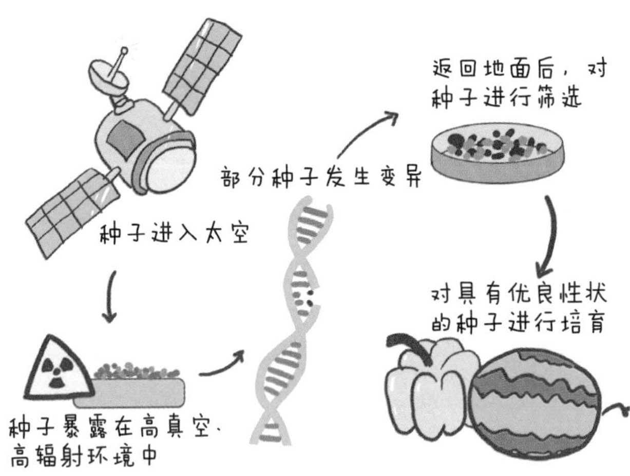

如今，我国已在千余种植物中培育出太空香蕉、航椒、太空南瓜等700余个航天育种新品系、新品种。它们有的能抗旱，有的耐盐，有的抗病，有的耐除草剂，有的营养物质含量更高。所以说，诱变育种可以提高突变率，产生新的基因，为育种提供丰富的原材料，加速育种进程，大幅度改良生物的某些性状。

然而，诱变育种也有非常明显的缺点：因为基因突变具有随机性和不定向性，诱变后不易得到目标产物，只是加快了突变的速度，并没有把育种变得更精确、更可控。

细胞的癌变

各种原因引起的DNA损伤可以通过DNA损伤修复来重建。如果修复功能有缺陷，就可能造成两种结果：要么细胞死亡，要么发生大量的基因突变和染色体畸变，引起原癌基因的活化和抑癌基因的失活，进而导致正常细胞周期和凋亡的失控，转变为癌细胞。如下图所示。

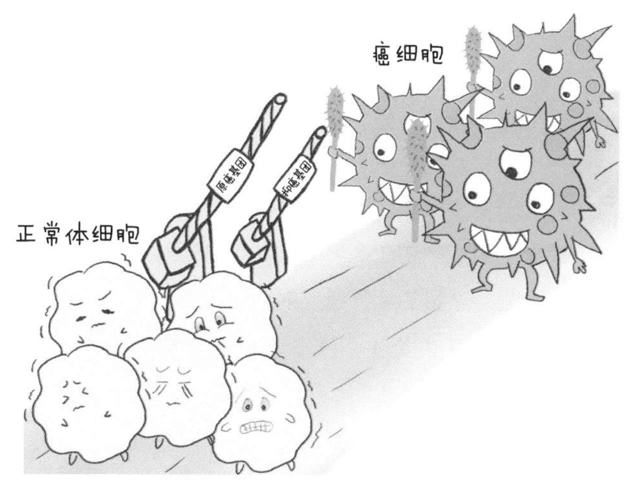

原癌基因是细胞内与细胞正常生长和增殖相关的基因，是维持机体正常生命活动所必需的，在进化上高度保守。当原癌基因发生突变、基因表达产物增多或活性增强时，使细胞过度增殖，从而引起细胞癌变。

抑癌基因，也称肿瘤抑制基因，是一类存在于正常细胞内可抑制细胞生长和增殖或者促进细胞凋亡的基因。抑癌基因发生突变、基因表达产物减少或失活，也可能引起细胞癌变。

先天性DNA修复缺陷疾病患者容易发生各种恶性肿瘤，例如人类的着色性干皮病患者的皮肤对阳光过度敏感，照射后出现红斑、水肿，继而出现色素沉着、干燥等，容易导致各种皮肤癌的发生。

与正常细胞相比，癌变后的细胞有其独具的特征：

癌细胞的形态结构发生了明显的改变。如正常的成纤维细胞呈扁平梭状，细胞癌变以后就变成了球形。

在适宜的条件下能够无限增殖。在人的一生中，体细胞能够分裂50～60次，而癌细胞却不受限制。

癌细胞的细胞膜上的糖蛋白等物质减少，使得细胞彼此之间的黏着性下降，易扩散和转移。

癌细胞代谢旺盛。

防晒，不仅是防晒黑

自然界主要的紫外线光源是太阳，太阳光中的短波紫外线（UVC）被臭氧吸收，中长波紫外线（UVB/UVA）会透过臭氧层进入地球表面。适量的紫外线照射对于人类是不可缺少的，可以促进人体合成必需的维生素D_3，有助于骨骼的生长和结实，也可以提高人体免疫系统功能。

但过量的紫外线对人体也有伤害，可引起皮肤的红斑反应，就是我们平常所说的日晒伤。长期紫外线照射，还可以引起皮肤晒黑、皮肤光老化，表现为曝光部位的皮肤粗糙、皱纹增多、皮肤弹性下降和毛细血管扩张等。长年过度地照射，甚至可以引起白内障、皮肤癌等。

令人心动的“突变基因”

某些人天生就有一种叫PCSK9的基因发生了突变，导致他们无论摄入多少油炸食品、鸡蛋或任何被告知会被列入“胆固醇升高名单”的食物，也无法获得高胆固醇。这简直是身材保养的最佳搭档！

LRP5基因负责调节骨骼的密度，该基因的突变可导致较低的骨密度或骨质疏松症。然而，最近的研究发现它们也可以产生相反的效果，使骨骼具有令人难以置信的密度，几乎不可破裂。这种突变导致太多的“骨骼生长信号”被发送，形成更加坚硬的骨骼，这种基因突变的人几乎就是潜在的超级英雄。

生物是如何遗传和进化的？

自然选择学说

物竞天择、适者生存

发现契机！

——查尔斯·罗伯特·达尔文（Charles Robert Darwin，1809—1882）曾经乘坐贝格尔号舰环球航行了5年，对经过的各地动植物和地质结构等进行了大量的观察和采集。在1859年出版的《物种起源》一书中，提出了著名的自然选择学说。

感谢加拉帕戈斯群岛上具有不同本领的地雀们，它们让我深刻地认识到也许这些鸟并不是生来就是这样的，而是因为发生了我们不知道的情况，它们才逐渐变成了这样。

——您是如何做到彻底摧毁各种唯心的神造论以及物种不变论的呢?

其实，当时很多人都已经意识到生命并不是被某种神秘的力量有意设计出来的。在我之前，拉马克第一个系统地提出了唯物主义的生物进化理论，大胆鲜明地提出了生物是从低级向高级发展进化的。我只不过依据所见所闻，再加上大胆的推理，逐渐去靠近真相而已。

——的确，科学进步需要大家共同努力。但自然选择学说的建立是现代生物学中最重要的里程碑之一，生物进化论与能量守恒定律、细胞学说一道被恩格斯誉为19世纪自然科学的三大发现。

原理解读！

- 自然选择学说的内容：

  过度繁殖、生存斗争、遗传变异、适者生存

- 自然选择学说揭示了生物进化的机制，解释了适应的形成和物种形成的原因。如下图所示。

原物种 —— 过度繁殖

过度繁殖 →（有限的环境条件）→ 生存斗争

过度繁殖 →（存在）→ 遗传变异

遗传变异：遗传、变异

变异 → 有利变异 → 适应环境个体

变异 → 不利变异 → 不适应环境个体

生存斗争 →（类型）→ ·种内斗争 ·种间斗争 ·生物与环境的斗争

生存斗争 →（作用于）→ 新的表型

遗传变异 →（产生）→ 新的表型

新的表型 →（类型）→ 适应环境个体 或 不适应环境个体

新的表型 →（结果）→ 适者生存

适者生存 →（微小有利变异 → 显著有利变异）→ 产生新生物类型

新物种 —— 产生新生物类型

我的生物进化论主要是共同由来学说和自然选择学说，前者指出了地球上所有的生物都是由原始的共同祖先进化来的。

适应的形成

枯叶蝶、竹节虫为了躲避天敌，形似枯叶、树枝，从而不易被捕食者发现捕捉；骆驼为了适应沙漠的沙地，进化出了软而宽大的脚掌，不至于陷进沙子里；鱼类的身体呈梭形，有利于减少在水中游动时受到的阻力……这些看起来简单的常识，却蕴含着深刻的道理：所有的生物都具有适应环境的特征！我们要有一个清晰的认知，生物不是为了“变成什么样子”而进化，而是因为“变成了某种样子才能在特定的环境条件下得以生存”，这就是适应。

那么，到底什么是所谓的“适应”呢?

这个生物学术语主要包含以下两个方面：

首先，生物各层次的形态结构（从分子、细胞，一直到由该个体构成的种群等）都与其功能相适应。鼹鼠可谓挖洞界的冠军，它的前足大而外翻并配有有力的爪子。当鼹鼠挖掘土壤时，前爪的五趾张开并处于同一平面协同工作，从而实现高效切土，这种结构就是和挖洞相适应的。

其次，生物的形态结构及其相关的功能（包括行为、习性等）适合于该生物在一定环境中生存和延续。鼹鼠的视力退化，但它的嗅觉非常灵敏，能够通过鼻子辨别猎物和发现敌人。鼹鼠与挖洞相关的身体特征，都是为了适应生活在地下的穴居环境。

了解了适应的概念，我们还需要知道，适应是普遍存在的，但又具有相对性。

• 适应的普遍性

自然界中的植物、动物，哪怕是微生物都有各自适应的方式。微生物的适应主要体现在抗药性上。植物几乎不能移动，所以大多情况下会通过改善各种器官的机能来适应其生存环境，比如蒲公英的种子带有“降落伞”，很容易被风吹走；鬼针草的种子上面有刺，很容易附着在动物身上被带走，避免子代与亲代之间或子代相互之间形成强烈竞争，又能扩大其种群的生长范围，有利于物种的繁衍生息，如下图所示。

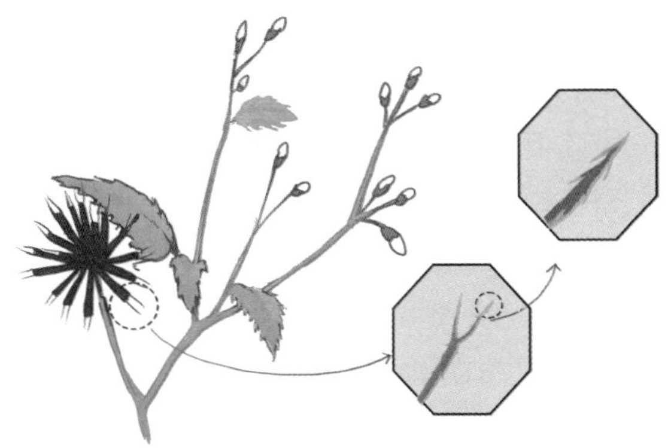

动物具有独特的保护性适应，包括保护色、警戒色、拟态等。比如南美天蛾幼虫静止时用后足将身体吊挂起来，体态像生长在树上的地衣；受到惊吓时，身体直立并弯曲，同时胸部向两侧膨胀，胸部形状和色斑酷似蛇的头部，似蛇身弯曲左右摆动，这就是一种拟态。

• 适应的相对性

适应是暂时的、有一定条件的，所以适应的相对性主要体现在生物体对环境变化的适应滞后性。比如爱尔兰麋鹿（下图），一般鹿的顶角是它们的武器，虽说长得越大越有利于对伴侣的选择，但由于爱尔兰麋鹿雄性两角的长枝展开的宽度可达4米，这种过于巨大的角严重限制了觅食和逃跑，不利于个体的生存，很多学者认为这导致了爱尔兰麋鹿的灭绝。

再比如有些鸟类为了适应冬季下雪后的颜色变化，会在雪季换毛，利用白色的羽毛在雪地中躲避敌害。有时气候变化，雪迟迟未下，但是羽毛已经换完了，反而容易被捕食，这就是滞后性。

自然选择学说

• 过度繁殖

过度繁殖是自然选择学说的基本条件。地球上的各种生物普遍具有过度繁殖能力，且都有依照某种比率增长的倾向。我们可以想象，大熊猫因为繁殖能力差而稀有，但如果每一只雌性大熊猫一生产仔6只，野外的大熊猫平均寿命在15～20年，而且都能够进行繁殖的话，那么几百年以后，一对大熊猫的后代也能占满整个地球了。但实际情况并非如此，自然状态下，某物种的个体数总是能保持相对稳定，很大的一个原因就是食物和空间等资源是有限的。过度繁殖和有限资源的矛盾导致了生存斗争，选择也就出现了。

• 生存斗争

任何一种生物都必须为生存而斗争，这也是生物进化的动力和手段。生存斗争包括生物与无机环境之间的斗争，生物种内的斗争（如为食物、配偶和栖息地等的斗争），以及不同物种间的斗争。生存斗争会导致生物大量死亡，只有少量个体生存下来。但在生存斗争中，什么样的个体能够获胜并生存下去呢？这就可以用遗传和变异来进行解释了。

• 遗传和变异

遗传是生物的普遍特征，有了这个特征，物种才能得以延续和稳定存在。而生物界又普遍存在着变异，哪怕同种个体间也没有两个生物个体是完全相同的，变异是随机、不定向产生的，并且许多遗传性状发生的变异是可遗传的，遗传会使微小的有利变异得以积累。

• 适者生存

在生存斗争中，具有有利变异的个体，容易在生存斗争中获胜而生存并有更多的机会留下后代。反之，具有不利变异的个体，则容易在生存斗争中失败而死亡。这就是说，凡是生存下来的生物都是适应环境的，而被淘汰的生物都是对环境不适应的，这就是适者生存。在生存斗争中，适者生存、不适者被淘汰的过程叫作自然选择。自然选择是一个长期的、缓慢的、连续的过程。随着自然选择（如气候变冷）不断地进行，与环境相适应的变异类型（有利变异，如羊群中某些羊皮毛尤其的厚实保暖）会赋予某些个体生存和繁衍的优势，通过一代代生存环境的选择作用，群体中这样的个体会越来越多，有利变异就定向地向着一个方向积累，于是生物的性状逐渐和原来的祖先不同了，这就是进化。长此以往，新的物种就可能形成了。由于生物所在的环境是多种多样的，因此，生物适应环境的方式也是多种多样的。所以，经过自然选择也就形成了生物界的多样性。

下图为气候由舒适环境到寒冷环境下，羊群在自然选择作用下可能发生的变化。

现代生物进化理论

现代生物进化理论是以自然选择学说为核心的。但随着科学技术的发展，在某些方面可以做出更科学、更细致的解释：

•适应是自然选择的结果。

•种群是生物进化的基本单位，生物进化的实质在于种群基因频率的改变。

基因频率是指一个种群中某个基因占全部等位基因数的比值。假如羊群中有100只羊，羊的皮毛厚实（a）对皮毛单薄（A）为隐性。在舒适的环境中，皮毛单薄的个体AA有60只、Aa有30只，皮毛厚实的个体aa有10只。气候变冷几代后，羊的数量又恢复到100只，但皮毛单薄的个体大多数死亡，其中AA有2只、Aa有8只，皮毛厚实的个体aa则有90只，如下图所示。那么经过这些代，生物到底有没有发生进化呢（已知每个个体均含有2个A或a基因）?

环境舒适时，A基因频率为（60×2+30）÷（100×2）=75%，a基因频率为（10×2+30）÷（100×2）=25%。

环境变寒冷几代后，A基因频率为（2×2+8）÷（100×2）=6%，a基因频率为（90×2+8）÷（100×2）=94%。

由此发现基因频率发生了改变，说明生物进化了。

•突变和基因重组产生生物进化的原材料，自然选择使种群的基因频率定向改变并决定生物进化的方向。

突变包括基因突变和染色体畸变，与基因重组一起属于可遗传变异，它们都是不定向的、随机的。基因突变可产生等位基因，通过有性生殖过程中的基因重组（减数分裂Ⅰ四分体时期的互换和减数分裂Ⅰ后期的自由组合），可形成多种多样的基因型，以及染色体畸变的不时发生，从而使种群中出现多种多样可遗传的变异类型。

而后，在自然选择（如气候变冷）的作用下，种群的基因频率发生定向改变（如皮毛厚实基因频率提高），使得生物朝着一定的方向（如皮毛厚实）进化。

• **隔离是新物种形成的必要条件。**

自然条件下基因不能自由交流的现象叫作隔离，包括地理隔离和生殖隔离。

地理隔离是指同一种生物由于地理上的障碍（如海洋、大片陆地、高山和沙漠等）而分成不同的种群，使得种群间不能发生基因交流的现象。群体生活在不同的栖息地，彼此不能相遇，阻碍了生物的基因交流，最后就形成独立的种群，如东北虎和华南虎。

下图示为因为地理隔离，河流两侧的松鼠随着时间的迁移向不同的方向发生了进化。

除染色体数目变异等极特殊情况外，地理隔离是生殖隔离的先决条件。如果没有地理隔离，任何生物即使发生了基因突变，也会通过在种群内的交配或者遗传进行基因稀释，导致新物种无法产生。举个简单的例子：白化病属于基因突变的一种，假如白化病患者总能和无白化病症状的异性结婚生子，几代之后，再出现白化病的概率极低，这就是白化病基因被稀释的过程。反过来，若所有的白化病患者都被送到无人岛，由此和普通人类产生了地理隔离，未来整个岛上的后代都是基因突变的白化病患者，再经历漫长的岁月变迁，很可能他们就成了新的物种。

生殖隔离是两个不同的物种在自然条件下无法交配，或者交配了也不能产生可育后代的一种隔离机制。生殖隔离的形成正是新物种形成的标志，包括季节隔离（两种动物的发情期不同）、生态隔离（同一地区生活的两种动物生态位不同，比如野生老虎和花豹之间只有猎杀和驱赶，没有交配行为）、行为隔离（需要通过鸣叫来吸引异性动物，它们的鸣叫只有同类能听懂，自然就不会引来其他动物前来繁殖）等。所以有些生物哪怕长得很像，依旧不属于同一物种，比如水牛和黄牛，黑猩猩和红毛猩猩，因为它们之间具有生殖隔离。

大部分不同的动物杂交后，会因为染色体不同互相排斥、染色体数目不同无法减数分裂等，无法产生后代。有一些动物杂交后可以产下后代，但是后代不具备生育能力，这也说明彼此之间具有生殖隔离。我们常常听到的“狮虎兽”、骡子等动物就是人工干预下，让狮子和老虎、驴和马杂交产生的后代。如下图所示。

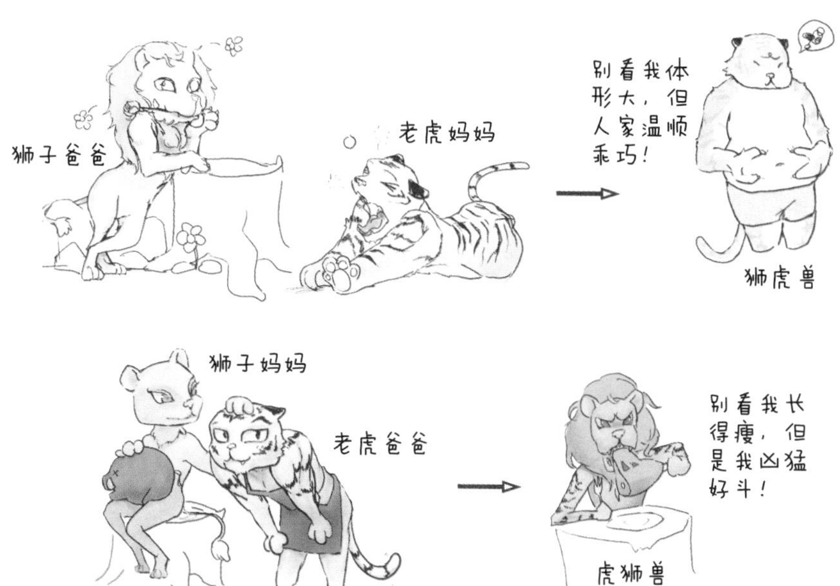

以骡子为例，因为马的染色体为64条，驴的染色体为62条，使得骡子的染色体为63条。骡子在形成生殖细胞时，染色体不能正常配对（即联会紊乱）而不能完成减数分裂和形成正常的配子，故不能生育。

根据上述观点，符合现代生物进化理论的一种比较普遍的物种形成过程如下图所示。

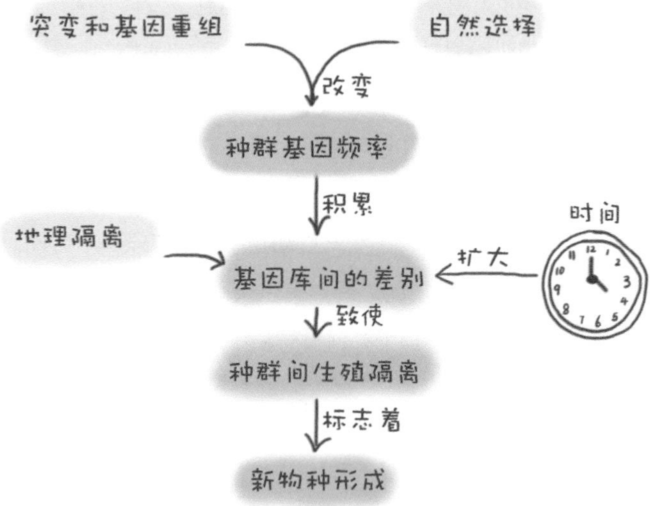

• **生物进化的过程就是协同进化的过程，协同进化使生物具有多样性。**

协同进化是指两个相互作用的物种之间以及生物与非生物环境间，在进化过程中发展的相互适应的共同进化。

物种间的协同进化，可发生在捕食者与被捕食者之间、寄生者与宿主之间以及竞争者之间。比如捕食者进化出了锐齿、利爪、尖喙、毒牙等，还学会了运用诱饵追击、集体围猎等方式，更有利于捕食；而被捕食者相应地进化出了保护色、拟态、警戒色、假死等方式逃避捕食者。二者形成了复杂的协同进化关系。

通过漫长的协同进化过程，生物之间、生物与环境之间复杂的关系，造就了地球上千姿百态的物种，也形成了多种多样的生态系统。

原理应用知多少！

超级细菌

细菌的微观世界是人肉眼无法探知的领域，细菌感染所引起的疾病更是多不胜数，比如呼吸道感染、皮肤感染、消化道感染和血液感染等。不过，幸好人类发现了抗生素，抗生素通过抑菌或者杀菌来帮助人类抵御了肺结核、炭疽病、霍乱等疾病。然而抗生素的存在也是一把“双刃剑”：细菌在抗生素的选择下不断进化，能够无惧抗生素的威力，轻而易举地再次扼住人类健康的咽喉——超级细菌来势汹汹。

超级细菌并不是某种细菌的称呼，而是泛指对多种抗生素有耐药性的所有细菌。超级细菌生命力极为顽强、适应能力极佳、增殖速度惊人，作为微观世界的主角，超级细菌的繁衍比人类研究新型抗生素的速度不知快了多少万倍。

基因突变是产生超级细菌的根本原因，而抗生素的使用则极力加速了超级细菌的筛选。抗生素的滥用使得处于平衡状态的抗菌药物和细菌耐药之间的矛盾被破坏，原本只是对一种抗生素耐药性的细菌，在不断地角力和进化中，获得针对不同抗菌药物耐药的能力，这种能力在矛盾斗争中不断强化，细菌逐步从单一耐药到多重耐药，甚至泛耐药，最终成为耐药超级细菌。

以大肠杆菌为例。结构相对简单的大肠杆菌，比真核细胞更容易出现基因突变。换句话说，不同大肠杆菌之间的基因存在着细微差别。在遇到抗生素之前，这种差别没什么实质意义，所有大肠杆菌都能很好地生长繁殖。遭遇抗生素后，大部分细菌被杀死，极小一部分细菌因为基因突变，恰好含有可以耐受抗生素的基因，于是它的后代得以存活、大肆繁殖。研究表明，大肠杆菌只要有5个特定突变，对青霉素的耐药性就能增加10万倍。如下页图示。

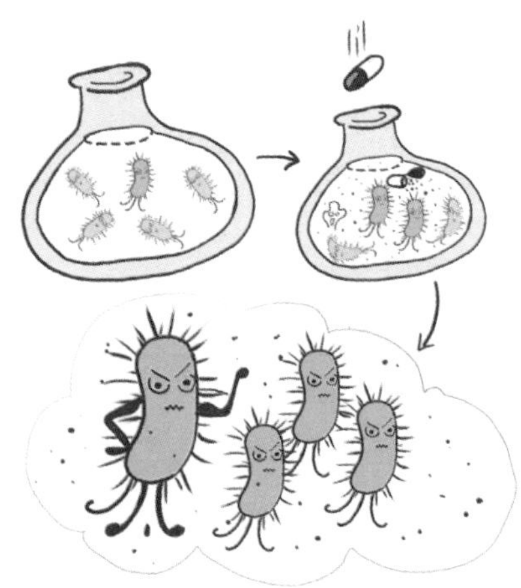

除此以外，细菌还有另外一种进化方式。细菌的遗传物质大致分布在两个位置：拟核和质粒。拟核就像不动产，控制着细菌的主要遗传性状。质粒上一般含几个到几百个基因，控制着细菌抗药性、固氮、抗生素生成等性状。质粒更像现金，可以在细菌之间流转。这意味着，一个耐药细菌，如果机会合适，可以迅速蛊惑其他细菌加入耐药阵营。

目前，常见的超级细菌包括耐甲氧西林金黄葡萄球菌、耐万古霉素肠球菌以及带有NDM-1基因的大肠杆菌和肺炎克雷伯菌，它们是超级细菌中的战斗机，拥有惊人的传播和变异能力。幸好目前我们还有一些抗生素暂时可以对付它们。为了防止有一天人类败于超级细菌，我们该如何做呢？那就是要遵医嘱、慎用抗生素，保持健康的生活方式，增强身体免疫力，减少对抗生素的需求。每个人贡献一点微薄的力量，将成为一股强大的力量。

不同肤色的人是不同物种吗？

我们一般习惯性地根据肤色和外貌来区分人种，一种简略的分类方式包括黄色人种、白色人种和黑色人种。所以，不只是黄皮肤，黑头发、黑眼睛也是黄种人的特征。

尽管3个人种的长相、肤色都存在巨大的差异，但混血儿就是两种不同人种婚配的结果，并且混血儿也可以有自己的下一代。由此，我们可以判断，不同人种之间没有生殖隔离，所以依旧属于同一物种。

那为什么会有不同的肤色呢?

肤色差异主要取决于皮肤中的遗传因素、色素含量、受紫外线照射程度等。我们的皮肤颜色由4种色素组成，分别为黑色素、氧化血红蛋白、还原血红蛋白和胡萝卜素。皮肤的颜色主要由黑色素的多少决定，它能够吸引太阳光中的紫外线，保护真皮及深部组织免受辐射损伤，可以使人的皮肤呈现深色。而黑色素的多少、分布和疏密决定皮肤的“黑度”。

黄种人皮肤内的黑色素主要分布在表皮基底层，棘层内较少；白种人皮肤内黑色素分布情况与黄种人相同，只是黑色素的数量比黄种人少；黑种人则在基底层、棘层及颗粒层都有大量黑色素存在。皮肤组织结构示意如下图所示。

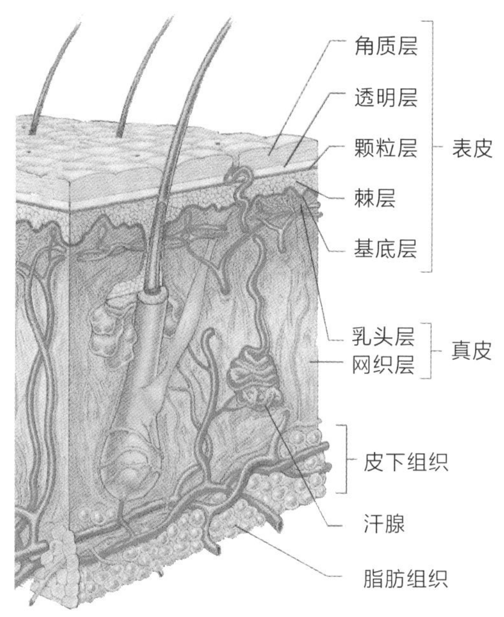

此外，氧化血红蛋白和还原血红蛋白通过吸收特定波长的光反射红色，让人的皮肤呈现出粉红色；而胡萝卜素是黄橙色色素的来源，也是唯一的外源性色素，它不能由人体自身合成，需要从外部饮食中摄取。

人类的祖先在起初的时候其实并没有肤色的差异。后来，人们移居到了不同的地区，为了适应外界的环境才逐渐演化出各种各样的肤色。因此，人类皮肤颜色的差异，是在进化过程中为了适应自然环境。

蜂鸟的演化

在美洲，生活着一群“不务正业”的鸟类，终日与蜜蜂、蝴蝶为伍，混迹于花丛之中，它们就是蜂鸟。蜂鸟大多玲珑小巧，羽毛色彩斑斓，主要以花蜜为食，采蜜的同时为植物授粉。目前，美洲共有7000多种植物依靠蜂鸟传粉。

蜂鸟起源于约4000万年前的欧亚大陆，和具有灰褐色羽毛、习惯于天空高速飞行、追逐飞虫的“无腿鸟”雨燕居然是近亲。这多少有点令人难以置信！据推测，蜂鸟先祖从雨燕分化，形成了新物种，随后一路“流浪”，在2000万年前到达美洲大陆。恰逢安第斯连续不断的造山运动开创了许多相互隔离的区域，为物种的分化提供了丰富多样的地理条件。

我们知道糖类是生命主要的能量来源。然而很多生物并不能尝到甜味，因此对糖类无法识别，鸟类也是如此。神奇的是，蜂鸟意外地找到了一个变异的基因，使它们能够识别糖。所以蜂鸟发现花蜜是鲜的，并且和吃虫子一样可以果腹。于是，蜂鸟逐渐转变了食性，从昆虫的捕食者变成了昆虫的竞争者。

然而，想要取食花蜜还有一个新的问题：腿太短！植物上没有理想的停歇位置就意味着够不到花蜜，真是相当尴尬。但好在，与蜜蜂的“交好”，让某些蜂鸟“学会了”昆虫的“绝技”——悬停飞行，以及倒退着飞。

总之，在“基因变异、地理隔离、协同进化”的联合作用下，蜂鸟“拼了命”地演化，物种多样性呈现爆炸式增长。在2000万年的时间里，蜂鸟科的总数增长到惊人的360多种。

动植物生理学篇

动植物是如何调节生命活动的？

动植物是如何调节生命活动的？

眼球成像

小视窗看大世界
物像如何会聚入眼

发现契机！

—— 瑞典眼科学专家阿尔瓦·古尔斯特兰德（Allvar Gullstrand，1862—1930）因为将光学上的物理原理用于研究眼睛内的光线折射等现象，对光学成像一般定理的归纳，于1910年获得了诺贝尔生理学或医学奖。

我出生在一个眼科医生家庭，幸运的是，这也是我所热爱的事业。在父亲的眼科诊所工作时，我发现散光病人的角膜往往长得厚薄不均！这极大地激发了我的兴趣，我自学了有关光学的物理知识，得出结论：角膜形态的异常使某些方向的光线可以成像，某些方向的光线不可以，需要用柱状的眼镜片来调整和均衡。

—— 我们目前对眼球屈光系统的大部分知识都来源于您的研究，包括眼球内部的屈光结构和调节机制。

我只是在做一件事而已：研究眼球的工作原理。一切均源自热爱！

—— 您谦虚啦！您成功地施行了世界上第一例角膜云翳切除手术，使病人重获光明。而后又发明了裂隙灯，这种简单、无创的小设备是目前眼科检查必不可少的重要仪器，它可以让医生清楚地看清病人眼球前半部分的精细结构。

原理解读！

眼球成像原理：眼球的构造和成像的原理与照相机相似，如下图所示。

照相机有镜头、光圈、调焦装置、暗箱和底片，眼球也有类似构造：

- 角膜相当于镜头，是光线进入眼球的第一道关口。
- 瞳孔相当于光圈，可根据外界光线的强弱自动调节大小。外界光线强时，瞳孔缩小；外界光线弱时，瞳孔扩张。从而使眼睛获得强度合适的光线。
- 晶状体相当于调焦的透镜，看远看近依靠晶状体的调节功能。
- 脉络膜相当于暗箱，具有遮光的作用。
- 视网膜相当于底片，起感光作用。

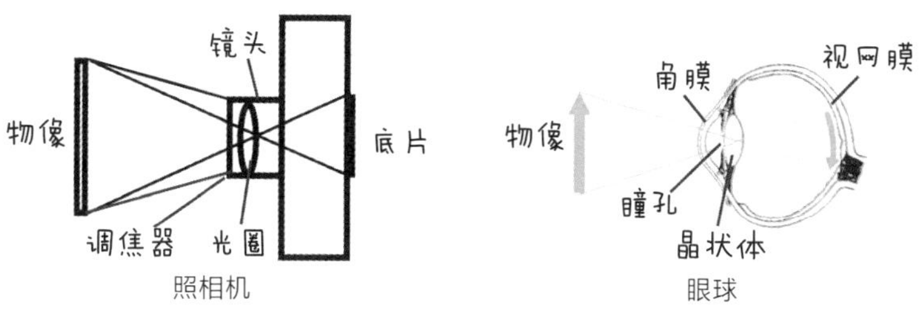

照相机　　眼球

人眼的结构相当于一个凸透镜，外界光线透过角膜，由瞳孔进入眼球内部，经过晶状体的折射和透过玻璃体，在视网膜上呈现倒立缩小的实像。但我们看见的任何物体都是正立的，其原因涉及大脑皮层的调整作用以及生活经验的影响。

眼球的结构及功能

眼睛是人类感观中最重要的器官，也是我们获取大部分信息的源泉。大脑中大约80%的知识和记忆是通过眼睛获取的，眼球的基本结构如下图所示。

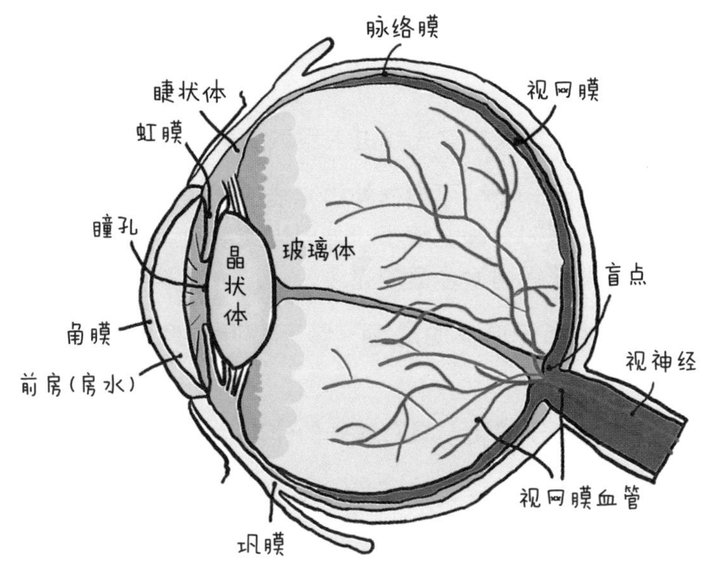

泪膜 覆盖于眼睛前表面的一层液体，能够润滑眼球表面，防止角膜干燥，保持角膜光学特性和保护眼球表面抵御异物和微生物。

角膜和巩膜 眼球被一层坚韧的膜所包围，前面突出的清澈透明部分称为角膜，其余部分称为巩膜。角膜是眼睛主要的折光介质，外界光线首先通过角膜进入眼内，具有聚光作用。角膜富含感觉神经，因此十分敏锐。巩膜是一层不透明的乳白色外皮，可将整个眼球包围起来。

前房 角膜后面到晶体状的空间称为前房，其中充满了透明液态的房水。房水具有维持眼内组织代谢和调节眼压的作用。

虹膜 位于晶状体的前面，中央是一个圆孔，能限制进入眼睛的光束孔径，称为瞳孔。虹膜的主要功能是根据外界光线的强弱，相应地使瞳孔缩小或扩大，以调节进入人眼内的光能，保证视网膜上的成像和防止眼睛因强光照射而受伤。

睫状体 是位于虹膜根部与脉络膜之间的环状组织，由睫状肌和睫状上皮细胞组成，通过睫状肌的收缩对晶状体起调节作用。

晶状体　是由多层薄膜构成的一个双凸透镜，富有弹性，借助睫状肌的收缩或放松的调节，可使晶状体前表面的曲率半径发生变化，从而改变眼睛的折光度，使不同距离的物体都能成像在视网膜上。晶状体可以滤去部分紫外光线，对视网膜有保护作用。

玻璃体　主要成分是水和胶质，正常状态下，呈凝胶状态，具有塑形性、黏弹性和抗压缩性。玻璃体是眼屈光介质的组成部分，对晶状体、视网膜等周围组织有支持、减震和代谢的作用。

视网膜　眼睛后方的内壁与玻璃体紧贴的部分是由视神经末梢组成的视网膜，它是眼睛光学系统成像的接收器。视网膜上存在两种感光细胞：视杆细胞和视锥细胞，分别掌管色觉及明暗视觉。这两种细胞内含吸收光能的化学物质，能将光能转化为化学能和电能，产生神经冲动。视网膜上视觉最灵敏的区域叫视网膜黄斑，密集分布着大量的感光细胞，眼睛观察外界物体时，会本能地转动眼球使像成在黄斑上。在视神经进入眼腔附近的视网膜上，有一个椭圆形的区域，该区域内没有感光细胞，不产生视觉，称为盲点。

脉络膜　是视网膜外面包围着的一层黑色膜，富含血管，介于视网膜和虹膜之间。脉络膜包含丰富的黑色素，能够吸收透过视网膜的光线，有遮光作用，起到暗室的作用。

视觉形成原理

当光线进入人眼后，紫外线和红外线将被晶状体和玻璃体吸收而无法到达视网膜，所以我们将紫外线和红外线称为不可见光。人所能看到的光称为可见光，其波长范围是380～780纳米，如下图所示。

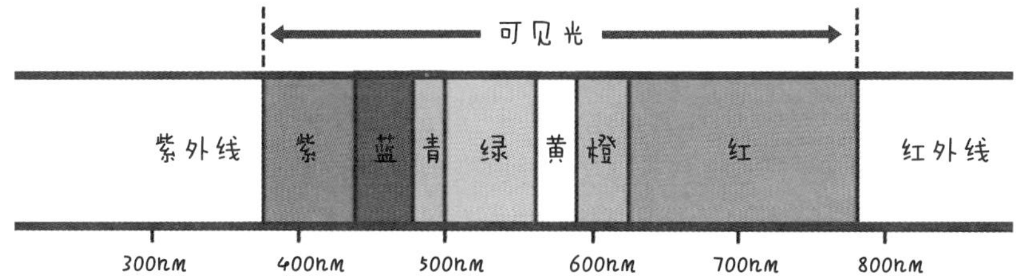

我们能够看到事物是因为我们的眼睛可以接受物体反射的可见光。外界物体反射的光线，经过角膜、房水，由瞳孔进入眼球内部，再经过晶状体和玻璃体的折射作用，在视网膜上形成清晰的物像，刺激视网膜上的光感应区，光感应区包含视杆细胞、视锥细胞以及视网膜色素上皮细胞。这些感光细胞产生的神经冲动，最终形成电信号，沿视神经纤维传出眼睛，通过视觉通道传到大脑皮层的视觉中枢，由视觉中枢分析综合成一幅幅图像，这就形成了视觉。由此，我们就可以看清物体的形象、颜色和运动了，如下图所示。

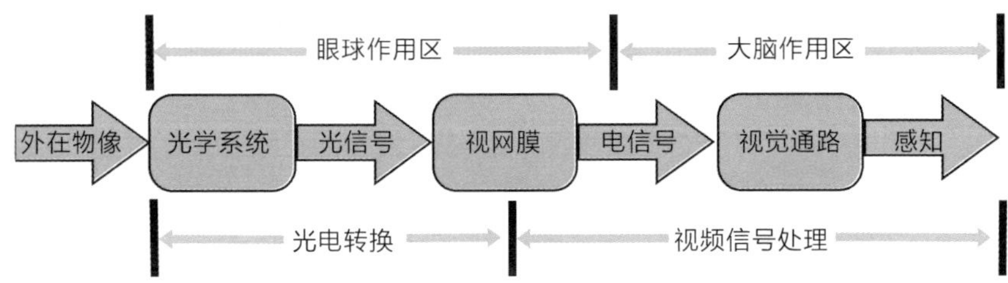

原理应用知多少！

近视眼和远视眼

首先，正常眼应该是什么样的呢？正常状态下，平行光线经眼球的屈光系统的折射后，焦点会准确地落在视网膜上，就是人们所说的正常视力。

眼睛和照相机的最大区别是眼睛内部的“凸透镜”——晶状体的厚薄可以随着物距的远近而改变，从而改变焦距。也就是说，当我们看远处的物体时，晶状体会自动变薄，使会聚能力弱一些，从而使远处物体能够成像在视网膜上；当我们看近处的物体时，晶状体会自动变厚，使会聚能力强一些，从而使近处的物体也能够成像在视网膜上。

近视眼的晶状体比较厚，所以对光的折射能力强，即会聚能力强，因此会成像在视网膜的前方，使人主观感觉视近物清晰而视远物模糊。近视眼常采用凹透镜来矫正，这种镜片的特点是中间薄、四周厚。凹透镜可以间接地减弱其会聚能力，也就是通过发散光线的方法达到重新成像在视网膜上的目的。近视眼的晶状体比较厚，因此，近视眼的人眼球的前后长度都比较长，表现为其眼球比较突出。

远视眼的晶状体比较薄，所以对光的偏折能力弱，即会聚能力弱，其成像在视网膜的后方，也就是说外界物体在视网膜上不能形成清晰的物像。远视眼可采用凸透镜来矫正，这种镜片的特点是中间厚、四周薄。凸透镜能够间接地增强其会聚能力，也就是通过会聚光线的方法达到重新成像在视网膜上的目的。远视眼的晶状体比较薄，因此，远视眼的人的眼球前后长度都比较短，表现为眼球比较凹陷。如下图所示。

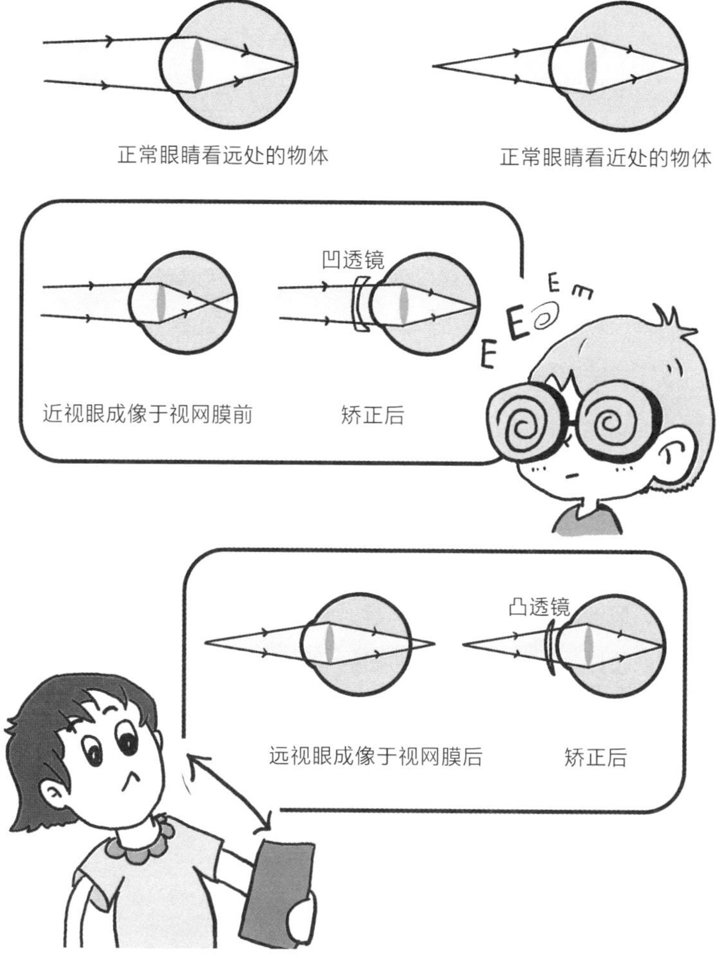

进入眼睛的异物去哪了？

有一种泪流满面，叫作睫毛、风沙入眼！那么，进入眼睛的异物最后都去哪里了呢?

眼球的角膜上分布着大量异常灵敏的感觉神经末梢，当异物与其接触时，会引起条件反射，迅速眨眼，从而防止异物继续进入眼睛。如遇到风沙时，眼睛会不自觉地闭上。但若在闭眼过程中，还是有异物进去了的话，也不用过于担心。

其实有些异物会在泪膜表面流动，流到眼皮边缘时，自己就会掉出来。

但若异物稍大，它会刺激眼睛不停流泪和眨眼，这是泪腺和眼睑在努力扫除异物，就像雨刮器清洁车窗。眼睛分泌出的大量眼泪将异物冲出去，由于眼泪中含有抗体、酶和其他化学物质，所以还能够起到抵御细菌和病毒感染的作用。但如果遇到比较难缠的“家伙”，它就可能跑到上下眼睑底下的沟缝里。

异物也不会一直堆积在那里。在我们的眼皮里有一块像软骨一样的东西叫作“睑板”，在睑板里整齐有序地排列着许多睑板腺。由于睑板腺会分泌油脂，通常会和掉进眼睛里面的异物，如灰尘、风沙等残留物混合在一起，最后形成眼部分泌物，从内眼角的部位排出，这就是我们熟知的“眼屎”。

最后，异物还可能通过鼻泪管和部分泪水一起进入鼻腔，成为鼻涕或者鼻屎一同排出。

如果眼睛进入异物症状一直无法得到缓解，一定要及时联系眼科医生处理哟！

血液循环

血液昼夜奔流
心脏的搏动推进其流动

发现契机！

威廉·哈维（William Harvey，1578—1657）于1628年出版了《动物心血运动的解剖研究》一书，这部只有72页的小书是生理学史上划时代的著作，总结出了血液循环运动的规律。

科学真相的确定往往是一个观点推翻另一个观点的过程。古希腊的医生认为血管与心脏是连通的，但是里面充满了空气。盖伦发现了血管中的血液，纠正了前者的错误看法，只可惜他创立了错误的血液运动理论。

据说，后来维萨里向盖伦的理论提出挑战，而后西班牙医生塞尔维特发现了肺循环。

我的老师法布里修斯详细描述了静脉中瓣膜的结构、位置和分布。静脉瓣膜的发现在血液循环学说的建立上是一项重大的进步。众多科学家对于血液循环的研究先例，使得我的研究得以完成。

也必须感谢意大利的解剖学家马尔比基在1661年发现了动脉与静脉之间的毛细血管，从而完善了哈维的血液循环学说。

原理解读！

人体的血液循环系统是由心脏、血管（静脉、动脉、毛细血管）及血液组成的一个封闭的运输系统（如下图所示），其功能主要是运输氧气、二氧化碳、营养物质和代谢废物。同时，许多激素及其他信息物质也通过血液的运输得以到达其靶器官，以此协调整个机体的功能。

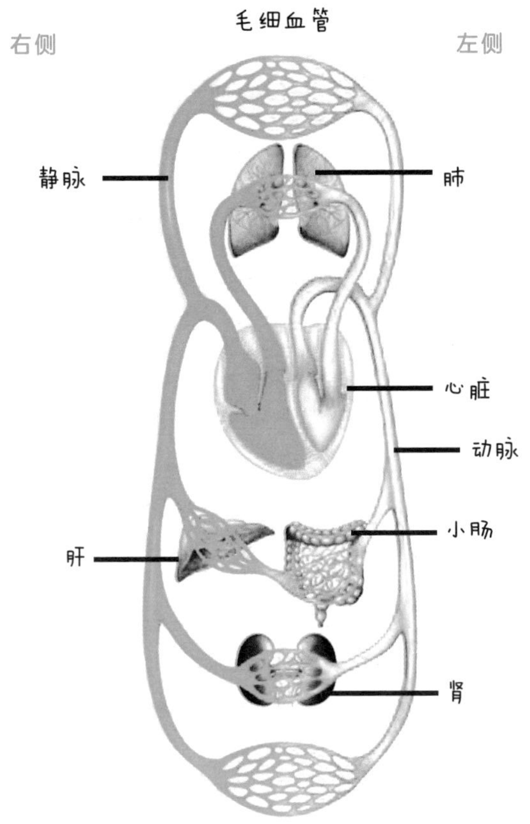

心脏的结构及功能

心脏作为循环系统最主要的部分，主要功能是为血液流动提供动力，把血液运行至身体各个部分。人类的心脏位于胸腔中部偏左下方，呈圆锥形，体积约为一个拳头大小。

心脏由心室、心房以及心脏传导系统构成，如下图所示。

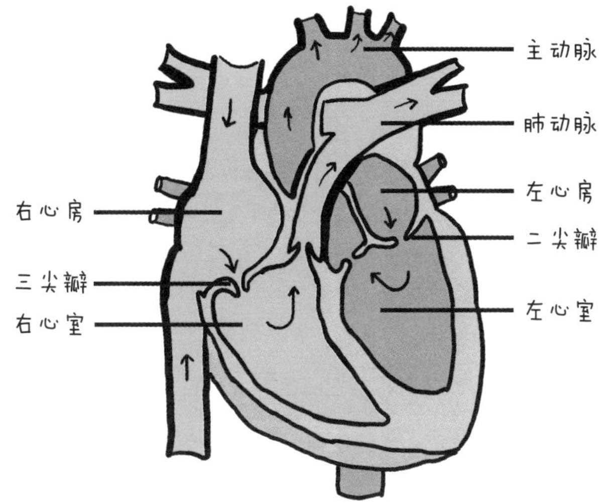

心脏主要包括4个腔，即左心房、左心室和右心房、右心室。同侧的心房和心室相连通，左右两侧则由心间隔分开。同侧的心房和心室之间由单向瓣膜连通，左侧房室间为二尖瓣，右侧房室间为三尖瓣，单向瓣膜的存在使血液可以单向流淌，避免回流。心室位于心脏的下部，与动脉相连，心房位于上部，与静脉相连。如左心室连主动脉，右心室连肺动脉；左心房连肺静脉，右心房连上、下腔静脉。所以，通过节律性地收缩、舒张，由左心房、左心室为体循环提供动力，右心房、右心室为肺循环提供动力。左侧房室分别比右侧房室要大，而且心肌壁也更厚。

心脏有节律地跳动，是由于心脏本身含有一种特殊的心肌纤维，具有自律性和传导性，主要生理功能是产生和传导兴奋冲动，控制心脏的节律活动。特殊心肌细胞构成了心脏的传导系统，包括窦房结、房室交界区、所有的传导束（结间束、房间束、房室束、左右束支）和浦肯野纤维系统。

血管

血管是指血液流过的一系列管道。人体除角膜、毛发、指甲等处外，血管遍布全身。人体血管总长62000英里（1英里=1.61千米），如果将血管全部拉直，首尾相接，大概可以绕地球2.5圈。

按血管的构造功能不同，分为动脉、静脉和毛细血管3种，如下图所示。

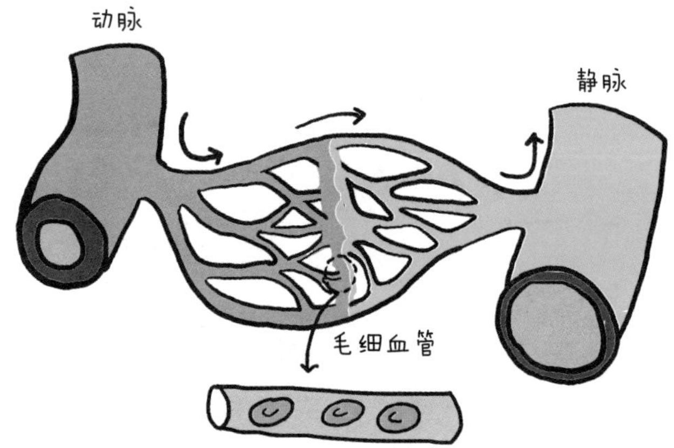

毛细血管只允许一行红细胞通过。

动脉是将血液从心脏运输至全身各处的血管，动脉的管壁一般较厚，富有弹性，管内血流速度快。动脉运输过程中不断分支，越来越细，最后分成大量的毛细血管，分布到全身各组织和细胞间。

毛细血管很细，管壁非常薄，只由一层上皮细胞构成，大多只能通过单行的红细胞，管内的血流速度很慢，但数量极多，分布极广。

毛细血管再汇合，逐级形成静脉，静脉管壁一般较薄且易扩张，弹性较小，管内血流速度较慢，最后返回心脏。

动脉和静脉是输送血液的管道，毛细血管是血液与组织进行物质交换的场所，动脉与静脉通过心脏连通，全身血管构成封闭式管道。

血管有3层结构：内膜、中膜和外膜。内膜主要由血管内皮细胞构成，厚度很薄。中膜主要由平滑肌细胞组成，是相对较厚的一层，血管的收缩和舒张需要靠中膜。外膜由疏松结缔组织组成，其中含螺旋状或纵向分布的弹性纤维和胶原纤维。

血液

血液是由55%～60%的血浆和40%～45%的血细胞（红细胞、白细胞、血小板）组成的，如下图所示。血液的颜色是有差别的，血液的红色来自红细胞内的血红蛋白，血红蛋白含氧量多时呈鲜红色（动脉血），含氧量少时呈暗红色（静脉血）。献血时，通常抽的是静脉血。

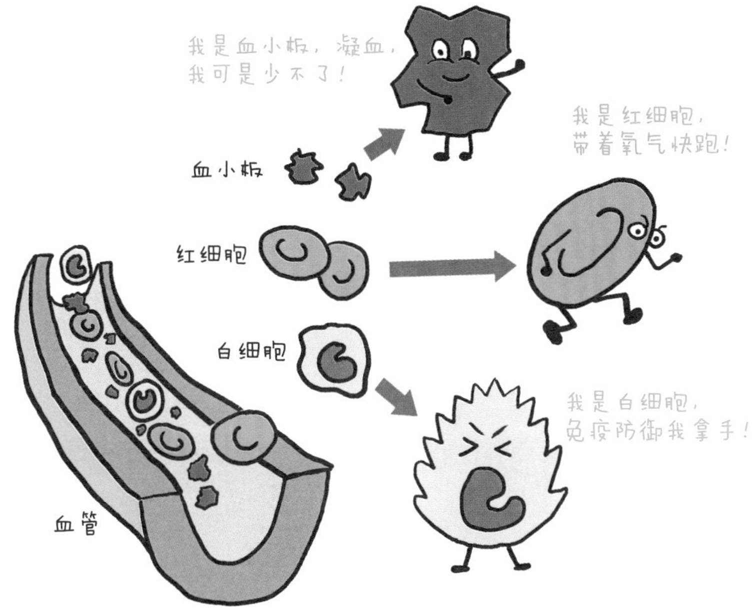

血浆是呈透明淡黄色的液体，由90%的水和包括蛋白质、钠、钾、激素、酶在内的100多种溶质组成。血浆主要具有营养、运输脂质和脂溶性物质、维持酸碱平衡、调节渗透压、免疫、参与凝血等功能。

血细胞中绝大多数是红细胞，人或哺乳动物成熟的红细胞没有细胞核和其他具膜的细胞器，呈中央凹陷的圆盘状。这种形态能最大程度地增加表面积，极大地提高了与组织细胞间进行气体交换的能力。红细胞是血液中最勤劳的搬运工，它能够运送氧气到身体各处，并将代谢产生的二氧化碳送到肺部，随呼气而排出体外。

白细胞含有细胞核、线粒体等细胞结构，一般分为5种不同的类型，包括中性粒细胞、淋巴细胞、单核细胞、嗜酸性粒细胞以及嗜碱性粒细胞5大类，如下图所示。白细胞主要参与机体的免疫反应，能帮助人体抵御细菌、病毒和其他病原体的侵袭，在对抗毒素和肿瘤细胞方面也发挥着重要的作用，是保护人体健康的护卫队。

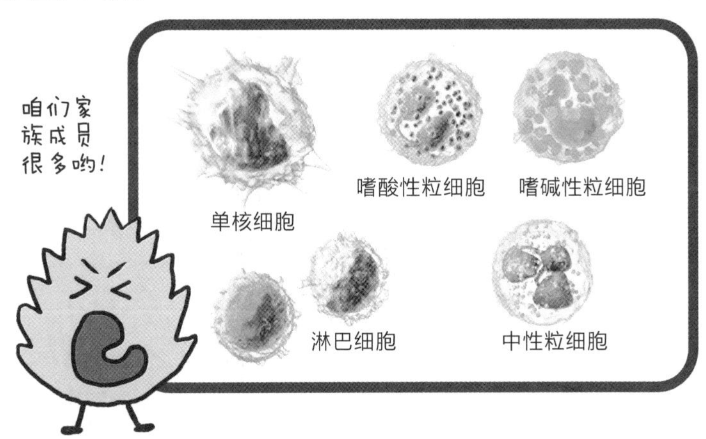

血小板是一种细胞碎片，形状不规则，无细胞核。当人体出血时，它可以发挥凝血和止血的作用。如下图所示。

血液的生成是一场接力赛，人体的造血过程依次为中胚叶（卵黄囊）造血、肝脏造血和骨髓造血，从胚胎第14周以后就由骨髓担负起造血的全部责任。各种血细胞都来自同一种细胞——骨髓造血干细胞，由它增殖、分化和成熟，每天可以“生产”数千亿的血细胞在血管里流动，参与血液循环。

血液循环

血液在心脏和血管系统中按照一定方向、周而复始地循环流动，称为血液循环。人类血液循环是封闭式的，是由体循环和肺循环两条途径构成的双循环，如下图所示。

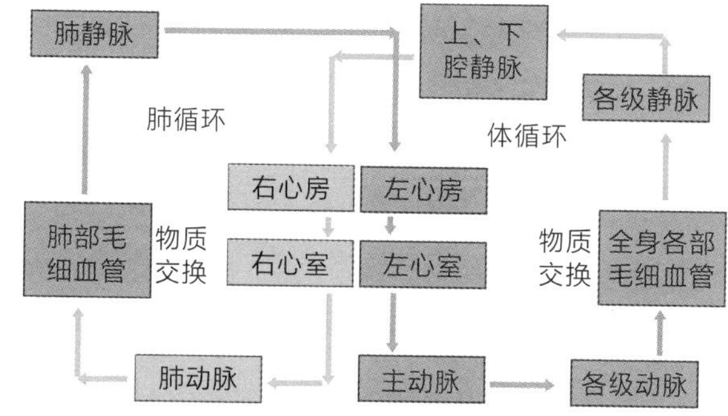

体循环

心室收缩时，含有较多的氧及营养物质的鲜红色血液（动脉血）由左心室泵出，经主动脉及其各级动脉分支，到达全身各部的毛细血管，进行组织细胞内的物质交换和气体交换，血液变成了含有组织代谢产物及较多二氧化碳的暗红色血液（静脉血），再经各级静脉，最后汇入上、下腔静脉流回右心房。

体循环路程长、流经范围广，以动脉血滋养全身各处组织细胞，最后将代谢产物和二氧化碳运回心脏。

肺循环

从右心室将含氧少而含二氧化碳较多的静脉血，经过肺动脉到达肺泡周围的毛细血管网，在此处与肺泡进行气体交换，即静脉血释放出二氧化碳（最终由肺部通过呼气排出体外），同时经过吸气自肺泡中摄取氧，于是将暗红色的静脉血变为鲜红色的动脉血（含氧多、二氧化碳少），经由肺静脉，最后注入左心房。

肺循环路程短，主要通过肺部的呼吸，使静脉血转变成含氧丰富的动脉血。

血液循环可以保证机体新陈代谢的正常进行，即机体的各个组织从血液获得各种营养物质、水分及氧等进行氧化产能，同时把代谢产生的二氧化碳、尿素、尿酸等废物排至血液，分别输送到呼吸器官及排泄器官排出体外，以保持组织内部理化性质的相对恒定。

原理应用知多少！

氧气、二氧化碳、一氧化碳与血液

为什么人体需要呼吸吸氧？

氧气通过人的吸气进入肺部，再透过一层很薄的肺泡细胞到达血液中，与红细胞中的血红蛋白相结合，血红蛋白将氧气运送到身体的各个部位，然后与消化系统摄取的营养物质发生氧化反应，即细胞呼吸，进而转化成人体所需的能量。每个红细胞中含有2.8×10^8个血红蛋白分子，故每个红细胞能携带10^9个氧气分子，与氧结合的血红蛋白称为氧合血红蛋白。人体每分钟消耗200～300毫升氧气，其中大脑的耗氧量最大。

二氧化碳有毒吗？

真没有！因为人体内细胞呼吸的产物就有二氧化碳呀！

但是，由于二氧化碳的密度约为空气的1.5倍，若空气中的二氧化碳由于某些原因剧烈增多，这些气体会沉积在空气的下部，犹如一层厚厚的毯子，挤走周围所有的空气。

低浓度的二氧化碳能兴奋呼吸中枢，使呼吸加深、加快，本身无害。但高浓度二氧化碳却可以抑制和麻痹呼吸中枢，使人缺氧，出现头晕、胸闷、乏力、心跳加快、呼吸困难、丧失知觉等症状，严重时会致人死亡。

一氧化碳为什么会使人中毒？

通常情况下，一氧化碳无色、无臭、无刺激性，但因为血红蛋白的携氧能力很容易被一些化学物质阻断，如一氧化碳与血液中的血红蛋白亲和力（结合能力）极强（比氧气强很多），一氧化碳很容易取代血红蛋白中氧气的位置，从而产生稳定的碳氧血红蛋白，使血红蛋白不能跟氧气结合，导致人体缺氧，甚至窒息死亡。

献血及人工输血小常识

正常人的总血量约占体重的8%。一个健康成年人有血液4000～7000毫升（与体重有关），而真正参与循环的血量只占全身血液的70%～80%，其余的则贮存在肝、脾等“人体血库”内。当人体出现少量失血时，贮存在“人体血库”中的血液会立即释放出来，随时予以补充。血液中的红细胞生命周期约120天，白细胞7～14天，血小板7～9天，即使不献血，人体内的血细胞每时每刻都会衰老死亡。献血200～400毫升，仅占全身血量的5%，而且献血能刺激人体造血功能，使之旺盛地造血，故适量献血是不会影响身体健康的。

新鲜的血液离开人体会凝固，为了防止血液凝固，需要加入抗凝剂。血液静置一段时间后会出现分层：上面淡黄色透明的是血浆，约占55%；下面暗红色不透明的是血细胞。

那么，输血时，不同的患者一般需要输什么类型的血呢?

不同血液成分，适合不同的病情需要。由于任何原因引起的血红蛋白和血容量的迅速下降并伴有缺氧症状或出现失血性休克的患者，需要输全血。

因大面积烧伤而导致组织液大规模被破坏的患者，由于各种原因引起的凝血因子Ⅱ、Ⅴ、Ⅶ、Ⅸ、Ⅹ、Ⅺ或抗凝血酶Ⅲ缺乏，并伴有出血表现的患者，一般需输入新鲜冰冻血浆。

慢性贫血患者、身体缺氧严重的急性失血患者，需要输入红细胞悬液；高钾血症、急性肝肾衰竭，自身免疫性溶血性贫血的患者，需要输入清除了抗原物质的洗涤红细胞。

白血病患者、血小板数减少或血小板功能低下的患者，凝血功能差，一旦出现伤口就容易流血不止，则需要输入血小板。

“五彩斑斓”的血液

几乎所有脊椎动物（包括人类）和一些无脊椎动物流出的血液都是红色。其实在自然界中，动物还有其他不同颜色的血液，比如蓝血的章鱼，而生活在海底岩石上的一种扇螅虫最为奇特，它的血液可以一会儿变成绿色，一会儿又变成红色。

那么，为什么这些动物的血液这么奇特呢?

动物血液的颜色一般由血液中负责运输氧气的血色蛋白所决定。多数生物血液为红色，是因为它们都有红细胞，而红细胞中含有血红蛋白。血红蛋白由珠蛋白（1个）和亚铁血红素（4个）构成，其中的铁元素使血红蛋白呈现红色，再加上红细胞约占据了哺乳动物全血的50%，因此血液整体看起来是红色的。

同理，血蓝蛋白是含铜的蛋白质，形成氧化态后呈蓝色，在还原态时则呈无色；血绿蛋白是一种含铁卟啉的呼吸蛋白，血绿蛋白与氧结合后为红色（在高浓度溶液中为淡红色，在低浓度溶液中为绿色）。

头足纲下的动物（如章鱼）具有蓝色血液，原因是其血液中含有具有铜元素的血蓝蛋白。鲎血液中主要的金属元素也是铜元素，并且铜元素含量更高，所以它的血更蓝。

大多数昆虫的血液是无色的。昆虫的身体中只有一条简单的背血管，由血浆和血细胞组成，不含可以表达颜色的金属元素，因此，大多数昆虫的血液为无色透明的。

内环境的稳态

以静制动
看机体如何应对千变万化的外界环境

发现契机！

——沃尔特·布拉德福德·坎农（Walter Bradford Cannon，1871—1945）于1926年提出了内环境稳态的概念，并认为稳态是在神经调节和体液调节的共同作用下，通过机体各种器官、系统分工合作、协调统一实现的。

1857年，法国生理学家贝尔纳提出“内环境”的概念，并推测内环境主要依赖神经系统的调节。自此，我逐渐将目光转向了内环境的调节。结合我在消化机制、交感神经以及某些激素方面的研究，才得到了上述结论。

——您很多方面的研究都具有重大的意义，您是将X射线用于生理学研究的第一人，首创铋或钡餐造影，还提出了“应急”反应的概念。

哈哈，科学总是在不断地进步，后来关于内环境稳态的研究相信也将更进一步！

——是的！现代普遍认为：神经 — 体液 — 免疫调节网络是机体维持稳态的主要调节机制。

原理解读！

- 内环境稳态是指正常机体通过调节作用，使各个器官、系统协调活动，共同维持内环境的相对稳定状态。即内环境的各种化学成分和理化性质不是固定不变的，而是处于动态平衡之中。
- 调节机制：神经—体液—免疫调节网络是机体维持稳态的主要调节机制。
- 影响因素：生物体内细胞代谢活动引起的营养物质消耗、代谢产物的产生，以及外界环境因素（如高温、低氧、严寒等）的变化都会影响内环境。
- 内环境稳态是机体进行正常生命活动的必要条件。但人体维持稳态的调节能力是有一定限度的，当外界环境的变化过于剧烈，或人体自身的调节功能出现障碍时，内环境的稳态就会遭到破坏，危及机体健康。
- 内环境是组织细胞与外界环境进行物质交换的媒介，此过程需要体内各个系统的参与，如下图所示。

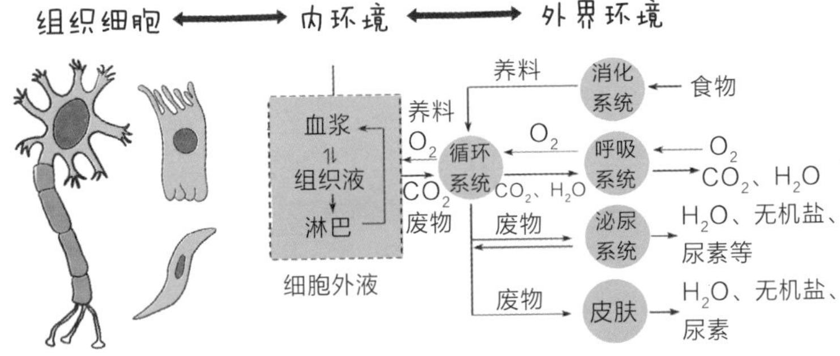

内环境的组成成分

人体内由水以及溶解在其中的无机盐、有机物等共同构成的液体总称为体液，约占体重的60%。体液分布和含量随年龄、性别及体重不同而异。随着年龄增长，人体体液总量逐渐减少，新生儿体液量可达体重的80%。

以细胞膜为界，体液可分为细胞内液（约占2/3）和细胞外液（约占1/3），细胞外液主要包括血浆、组织液、淋巴和细胞内液等，如下图所示。由于体内细胞直接接触的环境就是细胞外液，所以通常把细胞外液称为人体的内环境。

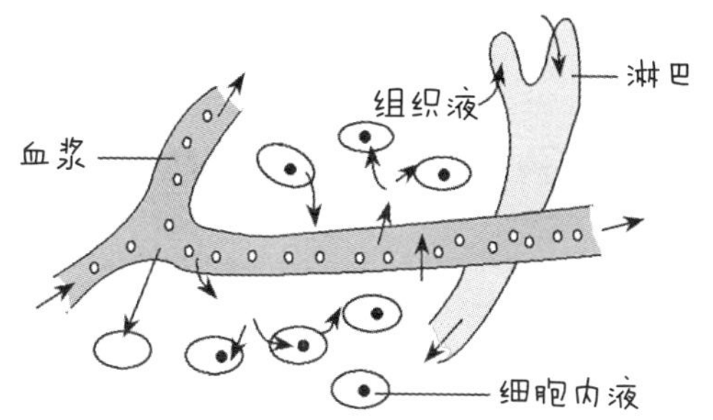

需要注意的是，人体内有些液体，如胃肠道内、汗腺管内、尿道内、膀胱内的液体，都是与外环境连通的，所以不属于内环境的范畴。

血浆是内环境中最活跃的部分，是血液的组成成分，主要作用是运载血细胞，运输维持人体生命活动所需的物质和体内产生的废物等。组织液是普通组织细胞直接生活的液体环境，可与细胞进行物质交换，大部分能够被毛细血管的静脉端重新吸收，进入血浆；小部分组织液被毛细淋巴管吸收，就成了淋巴液。淋巴液中存在着众多的淋巴细胞。如下图所示。

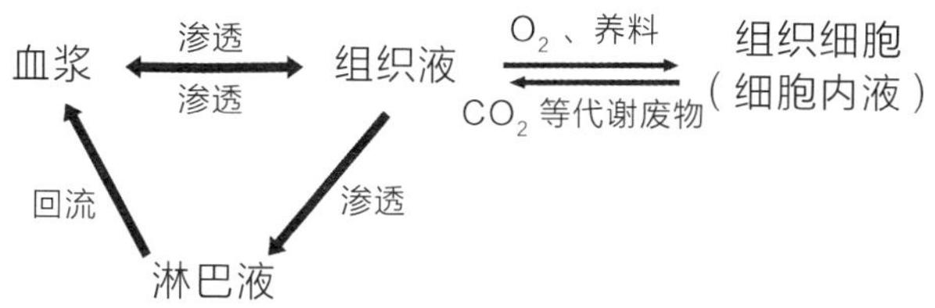

脑脊液可理解为脑细胞所生活的组织液。脑脊液不断产生又不断被吸收回流至静脉，在中枢神经系统起着淋巴液的作用，为脑细胞供应营养物质、排出代谢产物，调节着中枢神经系统的酸碱平衡，并缓冲脑和脊髓的压力，对脑和脊髓具有保护作用。

那么，内环境中到底含有哪些化学成分呢?

组织液、淋巴液的成分和含量与血浆相近，但又不完全相同，最主要的差别在于血浆中含有较多的蛋白质，组织液和淋巴液的成分相近。以血浆为例，其主要成分包括90%的水、7%～9%的蛋白质、1%的无机盐，以及血液运送的其他物质，如氧气（O_2）、维生素、葡萄糖、甘油、脂肪酸、氨基酸等营养物质，二氧化碳（CO_2）、尿素等代谢废物，激素、抗体、组织胺、神经递质、淋巴因子等其他物质。

由此发现，内环境也就是细胞外液，在本质上是一种盐溶液，类似海水，这在一定程度上也反映了生命起源于海洋。

内环境的理化性质

人体内环境的理化性质主要包括温度、酸碱度、渗透压等。

1. 温度

人体细胞外液的温度一般维持在37℃左右。人体内酶的最适温度也是37℃左右，温度过高或过低都会影响酶的活性，从而影响人体的新陈代谢。

2. 酸碱度

正常人的血浆近中性，pH值为7.35～7.45。内环境能够维持酸碱平衡的主要原因在于血浆中存在缓冲物质对，每一对缓冲物质都是由一种弱酸和相应的一种强碱盐组成，如碳酸（H_2CO_3）/碳酸氢钠（$NaHCO_3$）、碳酸二氢钠（NaH_2PO_4）/磷酸氢二钠（Na_2HPO_4）等。

例如，当机体剧烈运动时，肌肉中产生大量的乳酸，并且进入血液。乳酸进入血液后，就与血液中的碳酸氢钠发生作用，生成乳酸钠和碳酸，碳酸是一种弱酸且不稳定，易分解成二氧化碳和水（H_2O），所以对血液的pH值影响不大。血液中增加的二氧化碳会刺激呼吸中枢，增强呼吸运动，增加通气量，从而通过肺部将二氧化碳排出体外。

当食物中的碱性物质，如碳酸钠（Na_2CO_3），进入血液后，就与血液中的碳酸发生作用，生成碳酸氢盐，而过多的碳酸氢盐可以由肾脏排出。

这样由于血液中缓冲物质的调节作用，可以使血液的pH值不发生大的变化，通常稳定在7.35～7.45。

3. 渗透压

溶液的渗透压是指溶液中溶质微粒通过半透膜时对水的吸引力。渗透压的大小取决于单位体积的溶液中溶质微粒数目的多少，而与溶质的相对分子质量、半径等特性无关。也就是说，溶质微粒越多，溶液浓度越高，对水的吸引力越大，溶液渗透压越高，反之亦然。

以血浆渗透压为例，血浆渗透压是由大分子血浆蛋白组成的胶体渗透压和由无机盐、葡萄糖等小分子物质组成的晶体渗透压两部分构成，临床上常以毫摩尔/升为单位来表示。血浆渗透压的90%以上来源于钠离子（Na^+）和氯离子（Cl^-）所在的晶体渗透压。晶体渗透压能够维持细胞内外水分交换，保持血细胞正常形态和功能；胶体渗透压虽很小，但可调节毛细血管内外水分的交换和维持血浆容量。静脉注射时要用质量分数为0.9%的生理盐水是因为质量分数为0.9%的生理盐水与血浆的渗透压相同，是血浆的等渗溶液，如果输液时使用的氯化钠（NaCl）溶液的质量分数低于或高于0.9%，则会造成组织细胞吸水或失水。

下图为人或哺乳动物的红细胞位于不同溶液中的状态。

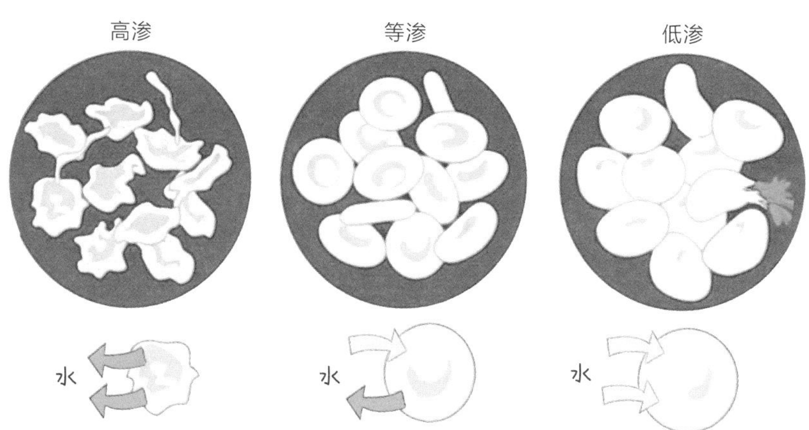

这个原理也是大多数鱼类不能同时生活在淡水和海水里的原因。淡水鱼进入海水，高浓度海水在淡水鱼体内产生渗透作用，导致这些淡水鱼最终会因为脱水而活活渴死；同样，海水中的咸水鱼进入淡水中，也会由于自身液体浓度高于淡水，最终细胞破裂而亡。

原理应用知多少！

组织水肿

人体内的组织液在来源和去路之间一般会保持动态平衡。当来源大于去路，组织液就会增多，即组织水肿，又称浮肿。组织水肿是内环境稳态失调的一种表现，是在不同条件下，组织液渗透压升高或血浆渗透压降低，引起水分从血浆渗透到组织液，组织液过多，从而引起全身或身体的一部分肿胀的症状。

组织液来源增加导致组织水肿

血浆渗透压由晶体渗透压（主要是无机盐决定）和胶体渗透压（蛋白质决定）组成，无机盐等物质容易透过毛细血管壁，蛋白质不能透过，所以，虽然胶体渗透压较小，但对保持血浆水分方面起着重要的调节作用。当血浆蛋白浓度降低导致血浆胶体渗透压显著下降或血浆渗透压降低时，组织液将渗透吸水，使水量增加，从而引起水肿，具体包括以下几种情况：

① 营养不良导致组织水肿

长期蛋白质类营养不良，使合成的血浆蛋白严重不足，从而使血浆的渗透压变小，导致血浆中的水大量渗透到组织间隙，出现组织水肿。

② 过敏反应引发组织水肿

过敏原引发过敏反应时，肥大细胞等释放的组织胺会使毛细血管通透性加大，使在正常情况下不能透过毛细血管的血浆蛋白质渗出毛细血管进入组织液，增加了组织液中蛋白质的浓度，从而使组织液渗透压升高，促进水分过多地进入组织液导致组织水肿。

③ 肾小球肾炎导致组织水肿

当肾小球发生炎症时，肾小球滤过膜因炎症、免疫、代谢等因素损伤后，滤过膜孔径增大、断裂和（或）静电屏障作用减弱，血浆蛋白滤出，并进入肾小囊中，而超出了肾小管和集合管部位的重吸收能力，从而使血浆蛋白随尿液排出，引起血浆渗透压下降，血浆中的水向组织液渗透变多，使组织液增多。

④ 局部代谢旺盛导致组织水肿

当人体局部组织活动增加，代谢产物也增加，导致组织液渗透压增大，表现出组织液生成增多，形成水肿。

组织液去路（淋巴回流）受阻（减少）导致组织水肿

正常情况下，由血浆生成的组织液，大部分通过毛细血管壁的静脉端又回流到血浆中，小部分则流入毛细淋巴管形成淋巴液，再由淋巴循环回流入血，从而维持了组织液的相对稳定。当淋巴管阻塞（如丝虫寄生），淋巴循环受阻时，将导致组织液不能及时顺利形成淋巴而积聚于组织间隙，使组织液增加；与此同时，组织液中的大分子物质不能通过淋巴及时运走，而在组织液中滞留，致使组织液渗透压升高，造成水分增加，最终引起组织水肿。

中暑

中暑是指在高温和热辐射的长时间作用下，机体体温调节障碍，水、电解质代谢紊乱及神经系统功能损害的症状的总称。中暑的发生主要和温度有关，除此以外，还与湿度、劳动强度、曝晒时间、营养状况及水盐供给等情况息息相关。

体温失调是中暑的主要症状。在我们皮肤和黏膜上分布着温度感受器，负责测量周围环境和皮肤的温度。当感知外界温度变化时，就会向大脑传递信号，下丘脑的体温调节中枢通过影响产热和散热，从而使体温维持相对稳定。比如在炎热的环境中，当局部体温高于正常体温（37℃）时，皮肤的热觉感受器将兴奋由传入神经传递给下丘脑，再通过传出神经对自主神经系统的调节，以及调控肾上腺等腺体的分泌，从而使皮肤的血管舒张、皮肤血流量增多、汗液的分泌增多，进而增加散热，维持体温。如下图所示。

下图为不同环境下体温调节模式。

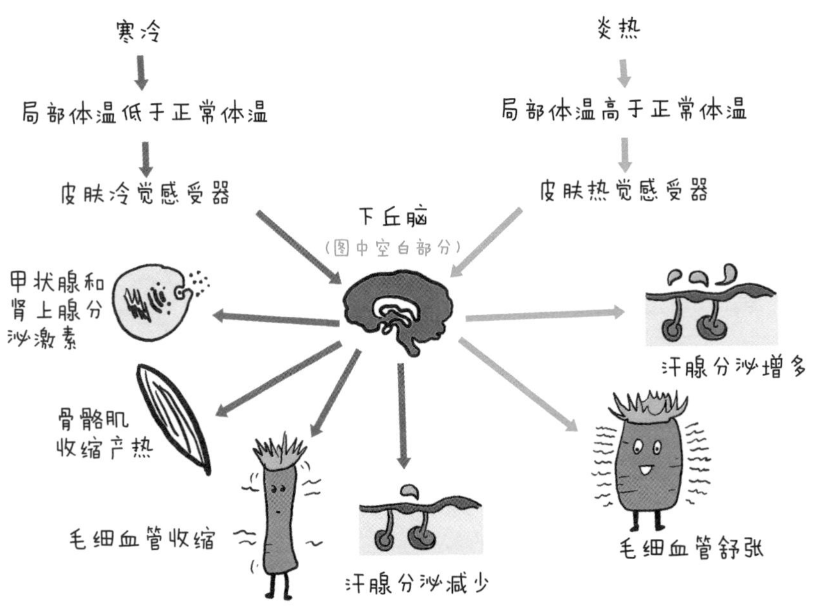

然而，我们暴露于高温环境时间过长，体温调节中枢超负荷运转，最终罢工了，于是中暑症状就出现了！

值得注意的是，中暑是由于体温调节失衡和水盐代谢紊乱共同引发的以心血管和中枢神经系统功能障碍为主要表现的急性综合病征，所以中暑并不是单一的体温调节的问题，也与水盐调节密切相关，所以中暑后往往需要及时补充电解质。体温调节和水盐调节都是神经调节和体液调节共同作用的结果。

中暑可分为先兆中暑、轻症中暑和重症中暑。

一般出现恶心、口渴、多汗、全身疲惫、心悸、动作不协调等症状，则为先兆中暑。此时将患者转移到阴凉、通风的环境，补充淡盐水，休息后即可恢复。

在上述症状的基础上体温可升高到38℃以上，出现面色潮红、大量出汗、皮肤灼热等表现，甚至出现面色苍白、皮肤四肢湿冷的表现，则为轻症中暑。此时除口服淡盐水和休息外，可静脉补充5%的葡萄糖盐水。

若进一步出现血压偏低、晕厥、手足抽搐、意识障碍、体温大于40℃，则为重症中暑。此时应静脉补充5%的葡萄糖盐水或生理盐水，必要时可补充血浆，并及时降温和送往医院治疗。

神奇的脑脊液

脑脊液是存在于大脑和脊髓中的液体。大脑的空隙中有一种被称为“脉络丛”的小静脉，脑脊液由脉络丛顺着脑内外的空隙流到整个颅腔及脊椎，而后通过大脑外层纵横交错的血管回归到静脉中。成年人的脑脊液的循环效率非常高，每日更新4～5次。脑脊液构成了脑细胞的直接环境，提供营养物质，并对脑部具有机械性保护作用，在发育过程中还能够传递信号，指导神经元祖细胞的增殖和分化。

脑脊液“洗脑”让你神清气爽

当人体进入熟睡状态时，神经元首先“安静”下来，沉默的神经元不需要很多氧气，血液会从大脑流出。当血液离开时，大脑中的压力下降，脑脊液趁机流入，并以有节奏的慢波“洗涤”大脑，从而清除毒素。这种“洗脑”过程只在熟睡时进行，所以在充足的睡眠后，人们会感觉神清气爽、犹如新生。

脑脊液可助力大脑重返青春

随着年龄增加，人体各器官和组织会发生自然衰老，表现为记忆力下降、反应能力变慢、睡眠质量下降等。为了研究大脑衰老机制，以及如何延缓甚至逆转大脑的衰老过程，科学家对老年小鼠注入年轻小鼠的脑脊液，一段时间后，进行记忆回忆测试，结果表明年轻脑脊液似乎能表现出提升老年小鼠记忆力的作用。进一步研究发现，脑脊液中的成纤维细胞生长因子17（FGF17）是改善衰老大脑的记忆功能、促进少突胶质细胞的增殖和分化、促进“返老还童”的关键因子。

神经调节

望梅止渴、举一反三
神经细胞打造庞大信息网

发现契机！

——伊万·彼得罗维奇·巴甫洛夫（Ivan Petrovich Pavlov，1849—1936）是俄国生理学家、心理学家，构建了条件反射理论，也是对心理学发展影响最大的人物之一。1904年，巴甫洛夫因在消化系统生理学方面取得的开拓性成就，获得了诺贝尔生理学或医学奖。

其实，条件反射是我在研究狗的消化腺分泌时意外发现的。当时，对狗做了一个手术，我将插管贴近狗的唾液腺，引出唾液，并用精密仪器记录唾液分泌的滴数。实验时给狗食物，并随时观察其唾液分泌情况。然而在实验过程中，意外发现在食物出现之前的其他刺激（如送食物来的人员或其脚步声等），也会引起狗的唾液分泌。

——虽说很多科学家的重大发现均来自“意外”，但谨慎的科学态度和深入的研究却是取得成就的最主要原因。针对这个“意外”，您是怎么看待的呢?

吃食物时出现的唾液反应，这种反射活动是狗和其他一切动物生来就有的，我们称之为非条件反射。相对而言，其他与食物无关的刺激，如光、声音等，也能引起狗分泌唾液的现象，是某些特定条件形成过程中在大脑皮层建立起来的新反射通道的结果。

原理解读！

- 条件反射是人或动物出生以后，在生活过程中逐渐形成的后天性反射，是在非条件反射的基础上，经过一定的条件，在大脑皮层参与下完成的。条件反射是高级神经活动的基本方式。
- 形成条件反射的基本条件是无关刺激与非条件刺激在时间上相结合。
- 以巴甫洛夫的经典实验为例（下图）：

①给狗进食会引起唾液分泌，这是非条件反射，食物是非条件刺激。

②给狗以铃声刺激，狗并不分泌唾液，因为铃声与进食无关，故此时的铃声为无关刺激。

③在给狗进食前先出现铃声，然后再给食物，两者多次结合后，单独给以铃声刺激，狗也会分泌唾液。这是因为铃声与食物多次结合应用后，铃声已成为食物的信号，由无关刺激转变成条件刺激。

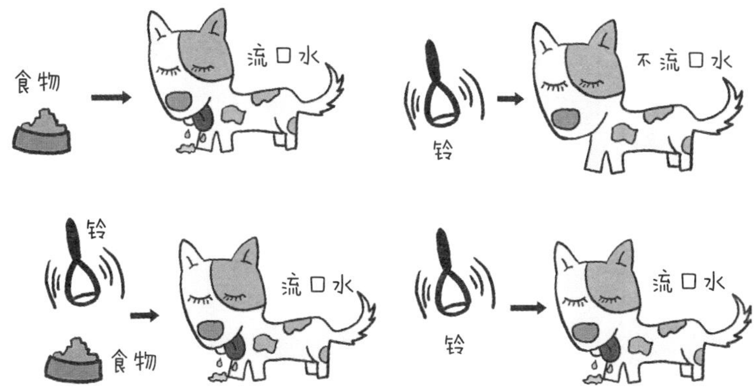

由此可见，条件反射是在非条件反射的基础上，通过学习和训练而建立起来的。

反射的结构基础——反射弧

神经调节的基本方式叫作反射，反射是指在中枢神经系统的参与下，机体对内外刺激所产生的规律性应答反应。

完成反射的结构基础叫作反射弧，通常是由感受器、传入神经、神经中枢、传出神经、效应器组成，如下图所示。

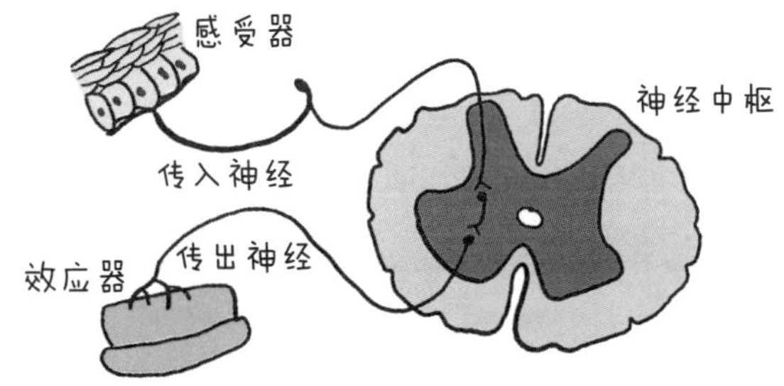

感受器是感觉神经末梢形成的特殊结构，它能够将内外界刺激的信息转变为神经细胞的神经冲动（兴奋）。感受器的构造多种多样，但一种感受器只能感受某种特定的刺激（如冷觉感受器多位于皮肤，接受低温刺激）。

注意：兴奋是指动物或人体内的某些细胞或组织（如神经组织）感受外界刺激后，由相对静止状态变为显著活跃状态的过程。

传入神经，又叫作感觉神经，能够将兴奋由感受器传入神经中枢。

神经中枢是指调节某一特定生理功能，具有调节和控制神经反射作用的神经元群，负责对来自传入神经的兴奋进行分析与综合，如膝跳反射的神经中枢位于脊髓，呼吸和心血管中枢位于脑干等。

传出神经又叫作运动神经，其中支配内脏、血管和腺体等效应器官的传出神经叫作自主神经系统，自主神经系统包括交感神经及副交感神经；支配肌肉的外周神经叫作躯体运动神经，其功能是产生和控制身体的运动和紧张。

效应器是指传出神经末梢和它所支配的肌肉或腺体等，如望梅止渴的效应器是传出神经末梢和它所支配的唾液腺。效应器负责对内外界刺激做出相应的应答。

反射活动中，感受器需接受一定的刺激，产生兴奋，并需要经过完整的反射弧来实现。

反射的类型

反射包括非条件反射和条件反射两种类型。

非条件反射是指人生来就有的先天性反射，是一种比较低级的神经活动，由大脑皮层以下的神经中枢（如脑干、脊髓）参与的、可以遗传给后代的反射。膝跳反射、眨眼反射、缩手反射等都属于非条件反射。非条件反射是生物在长时间的进化中形成的本能反射，其数目是有限的，用于完成机体基本的生命活动。如右图所示。

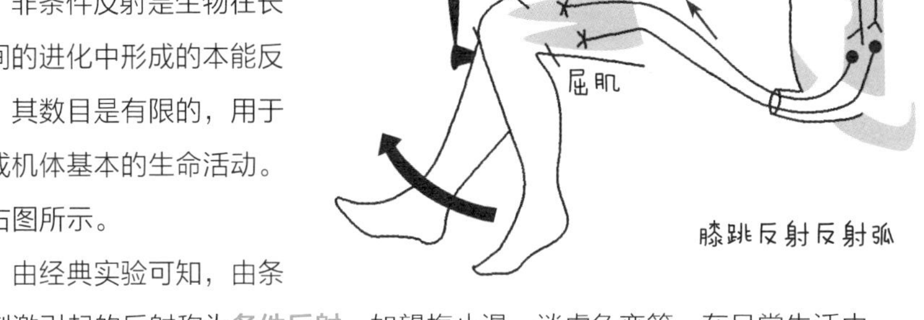

膝跳反射反射弧

由经典实验可知，由条件刺激引起的反射称为**条件反射**，如望梅止渴、谈虎色变等。在日常生活中，任何无关刺激只要多次与非条件刺激结合，都可能成为条件刺激而建立条件反射，因而条件反射数量无限。条件反射形成的基本条件是无关刺激与非条件刺激在时间上的结合，这个过程称为强化。

条件反射建立后，如果只反复给予条件刺激，不再用非条件刺激强化，经过一段时间后，条件反射效应逐渐减弱，甚至消失，这称为条件反射的消退。需要注意的是，条件反射的消退不是条件反射的简单丧失，而是中枢神经系统把原来引起兴奋性效应的信号转变为产生抑制性效应的信号，也就是说，动物获得了两个刺激间新的联系，这是一个全新的学习过程，也需要大脑皮层的参与。

条件反射扩展了机体对外界复杂环境的适应范围，使机体能够针对不同的情况，预先做出不同的反应，具有更大的预见性、灵活性和适应性。

有科学家认为，形成条件反射的神经机制是动物中枢神经系统的高级部位（特别是大脑皮层）中的暂时联系的接通。在大脑皮层中进行非条件反射时形成的兴奋灶与无关刺激的作用形成的兴奋灶，由于在时间或空间关系上多次重复出现，其间的神经联系便被接通，就形成了条件反射。

原理应用知多少！

吸食毒品上瘾原理

鸦片、海洛因、可卡因等能够使人形成瘾癖的麻醉药品和精神药品的滥用，会对人体健康带来极大的危害，我国的《中华人民共和国禁毒法》明确指出，禁毒是全社会的共同责任。那么，毒品到底是如何对我们的身体造成损伤，并且使其成瘾的呢?

首先，我们需要先来了解一下神经元（神经细胞）之间的联系。神经元是神经系统结构和功能的基本单位，其形态并不是固定的，不同功能的神经元具有不同的形态，常见神经元的形态如下图所示。

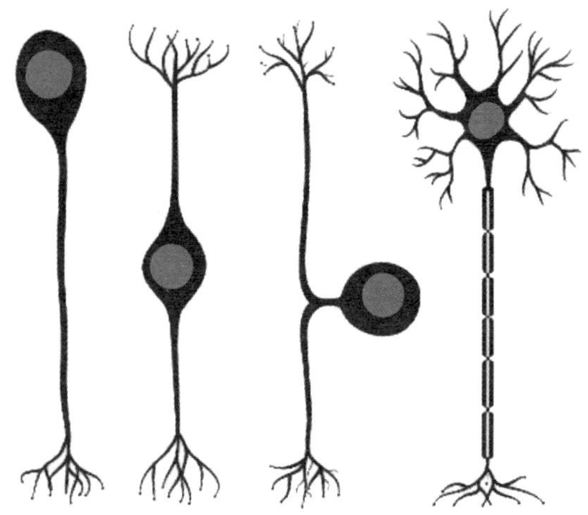

神经元分为细胞体和突起两部分。细胞体由细胞核、细胞膜、细胞质组成，具有联络和整合输入信息并传出信息的作用。突起有树突和轴突两种。树突短而分枝多，直接由细胞体扩张突出，形成树枝状，有利于充分接受其他神经元轴突传来的冲动并传给细胞体。轴突细长而分枝少，有利于将信息输送到远距离的支配器官。在神经系统中，兴奋是以电信号的形式沿着神经纤维传导的，这种电信号也叫神经冲动。

神经元的轴突末梢经过多次分支，最后每一小支的末端膨大呈杯状或球状，叫作突触小体，如下图所示。这些突触小体可以与多个神经元的细胞体或树突，甚至与肌肉细胞或某些腺体细胞接触形成突触，以此来传递兴奋。

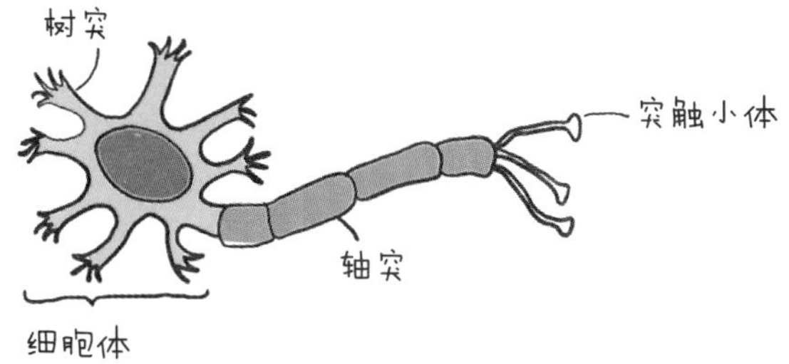

突触由突触前膜、突触间隙、突触后膜3部分构成，如下图所示。因为携带着兴奋性或抑制性信息的神经递质只存在于突触前膜的突触小泡中，当兴奋传至突触小体时，突触小泡携带着神经递质向突触前膜方向移动，最后与突触前膜融合并释放神经递质到突触间隙中，经过扩散作用到达突触后膜，立即与突触后膜上的受体结合，并且改变突触后膜对离子的通透性，引起突触后膜发生兴奋性或抑制性的变化。所以突触之间兴奋的传递是单向的。

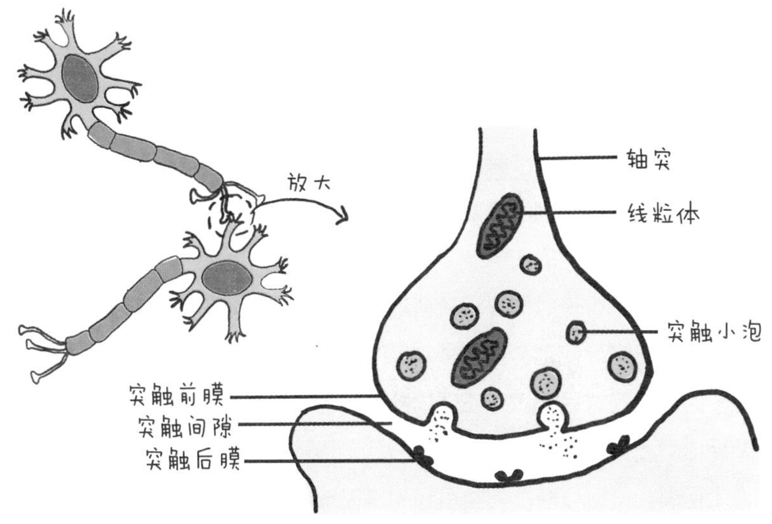

兴奋在突触处的传递速度比在神经纤维上要慢，因为突触处的兴奋传递需要经过化学信号的转换。

兴奋剂和毒品的作用位点往往是突触。

有些物质能促进神经递质的合成和释放速率。

有些物质会干扰神经递质与受体的结合。

有些物质会影响分解神经递质的酶的活性。

毒品（以可卡因为例）成瘾的原因到底是什么呢?

在正常突触中，多巴胺作为一种兴奋性神经递质，被释放到突触间隙后，与下一个神经元上的特异性受体结合，使兴奋得以传递，而后会被突触前膜上的转运蛋白回收，如右图所示。而位于后面的神经元会继续将信号沿着神经网络一路向前传递，当信号传递到大脑的伏隔核和前额叶时，这种刺激就能产生愉悦的感觉或奖励效果。

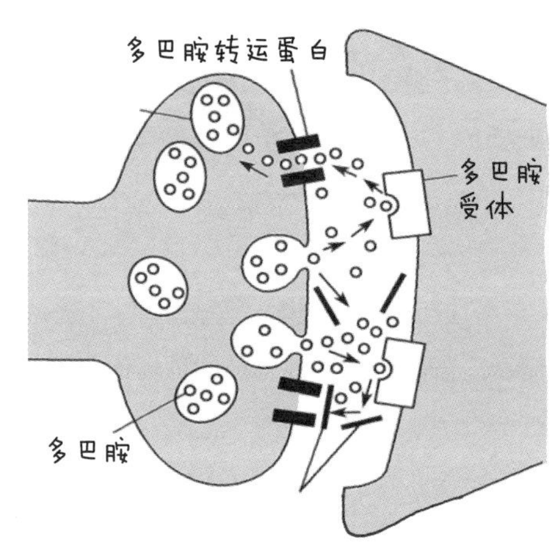

这就是人脑中的奖励系统。对于一个健康的人来说，奖励系统会强化对生存至关重要的行为的刺激反应。

这些行为包括饮食、运动、爱情及社交互动等。换句话说，奖励系统使饮食等活动令人愉快和难忘，当你感到饥饿时，会想要一次又一次地吃东西。

但吸食可卡因后，可卡因与多巴胺转运蛋白结合，导致多巴胺留在突触间隙持续发挥作用，不断刺激突触后膜，这可能会过度刺激接收神经元，并使吸毒者经历长时间和强烈的快感。

而中枢神经系统长时间暴露在高浓度的多巴胺环境下，会通过减少多巴胺受体数目来适应这种变化。

可卡因失去药效后，多巴胺受体数目已经减少，突触变得不敏感，机体正常的神经活动受到影响。

也就是说，反复接触由药物引起的多巴胺激增，最终会使奖励系统失去敏感性。该系统不再对日常刺激做出反应，唯一值得奖励的刺激变为药物，从而形成药物上瘾。也就是说，滥用毒品会劫持奖励系统，将人的自然需求转化为对毒品的需求，这就是上瘾。

珍爱生命，远离毒品，向社会宣传滥用兴奋剂和吸食毒品的危害，是我们每个人应尽的责任和义务。

抗抑郁药物作用原理

在生理上，抑郁症患者经常表现为脑环境内5-羟色胺、去甲肾上腺素和多巴胺等神经递质的浓度过低，使其活力值大大受损。

正常情况下，我们在进行反射活动时，神经元间会相互传递信息，神经递质在神经元间相互传递信息时释放出来，用以激活下一个神经元。某神经元释放定量的5-羟色胺等神经递质后，下一个神经元上的受体与其结合发挥作用，完成信息的传递。适宜浓度的5-羟色胺等神经递质会让我们保持快乐。

但有释放就会有消耗。一般情况下，大脑会通过自己的方式维持游离在脑环境内神经递质的浓度，让其自然消失。大概有以下两种情况：

第一种情况：大脑会释放一种叫作单胺氧化酶的物质，它能和多种神经递质结合，使其失活。

第二种情况：释放神经递质的神经元，会重新吸收（或摄取）游离的神经递质。

抑郁症是因为神经递质浓度低，我们就可以反过来利用上述过程。据此，抗抑郁药物治疗的基本原理是：干预神经递质的自然消失过程，保证它在脑内的浓度。抗抑郁药物主要包括以下两大类：

第一类，抑制重吸收过程。具体作用机理是阻断5-羟色胺（5-HT）和去甲肾上腺素（NA）的重吸收，使之能够在突触间隙中停留更长时间，停留的量也更多，使其神经递质的浓度维持在一定的水平。

第二类，抑制神经递质氧化过程。具体作用机理是通过单胺氧化酶抑制剂（MAOI）减少5-羟色胺（5-HT）和去甲肾上腺素（NA）的自然消耗，通过抑制消耗神经递质的单胺氧化酶的产生，从而达到保证脑环境内神经递质浓度的目的。

臭名昭著的“前额叶切除术”

中枢神经系统是人类思维和意识的基础，一旦出现功能障碍，患者的人格和行为会出现一系列异常，这就是所谓的“精神病”。在20世纪30年代，人们对这类疾病一筹莫展。

葡萄牙医师安东尼奥·埃加斯·莫尼斯为此发明了前额叶白质切除手术，目的是切除大脑中连接额叶（负责思考的脑区）与大脑其他区域的神经纤维。通常用来治疗重度抑郁症、强迫症以及精神分裂症。手术之后，病人活了下来，并且症状也有所减轻，甚至不乏几乎痊愈的。从此这种手术被越来越多的国家所认可，精神病院的医生仿佛迎来了曙光：只要这么一个小小的手术，那些狂暴的患者就会变得像小宠物一样任人摆布。莫尼斯因此于1949年被授予了诺贝尔生理学或医学奖。然而仅仅不到一年，对莫尼斯的批判就超越了赞许，他赖以成名的前额叶白质切除术在全世界范围内遭受抵制。

一切源于美国医生沃尔特·弗里曼二世对这种“手术”进行了改进，发明了“冰锥疗法”，只需要10多分钟，无须严格的手术条件即可完成，因而这项手术被大量普及。自此，经历这种手术的患者越来越多，甚至出现了“滥用”，只要稍有异常行为的人就可能被亲人安排做这种手术。至此，手术的后遗症爆发出来：有些人出现不同程度的残疾、极端的狂躁或抑郁症状；大多数人变得如行尸走肉一般，孤僻、迟钝、麻木、神情呆滞、任人摆布。

神经科学以其探索智慧本源的特点而备受青睐，然而，也正是这些悲剧，铺就了通往现代神经外科医学的血泪之路。

血糖调节

微量却高效 小激素承担大责任

班廷

发现契机！

——弗雷德里克·格兰特·班廷（Frederick Grant Banting，1891—1941）于1923年和麦克劳德因提纯出了高效安全的胰岛素，获得诺贝尔生理学或医学奖。

那个年代，糖尿病一度是人类可怕的绝症和杀手。糖尿病患者一般死于极度营养不良，尤其对于Ⅰ型糖尿病患者。当时流行的饥饿疗法确实缓解了病人的症状，病人要时刻忍受着饥饿和病痛的双重折磨，但也只能多存活数月。

——后来，科学家发现胰腺中存在一些“小岛”状的细胞，这些细胞就是我们现在熟知的胰岛，它们与血糖浓度有密切关系，他们将这些细胞的分泌物命名为胰岛素，虽然当时没有人能证实它的存在。那么，您是怎么提取出胰岛素的呢?

备课时我看到一份病例：病人因为胰脏导管被结石堵塞，消化腺萎缩，但胰岛依然存活良好。我当时就萌生设想：若结扎狗的胰腺管，待其腺泡萎缩只留下胰岛后，就可以分离其内分泌物，并且去尝试治疗糖尿病了！

——为什么要如此麻烦呢？不可以将胰腺的分泌物直接提取吗?

哈哈！这也是之前的科学家一直没有发现胰岛素的原因，胰岛素是蛋白质，会被腺泡细胞产生的胰蛋白酶分解掉。

原理解读!

- 胰腺由外分泌腺和内分泌腺两部分组成。胰腺结构如下图所示。

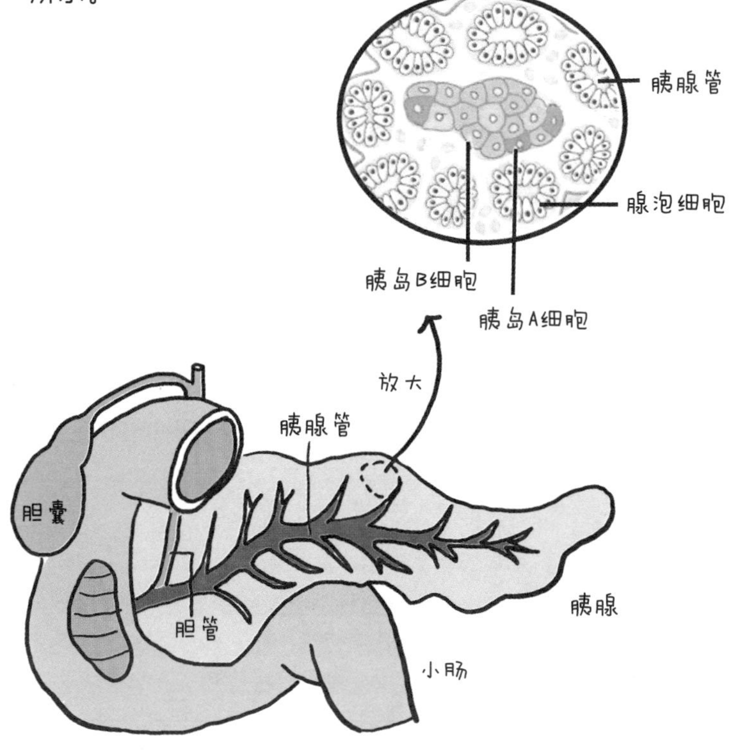

- 外分泌腺的腺泡细胞能够分泌胰液，经各级导管，流入胰腺管。胰腺管与胆总管共同开口于十二指肠，参与肠道的消化过程。胰液中含有多种消化酶，如胰蛋白酶、多肽酶、胰淀粉酶、胰脂肪酶等，对消化食物起重要作用。
- 内分泌腺是指分散在外分泌腺之间的岛状细胞团——胰岛，它所分泌的激素（主要是胰岛素和胰高血糖素）直接进入血液和淋巴，主要参与糖代谢的调节。
- 胰岛B细胞分泌的胰岛素，主要起到降血糖的作用。
- 胰岛A细胞分泌的胰高血糖素能够升高血糖。

胰岛素和胰高血糖素

胰岛素是由胰岛B细胞分泌的能够降血糖的激素， 主要作用是调节糖代谢，能够促进组织细胞对葡萄糖的摄取和利用（进行细胞呼吸分解成CO_2和H_2O，这也是最主要的葡萄糖的去向）；能够加速葡萄糖合成为糖原，贮存于肝脏和肌肉中；可以促进葡萄糖转变为脂肪酸和α-磷酸甘油，两者结合形成甘油三酯（脂肪）贮存于脂肪组织；可以促进葡萄糖转化为某些氨基酸，促进蛋白质的合成。与此同时，胰岛素会抑制肝糖原的分解和脂肪等非糖物质的转化。

简单地说，胰岛素相当于一把钥匙，作用于组织细胞时，使血液中的葡萄糖大部分被摄取到细胞中利用，如下图所示。

胰高血糖素是由胰岛A细胞分泌的激素，主要作用于肝脏，能够促进肝糖原分解成葡萄糖进入血液，同时还可以促进非糖物质（如乳酸、丙酮酸、丙酸、甘油以及氨基酸等）转变成糖类，使血糖浓度回升到正常水平。如下图所示。

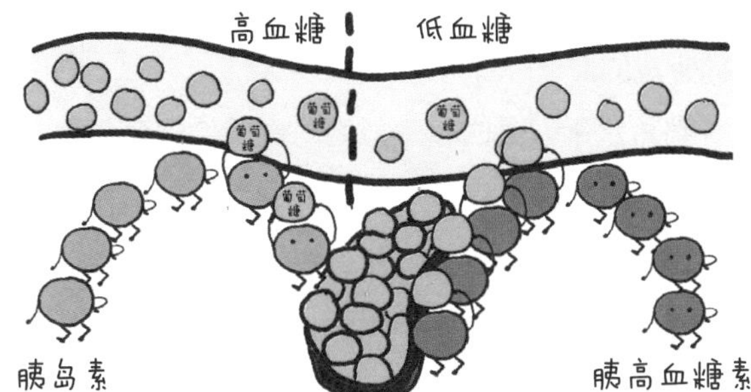

血糖的来源与去路

血液中的糖类称为血糖，主要是葡萄糖。正常情况下，空腹血糖范围应在3.92～6.16毫摩尔/升，餐后血糖范围应在5.1～7.0毫摩尔/升。

血糖的来源主要有以下3方面：

①食物中糖类的消化吸收：食物中的淀粉和糖原被消化道中的淀粉酶等分解，释放出葡萄糖后被消化道吸收，这是血糖最主要的来源。

②肝糖原分解：短期饥饿后，肝脏中储存的肝糖原会分解成葡萄糖进入血液。

③糖异生作用（非糖物质转化为糖类）：在较长时间饥饿后，氨基酸、脂肪等非糖物质在肝内经糖异生作用生成葡萄糖。

血糖的去路。

①氧化分解：葡萄糖在组织细胞中通过有氧呼吸和无氧酵解产生ATP，为细胞代谢供给能量，此为血糖的主要去路。

②合成糖原：进食后，肝脏和肌肉等组织将葡萄糖合成糖原得以储存。

③转化成非糖物质：血糖会转化为甘油、脂肪酸以合成脂肪；转换为氨基酸以合成蛋白质。

④转变成其他糖或糖衍生物，如核糖、脱氧核糖、氨基多糖等。

⑤血糖浓度高于肾糖阈时，可随尿排出一部分。

血糖调节的过程

人体内有一套调节血糖浓度的机制，这套机制是以激素调节为主、神经调节为辅来共同完成的。

当血液中葡萄糖水平过高时，一方面，高浓度的葡萄糖分子能够激活胰岛B细胞膜表面的特殊物质，引发一系列的化学反应，最终导致胰岛B细胞启动胰岛素的分泌程序，将富含胰岛素的囊泡通过胞吐释放进血液；另一方面，血管壁等处的化学感受器也因感受到血糖升高而兴奋，通过传入神经将兴奋传至下丘脑中调节血糖平衡的某一区域进行分析综合，而后通过传出神经（副交感神经）作用于胰岛B细胞，使其分泌胰岛素。

胰岛素通过血液循环弥散到全身各处，当它们接近那些负责利用或存储葡萄糖的肌肉、肝脏和脂肪细胞等诸多细胞时，会识别出这些细胞表面的胰岛素受体，从而激活这些细胞膜上的葡萄糖转运蛋白，为葡萄糖进入大开方便之门，将血液中的大量葡萄糖纳入其中进行氧化分解或转换成糖原等物质存储起来，从而很快降低血液中葡萄糖的水平。

下图示为血糖调节过程。

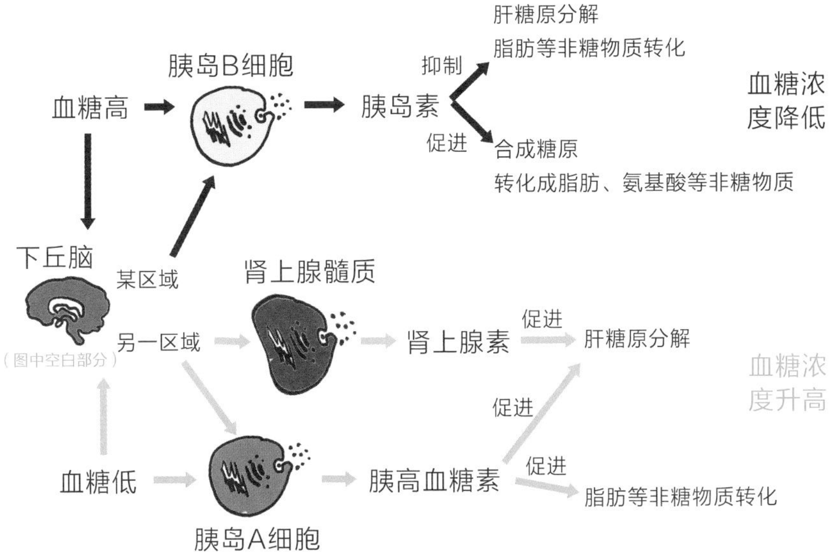

当血液中葡萄糖水平过低时，一方面能够直接激活胰岛A细胞启动胰高血糖素的分泌；另一方面，血管壁等处的另一种化学感受器也因感受到血糖降低而兴奋，通过传入神经将兴奋传至下丘脑中调节血糖平衡的另一区域进行分析综合，而后通过传出神经（交感神经）作用于胰岛A细胞，使其分泌胰高血糖素，使肾上腺髓质分泌肾上腺素等。

这些激素可以通过促进肝糖原的分解等方式，将葡萄糖注入血液，提高血糖浓度，提供更多的能量供给。除此以外，甲状腺激素和糖皮质激素也具有升高血糖的作用。

原理应用知多少！

糖尿病

糖尿病早期症状并不明显，甚至有1/3的Ⅱ型糖尿病患者并不知道自己患病。当身体已经明显出现糖尿病的“三多一少”典型症状时，说明糖尿病已经进入中后期了！

多食：如下图所示，如果机体的胰岛素分泌不足或没有，甚至细胞抗拒自身制造的胰岛素，葡萄糖就不能进入细胞，就会出现能量供应不足，患者容易感到疲劳。与此同时，机体为了满足对能量的需求，常感到饥饿，饭量增大，但总觉得吃不饱。

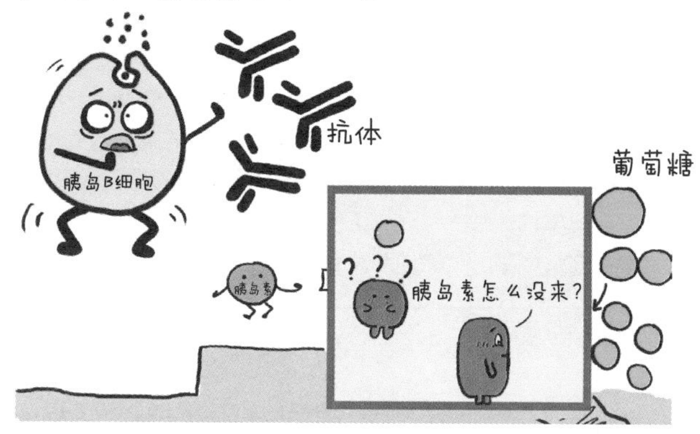

多尿：因为葡萄糖滞留在原尿中，导致其渗透压较大，会阻碍肾小管和集合管对水的重吸收，尿量增多，且容易感觉憋不住尿。

多饮：多尿导致体内水分丢失增多，细胞外液渗透压升高，糖尿病患者会觉得口干舌燥，常常会大量饮水。

体重下降：因为组织细胞缺乏葡萄糖，机体会消耗大量的脂肪，从而使体重下降。

糖尿病主要分为：Ⅰ型糖尿病、Ⅱ型糖尿病和妊娠糖尿病，我们主要介绍前两种的发病机制。

绝大多数的Ⅰ型糖尿病是自身免疫性疾病，是遗传因素和环境因素共同导致的。某些外界因素（如病毒感染、化学毒物和饮食等）作用于有遗传易感性的个体，激活T淋巴细胞介导的一系列自身免疫反应，引起选择性胰岛B细胞破坏和功能衰竭，体内胰岛素分泌不足或缺失，血液中的葡萄糖无法进入细胞中被利用，引起患者的血糖水平持续升高，继而发生Ⅰ型糖尿病，如下图所示。由于患者的胰岛B细胞被破坏，Ⅰ型糖尿病患者的治疗通常需要使用胰岛素替代。

一般认为Ⅱ型糖尿病的病因主要是遗传、环境、肥胖等多因素综合作用的结果，发病机制是患者出现胰岛素抵抗。

胰岛素抵抗是指胰岛素作用的靶器官（主要是肝脏、肌肉和脂肪细胞）对胰岛素作用的敏感性降低，简单来说就是各种原因使胰岛素促进葡萄糖摄取和利用的效率下降，从而导致血糖的异常升高。为了维持糖代谢的正常水平，纠正这种异常的“高血糖状态”，机体会“机智”地促使胰岛B细胞代偿性增加胰岛素分泌，从而维持血糖的正常，这就是继发性的高胰岛素症。然而，当胰岛B细胞因持续“过度使用”导致无法代偿胰岛素抵抗时，血糖会再次升高，这就是Ⅱ型糖尿病。在Ⅱ型糖尿病初期，患者的胰岛素水平是普通人的5～7倍。

有关血糖调节的“冷知识”

为什么人类得糖尿病的概率比得低血糖的概率多得多？

人体中，能够直接或间接升高血糖的激素至少有以下4种：

胰高血糖素：由胰岛A细胞分泌。

肾上腺素：由位于肾脏上方的肾上腺髓质分泌，在血糖调节方面主要能够促进肝糖原的分解。

生长激素：由颅内的脑垂体分泌，能够促进新陈代谢，促进蛋白质的合成和骨骼的生长，还有一定升高血糖的作用。

肾上腺糖皮质激素：由肾上腺皮质分泌，能够通过促进糖异生、减慢葡萄糖分解为二氧化碳的氧化过程、减少机体组织对葡萄糖的利用等方式增加肝糖原、肌糖原含量并升高血糖。

此外，由甲状腺分泌的甲状腺激素也有一定的升高血糖作用。

但人体内具有降糖作用的激素则很少，主要是胰岛素，其他如生长介素和C－肽等激素的降糖作用都很弱。

由此可见，人体中升高血糖的激素很多，而降低血糖的激素几乎只有胰岛素一种。

为什么胰岛素只能注射不能口服？

胰岛素属于蛋白质类药物，具有一定的生物活性，而消化道内有大量的胃酸分泌，胃酸可以使蛋白质分解。此外，消化道内还包含许多与消化作用有关的酶，这些蛋白酶也会水解蛋白质。所以当胰岛素经过消化道时很容易被灭活而不能发挥正常的药理作用。因此，不论是何种类型的糖尿病，使用胰岛素只能通过皮下注射或静脉输入的方式进入机体，帮助控制血糖，而不能口服。

动植物是如何调节生命活动的？

免疫调节

防御、自稳、监视
机体的“智能”护卫队

发现契机！

——爱德华·詹纳（Edward Jenner，1749—1823）以研究及推广牛痘疫苗、预防天花而闻名，被称为免疫学之父。

天花，对于当时的人们来讲等同于地狱般的存在。天花的传染性很强，大多数的欧洲居民在一生的某个时刻都会染上此病，它的毒性很强，足以使10%～20%的患者丧生。纵有幸存者，仍有15%左右的人终生留有严重的后遗症。

——您是如何发明牛痘疫苗的？这简直是“神迹”！

当地的奶场女工和农民中有一种说法：牛痘是牛患的一种轻度病，可以传染给人；人若传染牛痘，就再也不会得天花。我对这个说法进行了仔细的调查研究，并决定对它加以验证。我用从奶场女工手上的牛痘脓包中取出来的物质给一个8岁的男孩注射，这个孩子患了牛痘，但很快得以恢复。再次给孩子接种天花痘，孩子并没有出现天花病症。很幸运，我们成功了！我们战胜了天花！

——全世界都应该感谢您，是您无私地把接种方法奉献给世界！

我们最应该感谢的是人体的免疫系统，我们应该对它有更深入的了解！

原理解读！

免疫系统具有识别和排除抗原性异物、与机体其他系统相互协调、共同维持机体内环境稳定和生理平衡的功能。如下图所示，免疫系统的功能主要体现在以下3个方面：

- **免疫防御**：识别和清除外来入侵的病原微生物及其他抗原性异物，使人体免受病毒、细菌、真菌等抗原的攻击是免疫系统最基本的功能。
- **免疫自稳**：机体清除衰老或损伤的细胞，通过自身调控机制来调节免疫应答的程度，使免疫功能在生理范围内保持相对稳定。
- **免疫监视**：识别和清除体内发生染色体畸变或基因突变的异常细胞，防止肿瘤的发生。

免疫系统的组成

免疫系统是机体负责执行免疫功能的系统，主要由免疫器官、免疫细胞、免疫分子构成。

免疫器官

免疫器官按功能划分为中枢免疫器官和外周免疫器官，两者通过血液循环和淋巴液循环相互联系。

中枢免疫器官是免疫细胞发生、发育、分化与成熟的场所，是机体免疫“护卫队”的大本营和训练基地，主要包括骨髓（下左图）和胸腺（下右图）。

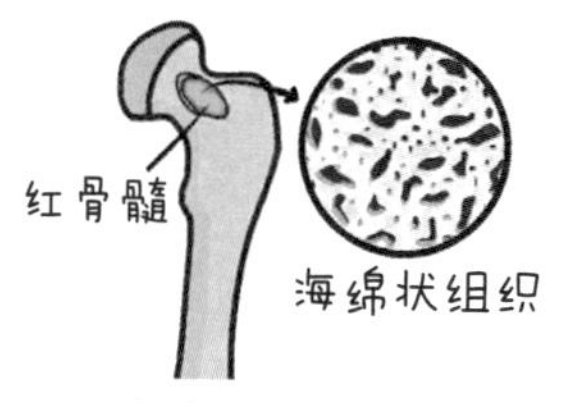

骨髓中的骨髓造血干细胞具有分化成不同谱系血细胞的能力，是红细胞、血小板和各种免疫细胞发生的场所。骨髓还是B淋巴细胞分化、成熟的场所。

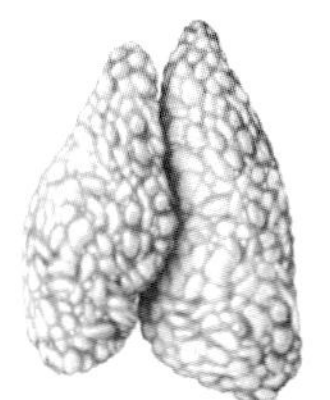

胸腺的大小和结构随年龄不同有明显差别。在骨髓中产生的T淋巴细胞经血液循环进入胸腺，在胸腺中分化、成熟。胸腺中还含有胸腺上皮细胞、巨噬细胞、树突状细胞和成纤维细胞等，可以产生多种激素和细胞因子参与免疫调节。

外周免疫器官是成熟的T淋巴细胞和B淋巴细胞等免疫细胞定居的场所，也是产生免疫应答的场所，主要包括淋巴结、脾脏和黏膜相关淋巴组织。

免疫细胞

免疫细胞按照不同的功能，大致可以划分为3类：

1. 抗原呈递细胞（简称APC）

这类细胞能够高效地摄取、加工处理和递呈抗原，并可以将抗原信息暴露在细胞表面，以便呈递给其他免疫细胞。主要包括树突状细胞、巨噬细胞以及某些B淋巴细胞等。如下图所示。

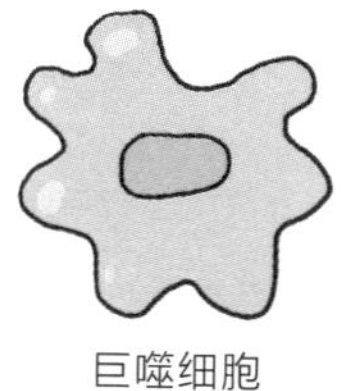

巨噬细胞

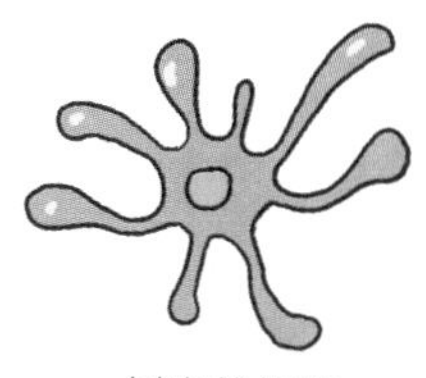

树突状细胞

2. 淋巴细胞

淋巴细胞主要包括T淋巴细胞、B淋巴细胞和自然杀伤细胞等。

①B淋巴细胞（简称B细胞）是人体对付抗原性异物的导弹库，主要功能是接收到活化信号后增殖分化为浆细胞产生抗体，介导体液免疫应答，与此同时产生的记忆B细胞负责记录抗原信息以便参与二次免疫。如下图所示。

②T淋巴细胞（简称T细胞）根据功能的不同可分为细胞毒性T细胞、辅助性T细胞和调节性T细胞，最主要的功能是介导细胞免疫。

细胞毒性T细胞，简称Tc细胞，能够特异性地识别抗原，活化后可以直接攻击进入体内的异体细胞、带有变异抗原的肿瘤细胞和病毒感染的细胞等。Tc细胞接触靶细胞后，能够释放颗粒酶和穿孔素，诱发靶细胞凋亡。

辅助性T细胞，简称Th细胞，能够分泌多种细胞因子，辅助Tc细胞和B细胞行使免疫应答功能。

调节性T细胞数量较少，能够抑制免疫应答，避免免疫应答过于强烈。

③自然杀伤细胞（简称NK细胞）是人体忠诚的卫士，可以非特异性识别靶细胞，利用它的武器“穿孔素”在细胞上溶解出一个小洞，直接杀伤被病毒感染的细胞、肿瘤细胞等。

3. 其他免疫细胞

其他免疫细胞包括肥大细胞、中性粒细胞、嗜酸性粒细胞、嗜碱性粒细胞等。

免疫分子

免疫分子主要包括抗体、溶菌酶、细胞因子、补体、膜表面抗原受体、组织相容性复合物（在人类中是HLA，即人类白细胞抗原）、黏附分子等。

抗体是一种由浆细胞分泌的、能与抗原特异性结合的免疫球蛋白。抗体主要分布在血清中，一种抗体只能与一种抗原结合，被免疫系统用来鉴别与中和毒素，阻断外来物质（如细菌、病毒）的入侵，清除病原微生物等。如下图所示。

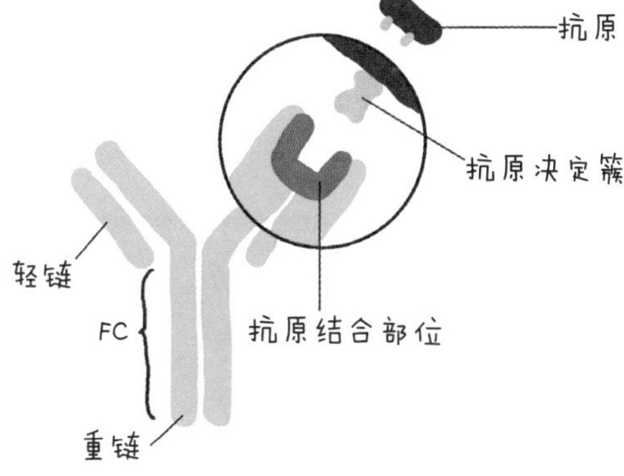

溶菌酶能够将细菌细胞壁中不溶性黏多糖水解成可溶性糖肽，细胞壁破裂、内容物逸出，而使细菌溶解。溶菌酶还可与带负电荷的病毒蛋白直接结合，使病毒失活。溶菌酶广泛存在于人体多种组织中，泪液、唾液、血浆、乳汁等液体中也存在。

细胞因子包括我们比较熟悉的白细胞介素、干扰素、肿瘤坏死因子等。

免疫系统的三道防线

第一道防线：皮肤、黏膜以及它们的附属物和分泌物。

皮肤犹如一道高耸的“城墙”，外界大多数的病原体都会被它们拦在外面，呼吸道黏膜及其上面的纤毛、胃酸也能够发挥作用，如下图所示。

第二道防线：体液中的杀菌物质和吞噬细胞。

身体分泌出的黏液及体液中含有大量的杀菌物质（如溶菌酶等）和各种吞噬细胞（如巨噬细胞等），构建成一个强大的免疫细胞先锋队，如下图所示。

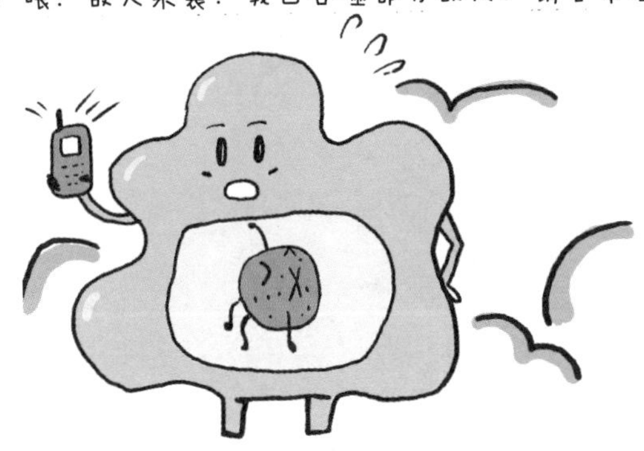

前两道防线人体生来就有，是机体长期进化过程中遗传下来的，对多种病原体都有防御功能，叫作非特异性免疫。

第三道防线：免疫器官、免疫细胞和免疫分子共同组成的体液免疫和细胞免疫。

第三道防线是人体在出生以后逐渐建立起来的后天防御功能，特点是出生后才产生的，只针对某一特定的病原体或异物起作用，因而叫作特异性免疫，是免疫系统的超级战队。

体液免疫

我们把主要依靠体液中的抗体来“作战”的方式称为体液免疫，主要包括以下3个阶段：

抗原识别、处理和呈递阶段

当外源性抗原进入机体后，一方面会被B细胞识别。B细胞对抗原的识别是通过其表面的**B细胞抗原受体**（BCR）来进行的。BCR能直接识别蛋白质抗原，或识别蛋白质降解而暴露的抗原决定簇，BCR识别抗原是B细胞活化的第一信号。

另一方面，外源性抗原在数分钟内就会被抗原呈递细胞（APC）在感染或炎症部位摄取，然后在细胞内降解抗原并将其加工处理成抗原多肽片段，再与APC细胞膜表面的MHC分子结合，最终以抗原肽-MHC复合物的形式表达于细胞表面（抗原处理）。辅助性T细胞（Th细胞）表面带有不同的受体，当APC与Th细胞接触时，抗原肽-MHC复合物被Th细胞的受体识别，从而将信息传递给Th细胞，引起Th细胞活化（抗原呈递）。

B细胞活化、增殖与分化阶段

活化的Th细胞表面的特定分子发生变化，并与B细胞结合，这是激活B细胞的第二信号。与此同时，Th细胞通过分泌细胞因子来进一步活化B细胞，使B细胞增殖分化为浆细胞和记忆B细胞。

也就是说，B细胞的活化需要两个信号：抗原信号和活化的辅助性T细胞信号，并需要辅助性T细胞所分泌的细胞因子。如下图所示。

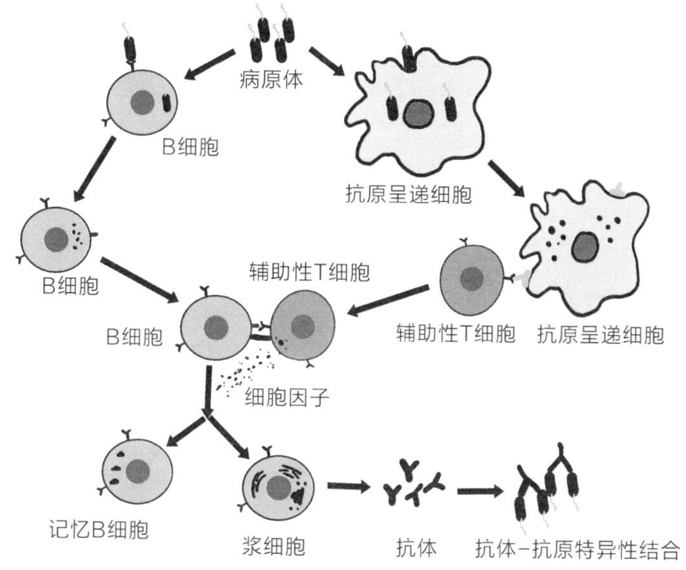

合成分泌抗体并发挥效应阶段

活化的B细胞通过不断增殖分化，大部分分化为浆细胞，小部分分化为记忆B细胞。

一个浆细胞每秒钟能产生2000个抗体，它们寿命很短，多在2周内凋亡，而抗体则进入血液循环发挥生理作用。浆细胞产生的抗体“Y”两短臂末端高变区特异性与抗原结合，可以抑制病原体的增殖和对宿主细胞的黏附；抗体的柄端（FC）可以与吞噬细胞上的受体结合而使抗原-抗体复合物被吞噬消化。

记忆B细胞寿命长，对抗原十分敏感，能“记住”入侵的抗原。抗原再次入侵后，可以快速增殖分化为新的记忆B细胞和浆细胞，由浆细胞产生大量的抗体消灭抗原。这就是二次免疫反应。它比初次免疫应答反应更快、更强烈，抗体产生量也更多。

细胞免疫

病原体若侵入到细胞内部，就需要T细胞直接接触靶细胞来“作战”，这种方式叫作细胞免疫。如下图所示。

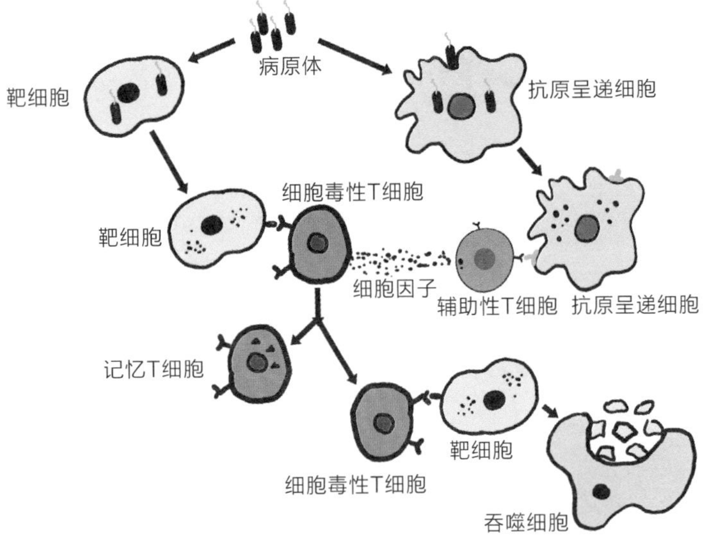

病原体侵染宿主细胞，会使宿主细胞的细胞膜表面的某些分子发生改变，这时的宿主细胞我们称之为靶细胞。细胞毒性T细胞（Tc细胞）会识别靶细胞的变化信号，这是Tc细胞活化的第一信号。与此同时，被APC活化的辅助性T细胞会分泌细胞因子，刺激Tc细胞，这是Tc细胞活化的第二信号。

活化的Tc细胞大量增殖分化，形成新的Tc细胞和记忆T细胞。新的Tc细胞在体液中“巡逻”，识别并与被同种病原体感染的靶细胞密切接触。有些Tc

细胞能释放穿孔素，嵌入靶细胞膜内形成多聚体穿膜管状结构，细胞外液便可通过此管状结构进入靶细胞，导致细胞裂解死亡。有些Tc细胞还能够分泌颗粒酶，从小孔进入靶细胞后，启动靶细胞的凋亡信号，诱发靶细胞凋亡。

原理应用知多少！

疫苗

疫苗是指机体接种后，能对特定疾病产生免疫力的生物制品的统称。传统疫苗一般是灭活或减毒的病原体，以及用天然微生物的某些成分制成的亚单位疫苗。

新型疫苗主要是指利用基因工程技术生产的疫苗，如DNA疫苗和mRNA疫苗等。疫苗接种是预防传染病最重要、最有效的手段，现在已有20余种疫苗用于人类疾病预防，其中半数以上是病毒疫苗。

人体接种疫苗后，机体会产生针对该种病原体的特异性抗体和细胞免疫应答，并使机体获得特异性免疫记忆能力。机体真正感染相应病原体，产生的免疫应答相当于再次感染引起的二次免疫效应，二次免疫反应迅速、剧烈、抗体产生量大，可以有效地抵抗病原微生物的侵袭。如下图所示。

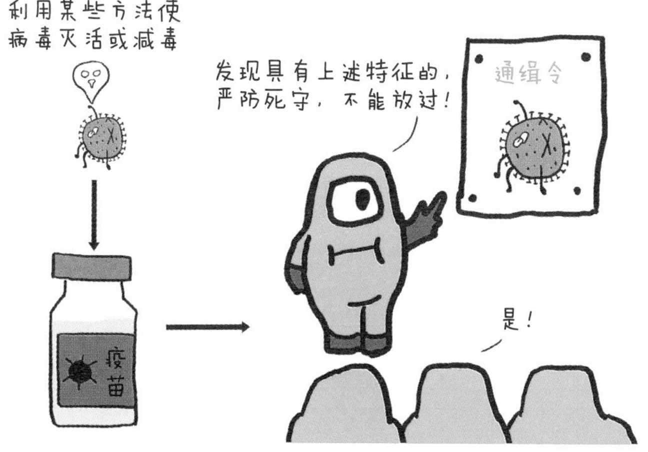

免疫能力是否越强越好？

正常情况下，人体免疫系统用于保护机体免受疾病和感染，那么，免疫能力是否越强越好呢?

肯定不是呀！下面介绍两大类情况：

自身免疫性疾病是一种人体自身免疫系统攻击正常细胞引起正常免疫能力下降、异常免疫能力突显，最终导致组织损伤或器官功能障碍的炎症性疾病。说白了，就是免疫能力太强了，受到刺激时，免疫系统无法区分“敌我”，过于敏感的免疫系统开始攻击自身正常健康的器官和组织，引发对机体的破坏。类风湿关节炎、系统性红斑狼疮、风湿性心脏病就属于此类。以风湿性心脏病为例。与机体某些组织抗原成分相同的外来抗原称为共同抗原。由共同抗原刺激机体产生的共同抗体，可与有关组织发生交叉免疫反应，引起免疫损伤。某种链球菌细胞壁上的M蛋白与人体心肌纤维的肌膜有共同抗原，感染这种链球菌后，抗链球菌抗体会源源不断地攻击自身的心肌纤维。

过敏反应也与免疫能力敏感有关。有些人吃海鲜后，会腹痛、呕吐或皮肤奇痒难熬；有些人吸入花粉会引发鼻炎或哮喘；有的人注射青霉素后会休克。像海鲜、花粉、青霉素、酒精和坚果等能够引起过敏反应的物质，在医学上被称为过敏原。这些物质真的对身体有害吗？未必！只不过有些人的免疫系统抵抗抗原侵入的功能过强了！已产生免疫的机体再次接受相同过敏原的刺激时，会发生相应的组织损伤或功能紊乱，甚至会导致死亡。

动植物是如何调节生命活动的？

卡尔文

光合作用

新叶向阳光伸展
光能隐身于细胞构建有机物

发现契机！

——梅尔文·埃利斯·卡尔文（Melvin Ellis Calvin，1911—1997）与加州大学伯克利分校同事利用^{14}C首次探明光合作用中的碳固定途径，并于1961年获得诺贝尔化学奖。

光合作用能够利用光能制造有机物，很荣幸我能够探明这个神奇过程是如何发生的。

——1937年，希尔发现离体的叶绿体在适当的条件下可以发生水的光解，产生氧气；1941年，鲁宾和卡门利用同位素示踪的方法研究光合作用中氧气的来源，最终发现氧气中的氧原子来自水！

是的！同位素示踪法！我们也是因为掌握了这个方法，用同位素^{14}C来进行标记。通过追踪^{14}C标记的二氧化碳，供小球藻进行光合作用，然后追踪放射性的去向，终于弄清楚了整个光合作用暗反应阶段碳元素的详细运行过程。

——看过您和其他科学家的研究成果后发现，光合作用的整个过程其实与细胞呼吸一样，是一个十分繁杂的过程！

没关系！下面由我将这个过程稍微简化一下，以便大家理解！

原理解读！

- 绿色植物、藻类（或某些原核生物）通过叶绿体（或相关色素），利用光能把二氧化碳和水转化成储存着能量的有机物，并且释放出氧气的过程叫作光合作用，如下图所示。光合作用能够实现自然界的能量转换（光能转化成化学能），是生物圈得以维持运转的基础，并对维持大气的碳-氧平衡具有重要意义。
- 光合作用的反应式：$CO_2+H_2O \xrightarrow[\text{叶绿体}]{\text{光能}} (CH_2O)+O_2$
- 光合作用主要包括光反应和暗反应两个阶段。对于绿色植物，光反应阶段在叶绿体内的类囊体薄膜上进行，暗反应阶段在叶绿体基质中进行。

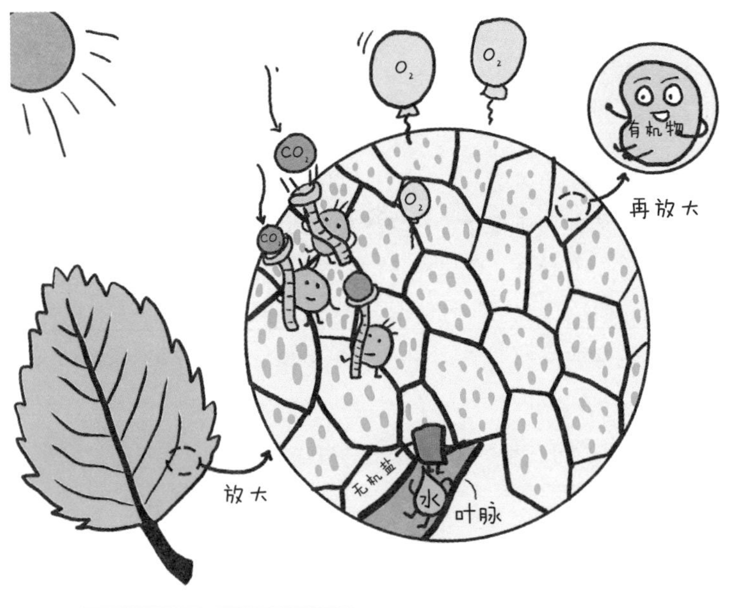

光合作用是唯一能够捕获和转化光能的生物学途径。

光合作用的光反应阶段

光合作用实际上包括一系列的光化学步骤和物质转变问题，简单来说可分为光反应阶段和暗反应阶段（卡尔文循环）。

其中光反应阶段又包含光能的吸收、转换和传递，以及电子传递和光合磷酸化两个过程。光反应过程如下图所示。

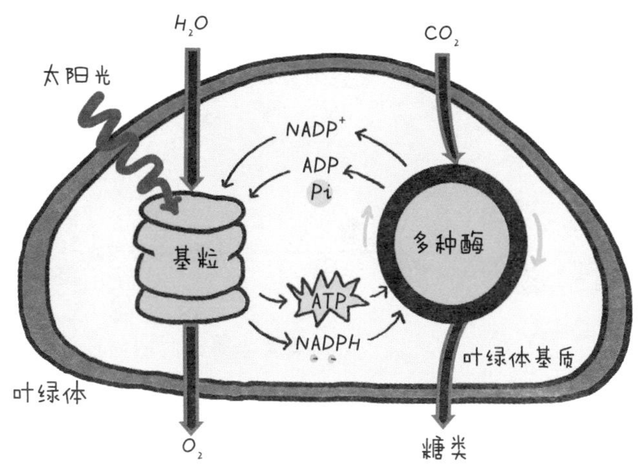

光能的捕获

叶绿体的光反应涉及多个固定在类囊体膜上的捕光蛋白与色素，我们根据不同捕光蛋白和色素对光的吸收波长不同，把它们分成了光系统Ⅰ（PSⅠ）和光系统Ⅱ（PSⅡ）。

叶绿体上的各种色素，主要是类胡萝卜素、叶绿素b以及部分叶绿素a，它们可以被光激发，其本身的电子由此进行一种跳跃式的“变身”，变成激发

态，将吸收的光能以诱导共振方式传递给少数特殊状态的叶绿素a分子，这些特殊状态的叶绿素a分子具有光化学活性，能够完成光化学反应。

捕光色素和最后发生光化学反应的核心部位就是光系统，能够实现由光能到电能的能量转化。电子传递和光合磷酸化示意，如下图所示。

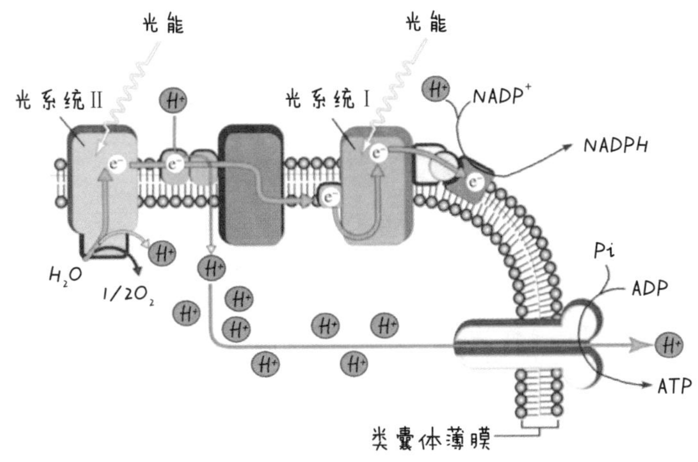

光系统Ⅱ进行水的光解，产生氧气、H^+和自由电子（e^-）。

光系统Ⅰ主要是介导NADPH的产生。即电子（e^-）经过电子传递链：质体醌→细胞色素b6f复合体→质体蓝素→光系统Ⅰ→铁氧还蛋白→NADPH。总之就是，电子在一堆蛋白质中穿梭，最后将$NADP^+$与H^+还原成NADPH。

类囊体薄膜对质子（H^+）是高度不通透的，因此，类囊体内的高浓度质子只能通过ATP合成酶顺浓度梯度流出，而ATP合成酶利用质子顺浓度流出的能量来合成ATP。叶绿体的类囊体薄膜在光合电子传递的同时，还会发生ADP和无机磷酸合成ATP的过程，叫作光合磷酸化。

由此可见，光反应阶段将光能最终转化为ATP和NADPH中活跃的化学能，并放出氧气。具体过程可简化为以下3个过程：

① 水的光解：$2H_2O \xrightarrow{光} 4H^+ + O_2$

② ATP的合成：$ADP + Pi + 能量 \xrightarrow{酶} ATP$

③ NADPH的合成：$NADP^+ + H^+ \xrightarrow{酶} NADPH$

光合作用的暗反应阶段

卡尔文循环是所有植物光合作用碳同化的基本途径，我们对整个过程进行简化，如下图所示。

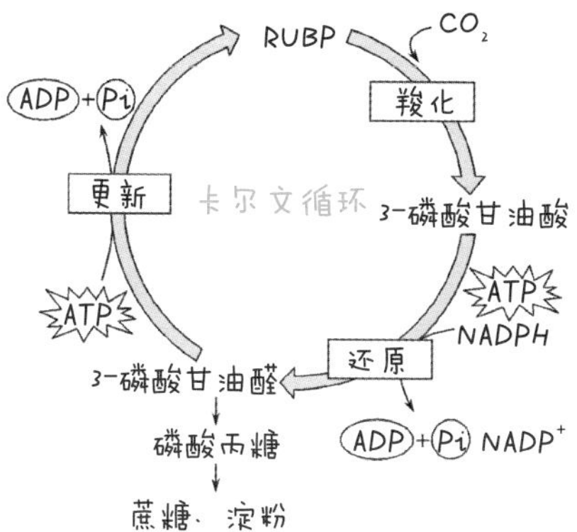

羧化阶段

二氧化碳与核酮糖-1,5-二磷酸（RuBP，即C_5，是一种五碳化合物）反应，在RuBP羧化酶/加氧酶作用下，经过一系列反应，形成2分子的甘油酸-3-磷酸（即C_3，是一种三碳化合物），这个过程也叫作二氧化碳的固定。

还原阶段

C_3被ATP磷酸化，在甘油酸-3-磷酸激酶催化下，形成甘油酸-1,3-二磷酸（DPGA），然后在甘油醛-3-磷酸脱氢酶作用下被NADPH和H^+还原，形成甘油醛-3-磷酸（PGAld）。后来经过一系列复杂的生化反应，一部分碳原子会被用于合成糖类而离开循环，其余参与RuBP的再生。

更新阶段

更新阶段是PGAld经过一系列的转变，再形成RuBP的过程。

离开循环的碳原子最终合成了光合作用的产物，有一部分在叶绿体基质中由葡萄糖合成了淀粉；还有一部分运出叶绿体，在细胞质基质中合成了蔗糖。蔗糖可以进入筛管，再通过韧皮部运输到植株各处。

好吧！上述过程还是太复杂了，我们也可以将暗反应阶段简化为右图。

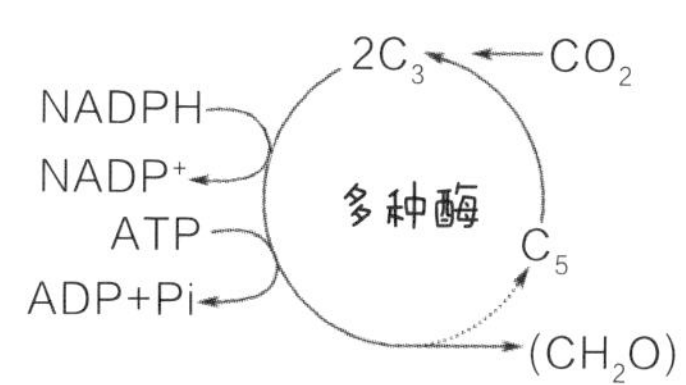

总之，在光反应阶段，光能被叶绿体内类囊体薄膜上的色素捕获后，将水分解为O_2和H^+等，形成ATP和NADPH，于是光能转化成ATP和NADPH中活跃的化学能；ATP和NADPH驱动在叶绿体基质中进行的暗反应，将CO_2转化为储存着稳定化学能的糖类。可见，光反应和暗反应紧密联系，能量转化与物质变化密不可分。

原理应用知多少！

海藻灯

科学家曾研制出一种海藻灯，其上部装有蓝细菌（蓝藻）培养液，下部装有蓄电池和LED灯。白天，人们携带海藻灯，通过向海藻灯呼气提供二氧化碳，仅需很少的阳光便可产生发光的电能。

蓝细菌是一种特别的原核生物，它诞生于35亿年前，内部含有叶绿素、藻蓝素，以及与光合作用有关的酶。也就是说，它虽然没有叶绿体，但依旧能够进行光合作用。蓝细菌遍及世界各地，大多数存在于淡水中，是至今为止发现的最早的光合放氧生物，对地球表面从无氧的大气环境变为有氧环境起了巨大的作用。

使用者在海藻灯一个较小入口处呼出二氧化碳，另一个开口可以让使用者向海藻灯中添加水和无机盐，并使蓝细菌产生的氧气排出。灯内有一个特殊的传感器，可以测量蓝细菌所需要的营养物质，由于蓝细菌细胞在生长过程中不断消耗水和无机盐，为了延长“海藻灯”的使用寿命，既要保证一定量的蓝细菌细胞存在，还需要定期从加料口加入水和无机盐，确保海藻能够持续提供电能。

海藻灯并不能产生大量的电能，但具有特殊的用途。在自然灾难、野营以及电力供给中断情况下，海藻灯可以作为一种非常实用、有效的救急电力装置。

只有绿色植物才能进行光合作用吗？

并不是！

比如属于原核生物的蓝细菌同样含有叶绿素，和绿色植物中的叶绿体一样能进行产氧的光合作用。

还有很多其他光合细菌具有多种多样的色素，称作细菌叶绿素或菌绿素，但不氧化水生成氧气。不产氧光合细菌包括紫硫细菌、紫非硫细菌、绿硫细菌、绿非硫细菌和太阳杆菌等。

这种光合细菌在有光照和缺氧的环境中能进行光合作用，同化二氧化碳或其他有机物。因为这些光合细菌细胞内只有一个光系统，即PSI，光合作用的原始供氢体不是水，而是H_2S（或一些有机物），这样它进行光合作用的结果是产生了H_2、分解有机物，同时还固定空气中的分子氮。光合细菌在自身的同化代谢过程中，又完成了产氢、固氮、分解有机物3个自然界物质循环中极为重要的化学过程，这些独特的生理特性使它们在生态系统中的地位显得极为重要。

只有光合作用才能制造有机物吗？

也不是哟！

自然界里存在的亚硝化细菌和硝化细菌，能够通过化能合成作用合成有机物。它们首先将土壤中的氨（NH_3）转化成亚硝酸（HNO_2）和硝酸（HNO_3），并利用这个氧化过程所释放出的能量合成有机物。

亚硝化细菌反应式：$2NH_3+3O_2 \longrightarrow 2HNO_2+2H_2O+$能量A

硝化细菌反应式：$2HNO_2+O_2 \longrightarrow 2HNO_3+$能量B

$$6CO_2+6H_2O \xrightarrow{\text{能量A、B}} C_6H_{12}O_6+6O_2$$

除此以外，其他存在的铁细菌、硫细菌等微生物也能够利用各种各样的方式合成有机物哟！

CAM途径

35亿年前，随着蓝细菌的诞生，光合作用在地球生命进化中占据着不可撼动的地位。植物为了能最大限度地进行光合作用，也是处心积虑。其中，芦荟、兰花、仙人掌等植物就以CAM途径这种奇特的方式生存至今。

地球上的生命皆诞生于海洋，植物为了方便“登陆”，早在4亿年前就演化出了气孔，用以控制大气中二氧化碳的摄入及自身水分的散失。像仙人掌这类生活在热带干旱地区的景天类植物，白天气孔开放程度小，夜晚开放程度大。这是因为在干旱的环境中，若白天打开气孔，植物会因为干旱及高温不得不发生强烈的蒸腾作用，散失掉很多水分。但是若没有二氧化碳的摄入，又没有办法进行光合作用，这才是这种特殊二氧化碳的固定方式的起因。

CAM植物夜间吸进二氧化碳，淀粉经糖酵解形成磷酸烯醇式丙酮酸（PEP），在磷酸烯醇式丙酮酸羧化酶催化下，二氧化碳与PEP结合，生成草酰乙酸，进一步还原为苹果酸储存在液泡中。而白天气孔关闭，苹果酸转移到细胞质中脱羧，放出二氧化碳，进入C_3途径合成淀粉；形成的丙酮酸可以形成PEP再还原成三碳糖，最后合成淀粉或者转移到线粒体，进一步氧化释放二氧化碳，又可进入卡尔文循环了。如右图所示。

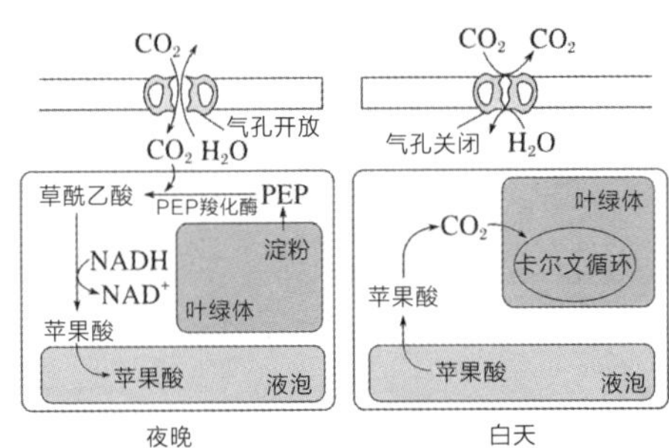

C_4途径

有一些植物对二氧化碳的固定反应是在叶肉细胞的胞质溶胶中进行的，这种途径称为C_4途径。我们将玉米的叶片横切后发现，玉米的维管束鞘细胞和叶肉细胞紧密排列，如右图所示。

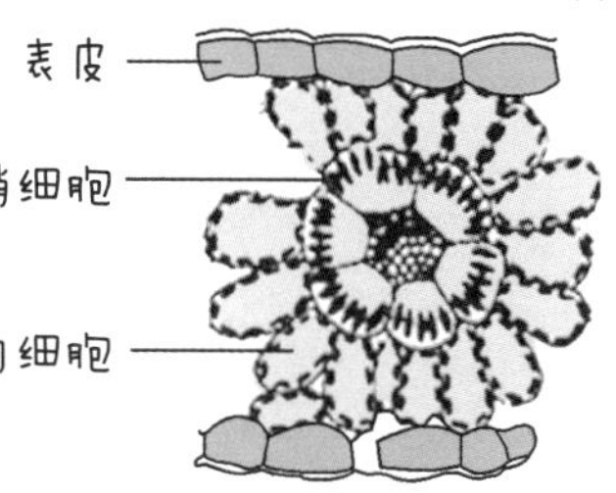

叶肉细胞中的叶绿体有类囊体能进行光反应，同时，二氧化碳被整合到C_4化合物（四碳酸：草酰乙酸）中。随后C_4化合物进入维管束鞘细胞，维管束鞘细胞中没有完整的叶绿体，在维管束鞘细胞中，C_4化合物释放出的二氧化碳参与卡尔文循环，进而生成有机物。如下图所示。

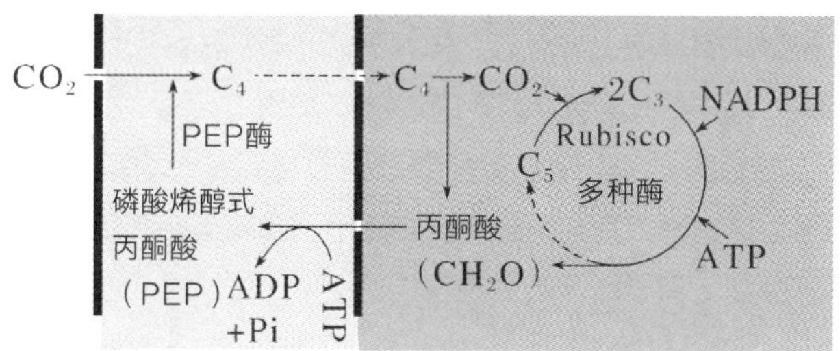

PEP羧化酶被形象地称为“CO_2泵”，它提高了C_4植物固定二氧化碳的能力，使C_4植物比C_3植物具有更强的光合作用（特别是在高温、光照强烈、干旱条件下）能力，并且无光合午休现象。

常见的C_4途径的植物有玉米、甘蔗、高粱、苋菜等。

动植物是如何调节生命活动的？

植物生长素

植物向光生长、向地扎根是谁在推动？

发现契机！

——弗里茨·温特（Frits Went，1903—1990）是一位著名的植物生理学家，1928年，在植物体内发现一种和动物激素类似的物质，并把这种物质命名为生长素。

植物在单侧光的照射下，会朝向光源的方向生长，这种现象叫作向光性，比如向日葵总会朝向太阳。然而，这样一个简单的生活现象，让许多科学家研究了很多年，最终才发现了植物生命活动调节的奥秘。

——最先研究向光性的是达尔文父子，我们的老朋友了！经过实验，他们发现植物胚芽鞘尖端（分生区）受到单侧光刺激后，向伸长区传递了某种“影响”，使得植物背光侧比向光侧生长得快。

后来，詹森找到了一个十分完美的实验材料——琼脂片，他发现“影响”可以透过琼脂片向下传递。几年后，拜尔证明胚芽鞘的弯曲生长来源于“影响”在伸长区的分布不均匀。

——您是受到上述科学家的实验启发，才想出来那个绝妙的实验设计吗？

哈哈！何其有幸，让我证明了“影响”是一种能够促进植物生长的化学物质，我虽然将这种“影响”命名为“生长素”，但是并不知道它是什么。还好，在我之后，有人发现了它的本质。

原理解读！

温特的实验设计（下图）

- 实验组：将切下的胚芽鞘尖端放在琼脂块上，几小时以后，移去胚芽鞘尖端，并将这块琼脂切成小块，放在切去尖端的胚芽鞘切面的一侧。
- 对照组：将没有接触过胚芽鞘尖端的琼脂块，放在切去尖端的胚芽鞘切面的一侧。

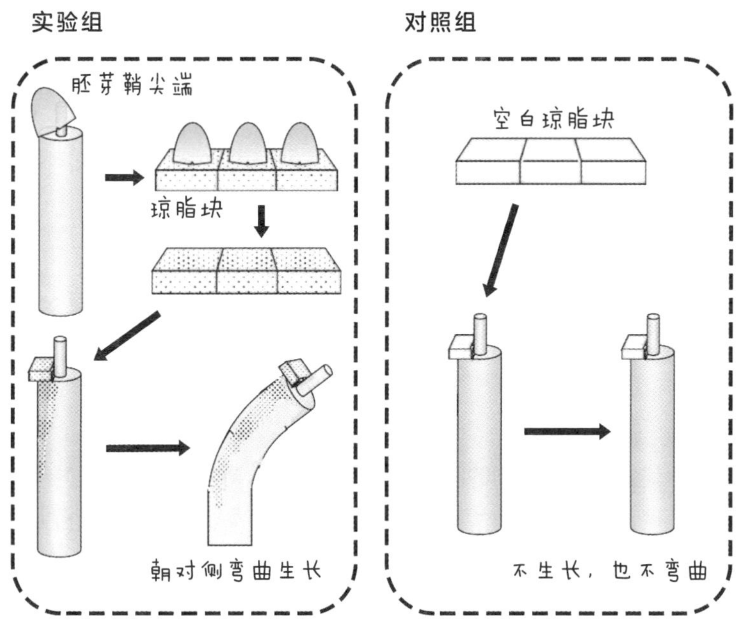

- 实验结果：实验组的胚芽鞘会向放置琼脂块的对侧弯曲生长；对照组的胚芽鞘既不生长，也不弯曲。
- 实验结论：胚芽鞘的尖端产生了某种化学物质，这种物质从尖端运输到下部的伸长区，并且能够促进胚芽鞘下部的生长。

植物生长素

生长素是人类发现的第一个植物激素，化学本质为吲哚乙酸（IAA），植物体内的生长素是由色氨酸通过一系列中间产物的转化形成的，IAA的化学结构式如下。

除IAA外，植物体内与其具有相同生理效应的物质还有苯乙酸（PAA）、吲哚丁酸（IBA）、4-氯-IAA、5-羟-IAA等。

生长素的合成及分布场所

生长素主要的合成场所是芽、幼嫩的叶以及发育中的种子等。生长素在植物体各器官中均有分布，但主要集中分布在生长旺盛的地方，如胚芽鞘、发育的种子、各种分生组织、形成层等。

生长素的运输

① 横向运输

横向运输是发生在植物的胚芽鞘、茎或根的尖端，在受到单一方向的刺激时所发生的运输方式，能够引起横向运输的因素包括单侧光、重力以及离心力等。如下图所示。

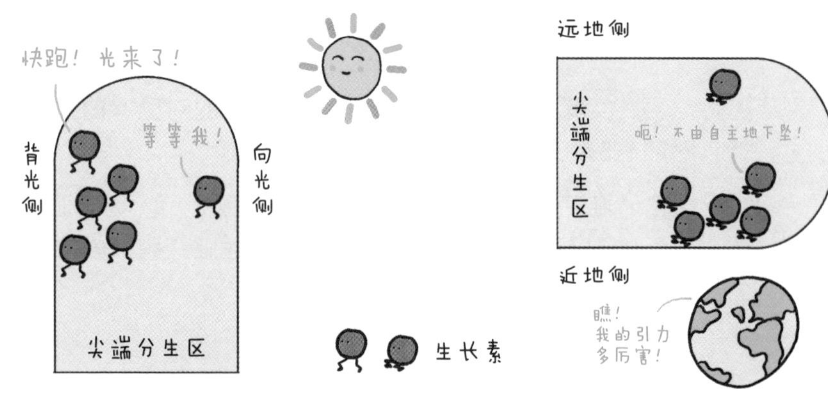

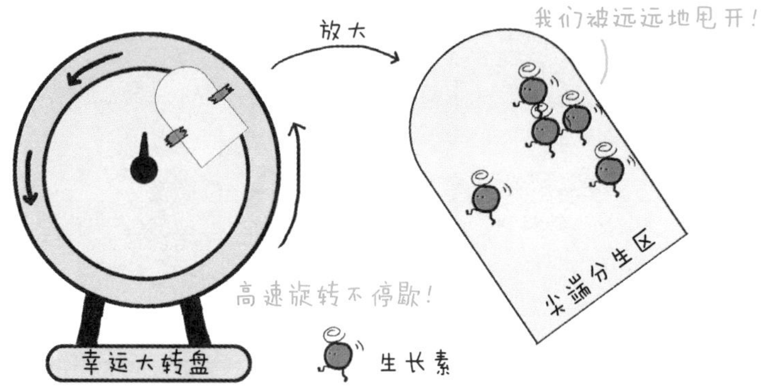

在胚芽鞘和茎尖的分生区，单侧光会引起生长素从向光侧向背光侧运输。对于光的感应，与植物细胞内含有的蓝光受体向光素的自我磷酸化有关。

在植物的胚芽鞘、根冠和茎叶的维管束鞘等细胞中，重力会引起生长素由远地侧运往近地侧，主要由细胞中存在的平衡石引起。

② 极性运输

在胚芽鞘、幼茎及幼根等薄壁细胞之间，生长素只能由形态学上端向形态学下端单向运输，叫作极性运输。这种运输方式的运输距离短，运输速度较慢。

如何判断形态学的上下端呢？

对于地上部分而言，树枝是形态学上端，而树干是形态学下端。对于地下部分而言，根尖是形态学上端，根基是形态学下端。如下图所示。

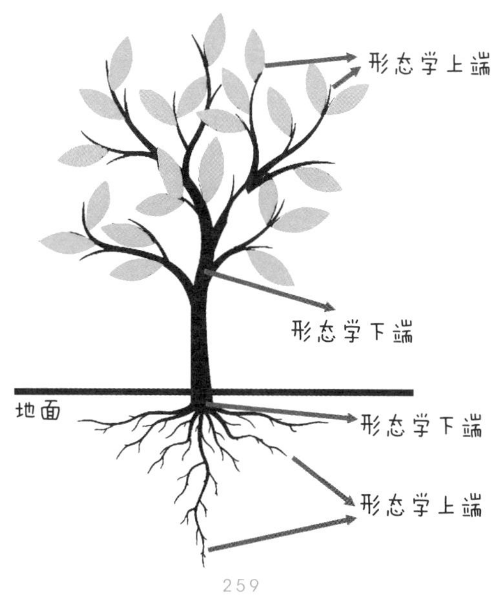

极性运输的单向运输的运输机理如下图所示。

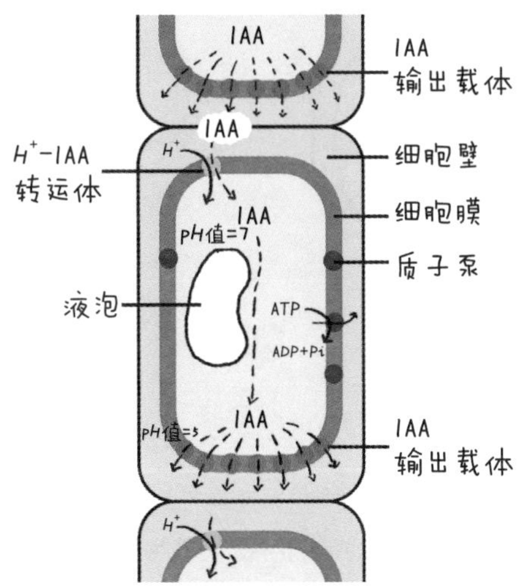

在上图中，一个植物细胞形态学上端的细胞膜上存在H^+-IAA^-转运体，形态学下端细胞膜上存在IAA输出载体，极性运输正是由于细胞顶部和底部存在不同的转运蛋白而实现的，也说明了极性运输与植物所处的物理位置无关。这种运输方式需要消耗ATP，是一种主动运输。

③ 非极性运输

在植物成熟组织的韧皮部（下图），生长素会随着其他有机物（糖类、氨基酸等）通过筛管进行运输，然后在目的地释放出来起作用。这种运输方式的距离较长，并且可双向运输。如人工在叶片上喷洒生长素，会被运输到植物的根部。

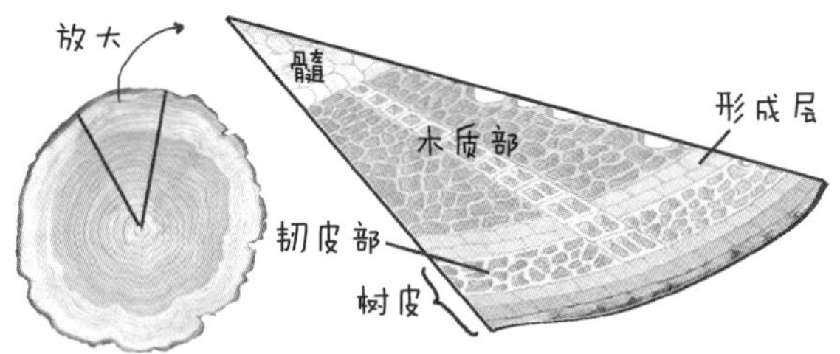

生长素的生理作用

植物激素和动物激素在发挥作用时，都是通过给细胞传递信息，由细胞上的特异性受体结合后，诱导特定基因的表达，从而起到调节生命活动的作用。

在细胞水平上，生长素可刺激形成层细胞分裂，刺激细胞伸长生长，促进木质部、韧皮部细胞分化，调节愈伤组织的形态建成等。在器官和整株水平上，生长素从幼苗到果实成熟过程中都起作用。例如，生长素可以促进扦插枝条生根，影响花、叶、果实的发育等。

值得注意的是，生长素的生理作用具有两重性，即在较低的浓度下可以促进生长，而高浓度时则抑制生长，甚至使植物死亡。

植物向光生长的原因

胚芽鞘是单子叶植物特有的结构，尤其是禾本科植物。它是胚芽外的一种锥形套状物，可以保护胚芽中更幼小的叶和生长锥。种子萌发时，胚芽鞘首先钻出地面，保护胚芽出土时不受到损伤。胚芽鞘中还含有叶绿素，出土后就能进行光合作用，为幼苗提供营养。

我们以胚芽鞘为例，产生生长素的部位主要位于胚芽鞘的尖端，即分生区细胞。感光的部位也是分生区，但是需要注意的是，尖端是否产生生长素以及产生量的多少，与是否感光并无关系。但单侧光能够影响生长素的分布，可以理解为生长素“不喜欢”光照，会运输到背光的一侧。

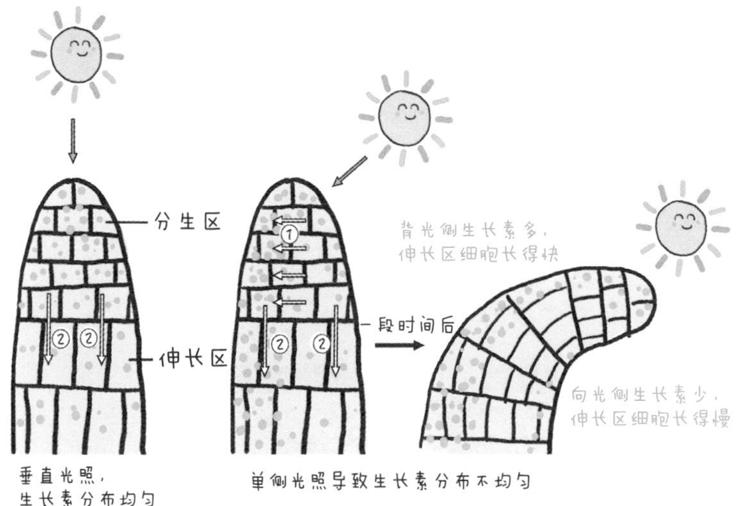

当单侧光照射到胚芽鞘的尖端时，尖端产生的生长素因为单侧光的存在而在分生组织发生了横向运输（如上页图中①），令背光侧的生长素浓度大于向光侧。

随后，生长素又发生了极性运输（如上页图中②），由胚芽鞘的分生区运输到了伸长区。而生长素发挥作用的部位就是尖端下面的伸长区，生长素浓度高的一侧受到的促进生长的作用较强，浓度低的一侧受到的促进生长的作用较弱，故背光侧生长快，向光侧生长慢，造成胚芽鞘的向光弯曲生长。

所以说，胚芽鞘向光性产生的原因可以归纳为单侧光照射，导致生长素分布不均匀引起的。

需注意的是，这里生长素促进生长的原理为促进细胞的“纵向伸长”，从而使体积变大，而不是促进细胞数目的增多。即背光侧之所以长得快，是因为其背光侧细胞比向光侧“更伸长”。

关于植物向光性的原因，除了我们上述所说的“单侧光照射下，向光侧的生长素向背光侧横向转移（猜想①）”这种观点外，也有人提出了不同的观点：

有人猜想，在单侧光照射下，向光侧的生长素被分解了（猜想②）。

也有人猜测，在单侧光照射下，抑制生长的物质分布不均匀（猜想③）。

那么，该如何判断3种猜想哪种是正确的呢？其实我们可以设计一个小实验，分别在黑暗和单侧光照条件下，测定胚芽鞘尖端下面琼脂块内生长素的含量，如下图所示。

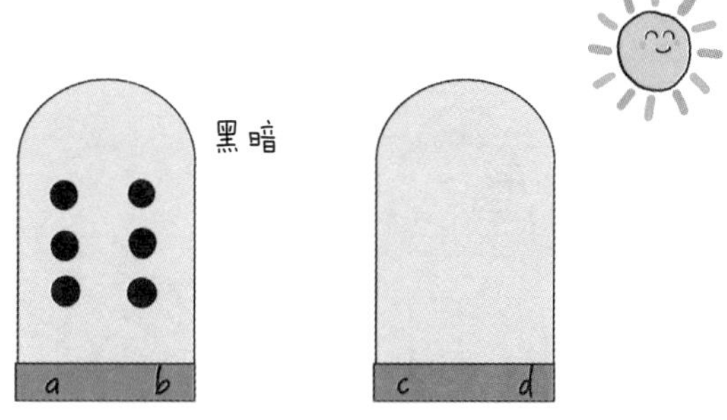

若猜想①正确，则a、b、c、d四个琼脂块中生长素的含量关系为c>a = b>d。

若猜想②正确，则a、b、c、d四个琼脂块中生长素的含量关系为c＝a＝b>d。

若猜想③正确，则a、b、c、d四个琼脂块中生长素的含量关系为a＝b＝c＝d。

其他植物激素及其作用

植物体内除了生长素，还有多种激素存在，各种植物激素共同调控植物的生长发育和对环境的适应。

赤霉素

1926年，科学家观察到，当水稻感染了赤霉菌会疯长（恶苗病），结实率大大降低，如下图所示。研究者将赤霉菌培养基的滤液喷施到水稻幼苗上，也出现了恶苗病症状。

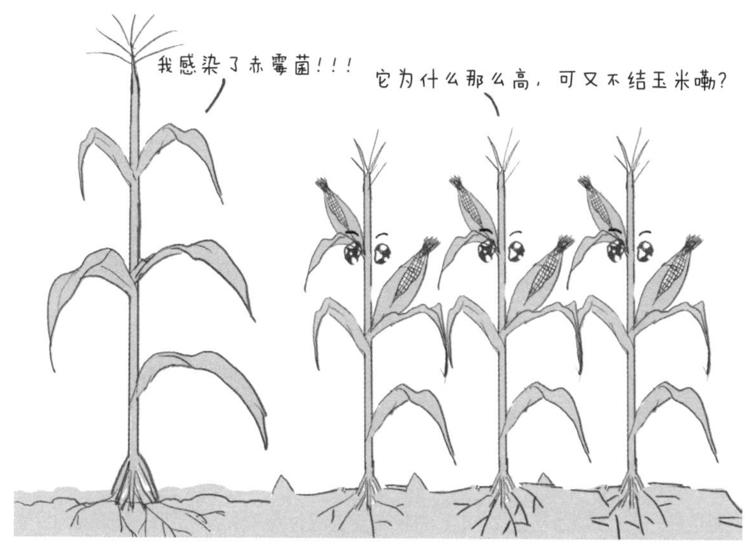

这说明赤霉菌产生的某种化学物质，能够引起对应的症状。这种化学物质被命名为赤霉素。后来，科学家在植物体内发现了120多种类似的物质。

赤霉素较多存在于生长旺盛的部位，主要合成部位为幼芽、幼根和未成熟的种子。与生长素不同的是，赤霉素在植物体内的运输不具有极性，根尖合成的赤霉素会沿着导管向上运输，而嫩叶产生的则沿筛管向下运输。

赤霉素能够促进生长素的合成，抑制其氧化分解；可促进细胞伸长，从而引起植株增高；促进细胞分裂与分化；促进种子萌发、开花和果实发育。

在生产上，赤霉素还能够诱导α-淀粉酶的形成和打破休眠等。

细胞分裂素

细胞分裂素的合成部位主要是根尖，在植物体内的运输多发生于从根部通过木质部运输到上部。

细胞分裂素的生理功能主要是促进细胞分裂；促进芽的分化、侧枝发育、叶绿素合成；延缓叶片衰老；促进气孔张开等；同时，可以抑制不定根的形成和侧根的形成。

脱落酸

脱落酸主要由根冠和萎蔫的叶片等部位合成，其中以将要脱落或进入休眠的器官中较多，在逆境条件下含量会迅速增多。脱落酸也不存在极性运输，木质部和韧皮部均可运输。

脱落酸的生理作用主要是抑制细胞分裂；促进气孔关闭；促进叶和果实的衰老和脱落；维持种子休眠等。

脱落酸遇高温会分解，故秋天水稻等成熟后若遇连续高温天气后降雨，稻穗种子里积累的脱落酸分解，无法继续促进休眠，会导致“穗上发芽”现象。

乙烯

乙烯是一种气体激素。高等植物体的各个部位均能产生乙烯，但在不同组织、器官和发育时期，乙烯的释放量是不同的。

乙烯的生理作用主要体现在促进果实成熟；促进开花；促进叶、花、果实脱落；抑制生长素的转运、根和茎的伸长生长等方面。所以生活中可以将香蕉或梨放置于未成熟的猕猴桃旁，很快猕猴桃就会成熟。

乙烯是气态，实际生活、生产中不方便应用。而乙烯利是一种乙烯类的植物生长调节剂，液态，好储存、方便运输，在pH值高于4.1时会分解为气态，可以促进植物开花、果实成熟和器官脱落等。

油菜素内酯

油菜素内酯主要的合成部位是植物的花粉、种子、茎和叶等，最主要的生理作用是促进细胞的伸长和分裂，还能促进花粉管生长、种子萌发等。

除此以外，水杨酸、茉莉酸等也是常见的植物激素。

原理应用知多少！

顶端优势

为了方便理解什么是“顶端优势”，先回顾一个小知识点：生长素生理作用具有两重性，即在较低的浓度下可促进生长，而高浓度时则抑制生长。

其实浓度的“高低”并没有固定的界限，不同种类的植物、不同的器官，甚至不同的植物细胞成熟情况，可能都不相同。

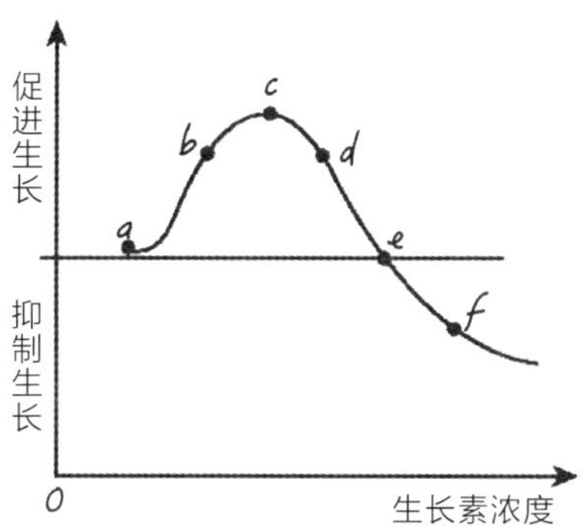

我们可以这么理解上图：e点前不同的生长素浓度对于植物的作用均为促进，只不过c点是促进作用最强的点，我们将c点对应的浓度称为促进生长的最适生长素浓度；c点前，随着生长素浓度的升高，促进作用越来越强；c点到e点之间，促进作用逐渐减弱；e点以后，随着生长素浓度增加，抑制生长的作用逐渐加强。

那么，到底什么是顶端优势呢？

顶端优势是指植物的顶芽优先生长而侧芽生长受抑制的现象，如下图所示。

形成顶端优势的原因有多种猜测，其中被普遍接受的是一种叫作“激素抑制”的假说。该假说认为顶端优势是由于生长素对侧芽的抑制作用而产生的，即植物顶芽形成的生长素，通过极性运输，向下运输到侧芽部位，枝条上侧芽处的生长素浓度较高。侧芽对生长素浓度比顶芽敏感，故而其生长发育受到抑制。如下图所示。

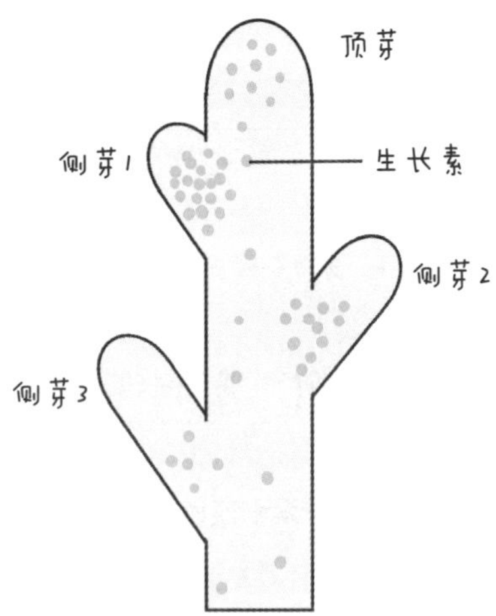

越靠近顶芽的侧芽，“被迫”接受的生长素浓度越高。所以，顶芽对侧芽的抑制程度会随着距离的增加而减弱。因此，对下部侧芽的抑制比对上部侧芽轻。许多树木因此形成宝塔形树冠。顶端优势强弱与表现方式的不同，造成植物生长姿态的差异。如下图所示。

在农业生产中，为了促使植物主干部分长得又高又直，就要维护植物的顶端优势，任它自由生长并及时除去侧芽。如向日葵、烟草、玉米等作物以及用材树木，需控制侧枝生长，促使主茎强壮、挺直。但若想去除顶端优势，以促使侧芽萌发、增加侧枝数目或促进侧枝生长，就需要摘除顶芽，如使用三碘苯甲酸抑制大豆顶端优势，促进腋芽成花，提高结荚率；绿篱修剪可以促进侧芽生长，从而形成密集灌丛状等。

根的向地性与茎的背地性

我们已经知道同一植物的不同器官对于生长素的敏感程度是不同的，其中根>芽>茎，如下图所示。也就是说，越敏感的器官就越容易随着生长素浓度的升高而先被抑制。

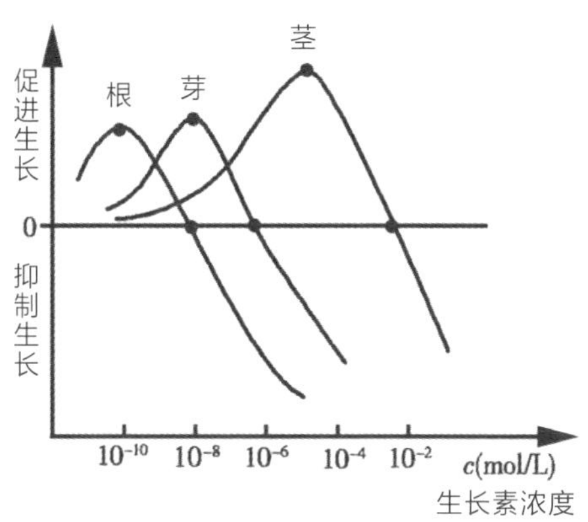

当幼苗横放在水平面上时，重力因素会先发生横向运输（如下图中①），近地侧的生长素浓度高于远地侧，而后再发生极性运输（如下图中②），使生长素分布于根和茎的伸长区。

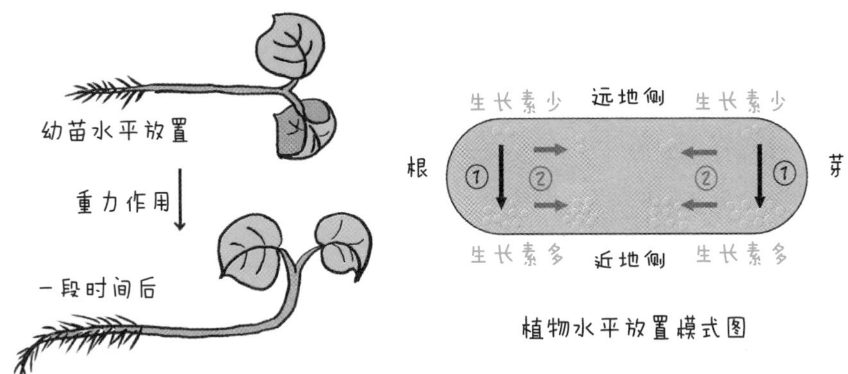

植物水平放置模式图

然而，根对生长素的敏感度较高，即根部近地侧的生长素浓度过高抑制了近地侧根部的生长，而根部远地侧生长素浓度促进远地侧根部生长，于是出现了根远地侧细胞生长较快，从而使根向地弯曲生长的现象。根的向地性有利于更好地固定植株，以及利于吸收水分和矿物质离子。

另一方面，茎对生长素的敏感度较低，所以近地侧和远地侧的生长素浓度均促进生长范围，因为茎的近地侧生长素浓度比远地侧高，近地侧细胞生长得更快，所以出现了茎的背地性，这样可以将枝条伸向天空，利于吸收阳光，进行光合作用。

生长素类植物生长调节剂

生长素类植物生长调节剂是人们在了解天然生长素的结构和作用机制后，通过人工合成与生长素具有类似生理和生物学效应的物质。这类物质具有原料广泛、容易合成的特点，并且因为植物体内没有能够降解它们的酶，所以往往效果比较稳定。

常见的生长素类植物生长调节剂包括2,4–二氯苯氧乙酸（2,4–D）、α–萘乙酸（NAA）、萘乙酰胺、增产灵（4–IPA）等。

生长素类植物生长调节剂的部分应用如下：

① 促进结实，防止花朵、果实和叶片脱落

在农业生产上用2,4-D溶液喷洒开花的番茄，能保花保果和促进果实生长；利用一定浓度的2,4-D或NAA溶液喷洒棉花植株，可以达到保蕾、保铃的效果。

② 获得无子果实

在农业生产上，用生长素类植物生长调节剂喷洒未受精的雌蕊的柱头，可以获得无子果实，如番茄、黄瓜、辣椒等，如下图所示。

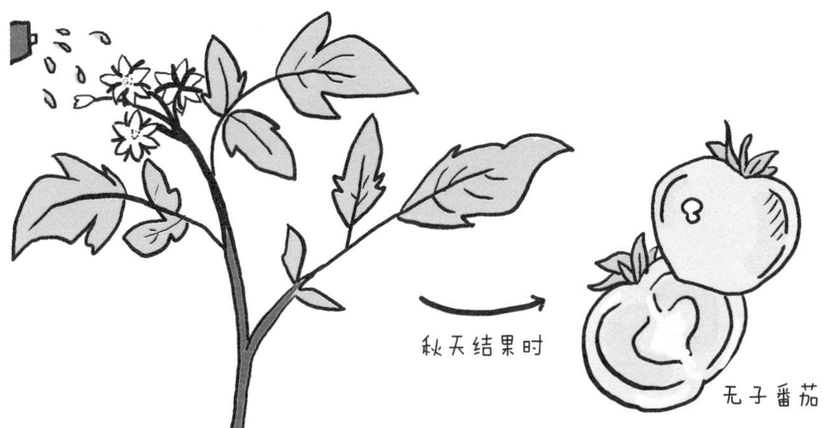

③ 促使扦插枝条生根

在进行扦插繁殖的时候，对于不容易生根的植物，可以先用一定浓度的NAA等溶液浸泡扦插枝条的下端，然后栽插到土壤中。不久，扦插枝条的下端就长出大量的根，使其更容易成活。

④ 促进开花

使用NAA或2,4-D溶液处理菠萝植株，可以促进植株开花。

⑤ 作为除草剂

一般双子叶植物对生长素比单子叶植物敏感，故用较高浓度的2,4-D溶液能去除单子叶农作物（如小麦）中的双子叶杂草，同时还能促进单子叶农作物的生长。

向日葵为何向阳而生？

“年轻”的向日葵，会在清晨面向东方迎接旭日，中午时直视正午骄阳，傍晚时又默默凝望夕阳西下。

这是基因（昼夜节律）和激素综合作用的结果，这里我们主要聊聊植物激素方面的作用。

首先是生长素，我们已经知道生长素“不喜”阳光。所以，向日葵的花盘茎端的生长素会从向光侧移向背光侧，促使背光侧长得快，而向光侧长得慢些。由于茎的两侧生长速度不同，植物向着光源处转动。

其次，有研究表明，向日葵茎端生长区存在一种能够抑制生长的物质，叫作叶黄氧化素。与生长素相反，它会抑制细胞伸长并在向光侧累积，从而造成茎的两侧生长速度不同。因此，叶黄氧化素的分布不均，也促使了植物的向光旋转。

向日葵的叶子和花盘在白天追随太阳从东转向西，但也并非即时地跟随。植物学家经过测量，发现其花盘的指向落后太阳大约12度，即48分钟。太阳下山后，向日葵的花盘又慢慢往回摆。在大约凌晨3点时，向日葵又朝向东方等待太阳升起了。

但是随着向日葵逐渐成熟，生长速度下降，它的花盘会停止摆动，固定为面朝东方，这可能是长期自然选择的结果。向日葵的花盘清晨面向阳光接受照射，有助于烘干夜晚凝聚的露水，减少霉菌感染的概率。此外，早晨温度较低时，阳光直射可以提高向日葵花盘的温度，形成一个温暖的小空间，从而吸引昆虫在那里停留，帮助传粉。同时，向日葵花盘朝向东方可以避免正午阳光的直射，防止高温灼伤花粉。

生态学篇

各 种 生 物 是 如 何 协 调 共 存 的 ？

种间关系

对抗?或者是互助?
相克相生，协同进化

发现契机!

——查尔斯·罗伯特·达尔文曾通过研究勇地雀和仙人掌地雀的食性变化，发现了竞争和生态位转换之间的关系，为其研究“生存斗争、适者生存”的理论奠定了基础。

生存斗争从广义上来讲包含3个方面:种内竞争(同种个体间的竞争)、种间竞争(异种个体间的竞争)和生物个体与所生存环境的斗争。

——种内竞争很好理解，主要会体现在食物、空间、配偶和社会地位等方面，竞争获得胜利的个体能增加繁殖后代的概率。生物与环境之间的斗争在某一方面会体现在对环境的适应性上，这些您在讲述自然选择学说时向我们介绍过。

物种之间为了争夺有限的生存空间和资源，进行的竞争必然是残酷的、你死我活的。竞争的结果往往是一方留存下来，而另一方被淘汰。这就是竞争排除现象。

——两种生物如果发生了种间竞争，最后的结果一定是势不两立吗?

哈哈!其实并不是，上述结果的出现是因为两种生物的生存能力有强有弱，且所处的生态位极其相似。如果两种生物的生存能力相似，也会出现共存的情况。我们可以一同分析下不同生物之间存在哪些种间关系。

原理解读！

- 种间关系是指不同物种种群之间相互作用所形成的关系。两个种群的相互关系可以是直接的，也可以是间接的，对其中一种生物来讲，这种影响可能有害，也可能有利。
- 种间关系的作用可以分为以下3类：

① 中性作用，即种群之间没有相互作用。事实上，生物与生物之间是普遍联系的，所谓的没有相互作用只是相对而论的。

② 正相互作用，按其作用程度分为偏利共生、原始合作（互惠）和互利共生等。

③ 负相互作用，包括种间竞争、捕食、寄生和偏害作用等。

- 部分种间关系如下图所示。

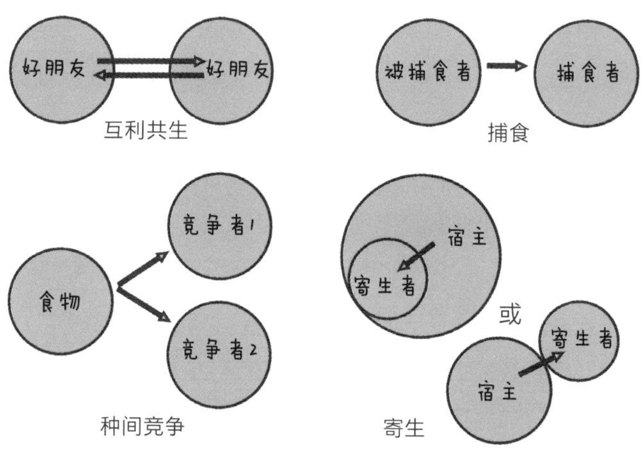

不同物种间依靠其复杂的种间关系，以及生物与无机环境之间的相互影响，不断地进化和发展，造就生物的多样性，即生物的协同进化。

种间关系中的正相互作用

偏利共生

两种生物中一种因共生而得益，另一种生物不受影响的现象，称为偏利共生。

如热带的兰花附生在乔木的枝干上，借以获得适宜的光线等生活条件，制造自身所需要的营养，但乔木本身并没有受到伤害。广义而言，飞鸟栖息于树枝上，鱼虾潜游在水草中，都是动物利用植物获得偏利，对植物并无害。

原始合作

原始合作，又叫作互惠，是指两种生物共同生活在一起互相得益，但协作关系较为松散，分开后彼此仍能独立生活。

如寄居蟹背上的腔肠动物海葵对蟹起伪装和保护的作用。当遇到敌人时，寄居蟹举起两只大螯抗敌，海葵则从刺细胞内喷出毒汁，直至把敌人击退。同时，海葵可以利用寄居蟹作运输工具，从而得以在更大范围内获取食物。

再比如，河水里有共生的无齿蚌与鳑鲏鱼。雌鱼产卵时，会把产卵管插进贝壳缝隙里，将卵产在蚌体内；雄鱼紧随其后，将精子也产在蚌体内。两者受精形成的受精卵在蚌体内孵化成小鱼，逐渐长大。当小鱼即将离开蚌时，蚌将自己的幼子寄存在小鱼的鳃腔中，小鱼又成了小蚌的“保姆”，小蚌随着小鱼到处游动，等到能独立生活时，便从鱼鳃中脱落，沉到河底，逐渐长大。

互利共生

两种生物长期共同生活在一起，相互依存、彼此有利，分开后要么都生活得不好，或者有一方不能独活的现象，称为互利共生。互利共生的两种生物在数量上呈现同时增加、同时减少，即表现出“同生共死”的同步性变化，如右图所示。例如根瘤菌和豆科植物、白蚁和鞭毛虫、地衣等。

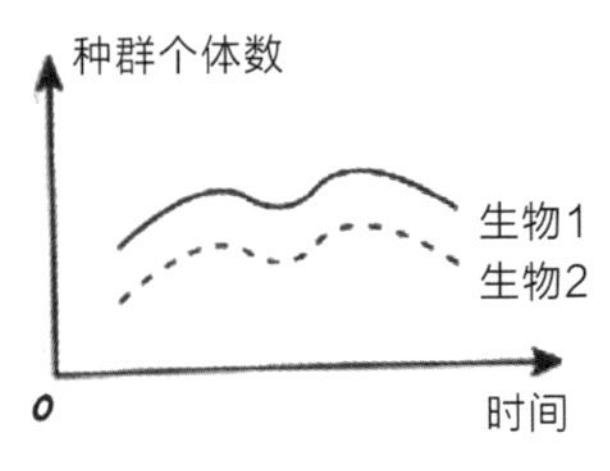

根瘤菌固定空气中的氮元素，供给豆科植物利用；豆科植物进行光合作用，供给根瘤菌需要的糖类和其他物质。

白蚁以木材为食物，但其消化道内不含有消化纤维素的酶，依靠肠内共生的鞭毛虫将纤维素转化成单糖，供给白蚁消费。如果两者分开，白蚁因不能消化纤维素而饿死，鞭毛虫也因缺少能量而不能生存。

地衣是真菌与藻类（绿藻或蓝细菌等）共生在一起而形成的，藻类通过光合作用为真菌提供有机物，真菌可以供给藻类水和无机盐。

种间关系中的负相互作用

捕食

一种生物以另一种生物为食，以获得自身生长和繁殖所需的物质和能量，这种关系称为捕食。如植食性动物吃草或嫩枝、肉食性动物捕食猎物，以及某些植物诱捕动物（如猪笼草）等。

在一个正常的生态系统内，捕食者和猎物之间常保持动态的平衡。否则，该生态系统可能遭到破坏。以狼捕食兔子为例，其中狼属于捕食者，兔子属于被捕食者，两者在数量上呈现“先增加者先减少，后增加者后减少”的不同步性变化，如下图所示。

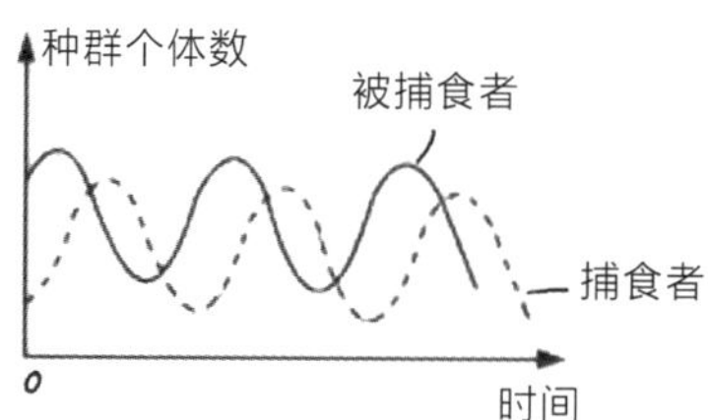

寄生

寄生是一种生物从另一种生物（宿主）的体液、组织或已消化的物质中获取营养，从而对寄主产生危害的现象。但一般情况下，寄生者并不会导致寄主死亡。

寄生者通常生活在寄主体内或体表，主要的寄生物有细菌、病毒、真菌、原生动物、扁形动物、线形动物、昆虫、蜱螨及寄生性种子植物（如菟丝子、桑寄生、槲寄生）等。

如铁线虫和螳螂，铁线虫通过寄生在螳螂的体内，吸取螳螂身体里的养分。成年后的铁线虫会控制螳螂寻找水源并自杀，然后从螳螂体内“破土而出”，在水中寻找异性并开始生命的延续。

再比如，菟丝子无叶片不能进行光合作用，其寄生在果树上，以藤茎缠绕主干和枝条，被缠的枝条产生缢痕，藤茎在缢痕处形成吸盘，使导管和筛管与寄主植物相连，从而吸取树体的营养物质和水分，来供自己成长。

蝙蝠蛾通常将虫卵产在地下，而后孵化成幼虫。虫草真菌的孢子，经过水渗透到地下，会寄生于蝙蝠蛾的幼虫，并吸收幼虫体的营养而快速繁殖。真菌孢子的生长过程中，幼虫也慢慢长大，而后钻出地面。直到真菌的菌丝繁殖至充满虫体，幼虫就会死亡。此时正好是冬天，这就是所谓的冬虫。而气温回升后，菌丝体就会从冬虫的头部慢慢萌发，长出像草一般的真菌子座，称为夏草。在真菌子座的头部含有内藏有孢子的子囊。当子囊成熟时，孢子散出，再次寻找蝙蝠蛾的幼虫作为寄主。这就是冬虫夏草的来源。

除此之外，虱子寄生在动物的体表；病毒、细菌寄生于宿主；蛔虫寄生在人或其他动物体内；昆虫更是植物最主要的寄生生物。这些都是生活中常见的寄生现象。在数量上，寄生生物往往获利，对于宿主往往有害，如下图所示。

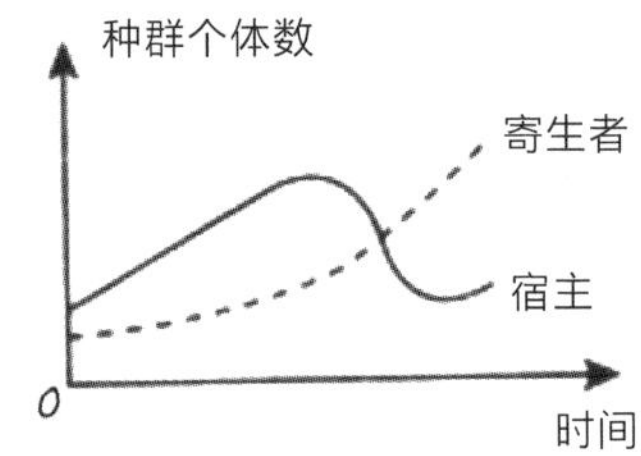

种间竞争

两个或更多个物种之间，由于共同利用有限资源和空间而产生的相互排斥的现象，称为种间竞争。竞争双方都力求抑制对方，结果使彼此的生长和存活受到抑制。

竞争结果可能是一个物种取代另一个物种，可能将另一物种驱赶到别的空间，也可能是两个物种之间形成某种平衡。

所以数量上可能呈现“此消彼长”的“同步性变化”。若两种生物的生存能力不同，就会出现明显的“你死我活”型的竞争排除现象，如下页图所示。农作物和杂草就属于典例的种间竞争。

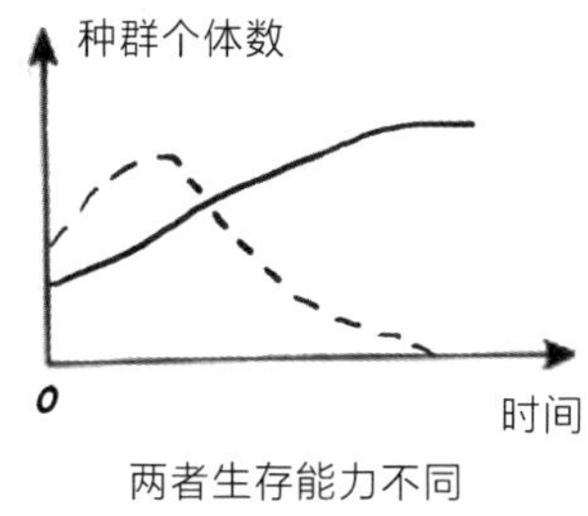

两者生存能力不同

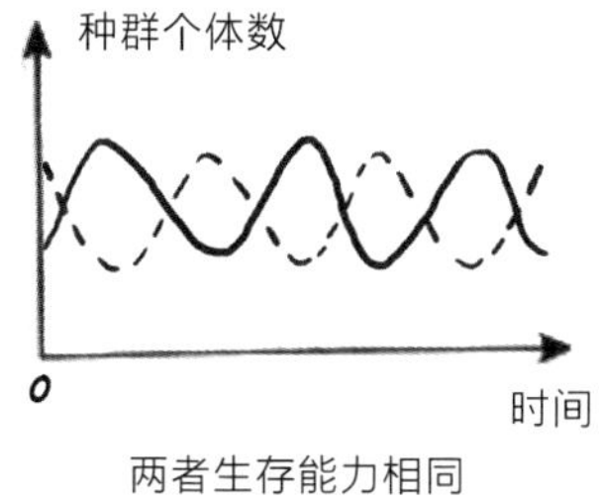

两者生存能力相同

谷子和狗尾巴草时常生活在一起，共同竞争有限空间中的养分、阳光、水分等，两者形态相似，很难分辨。如果狗尾巴草长得特别茂盛，谷子就会生长很慢、谷穗很小，甚至干黄死去。

偏害作用

两个物种在一起时，一个物种的存在可对另一物种起抑制作用，而自身却不受影响。主要包含异种抑制作用和抗生作用两大类。

异种抑制一般指植物分泌一种能抑制其他植物生长的化学物质的现象，如胡桃树分泌一种叫作胡桃醌的物质，能抑制其他植物生长。因此，在胡桃树下的土壤表层是没有其他植物生存的。

抗生作用是一种微生物产生一种化学物质来抑制另一种微生物的过程，如青霉菌所产生的青霉素是一种细菌抑制剂，就是我们熟知的抗生素。

生态位与种间竞争

生态位是指一个种群在所处的生态系统，在时间、空间上所占据的位置及其与其他物种之间的功能关系与作用。例如，要研究某种动物的生态位，我们需要知道它们的活动空间范围（栖息地）、食物、天敌、与其他物种之间的关系，甚至偏好活动的时间（如有些动物会昼伏夜出、冬眠）等。

群落中两种或多种物种存在相似生态位，就会发生生态位重叠。也就是说，种间竞争与生态位重叠是密切相关的：如果两个物种的生态位是完全分开的，则不会有种间竞争，但在这种情况下可能会有未被利用的资源；否则，不同物种间就可能因竞争共同资源发生竞争排除。一般来说，生态位重叠越大意味着物种间可能存在的竞争越大。如下页上图所示。

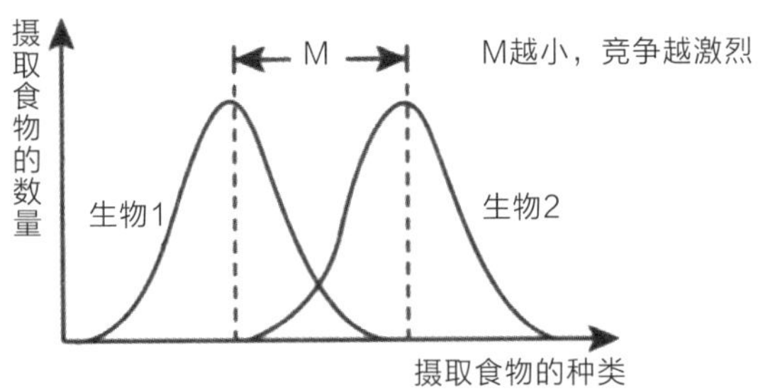

群落中生物多样性之所以能够形成并维持稳定，是因为群落中的各个物种通过自然选择发生了生态位的分化，最终达到各个物种“生态位错位”的共存状态。

如下图所示，水域的边缘地带如果存在多种水鸟，它们往往都有各自偏好的分布范围。若仅存在其中一种水鸟，它的分布范围将明显扩大，这种现象的产生也是群落构建时生态位分化的结果。

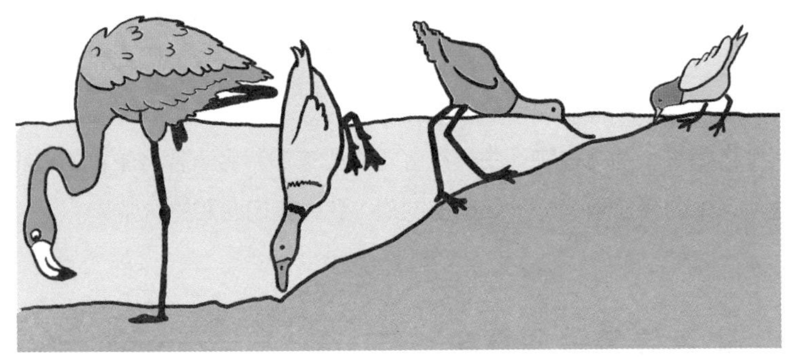

但也有例外情况，当资源极其丰富时，有生态位重叠的两种生物可以共同利用同一资源而不给对方带来损害，如热带雨林。

原理应用知多少！

四大家鱼的混养

四大家鱼是指人工饲养的青鱼、草鱼、鲢鱼和鳙鱼，它们是中国1000多年来在池塘养鱼中选定的混养高产的鱼种。四大家鱼的混养利用了它们在池塘中占据着不同的生态位：鲢鱼生活在水的上层，主要以浮游植物为食；鳙鱼生活在水体的中上层，主要以浮游动物为食，偶尔食用部分浮游植物；草鱼一般生活在水的中下层或水草较多的地方，主要以水生植物的茎和叶为食；青鱼生活在水的下层，主要以螺、蚌等水底动物及水生昆虫为食。如下图所示。

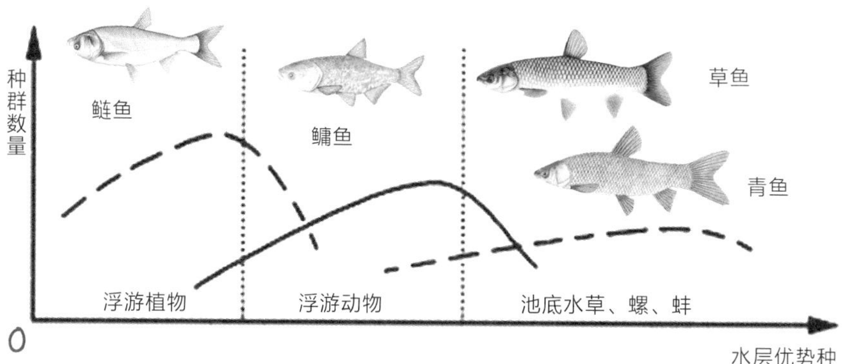

除了水层分布有区别外，鱼的粪便又培植了浮游生物，对鲢鱼、鳙鱼有利；鲢鱼、鳙鱼滤食了浮游生物，清洁了水质，是水质清洁工，对其他鱼类都有利；草鱼清除了池中杂草，青鱼除食了螺、蚌。

所以，这4种鱼混合饲养合理利用各个水层，巧妙地利用了各种鱼类生活习性之间的互补性，各种鱼类分居各自的水层，在主养品种中适当套养部分有利的品种，达到提高饵料的利用率、调节水质、防治病害、以鱼养鱼、增加鱼的产量的目的，充分发挥池水的最大功效。

生物防治

生物防治是指利用生物物种间的相互关系，以一种生物或一类生物对付另外一种生物的方法。生物防治的最大优点是既不会污染环境，也不会因为长期使用杀虫剂等农药而导致害虫在长期的人工选择作用下产生抗药性。

生物防治大致可以分为以虫治虫、以鸟治虫和以菌治虫3类，是降低杂草和害虫等有害生物种群密度的有效方法。

目前，常用的生物防治方法多集中于利用信息素、引入害虫天敌或寄生生物。其中利用昆虫信息素可以诱捕雄虫或扰乱雌雄害虫的交配，使其繁殖能力下降，降低出生率，从而降低害虫的种群密度。如下图所示。

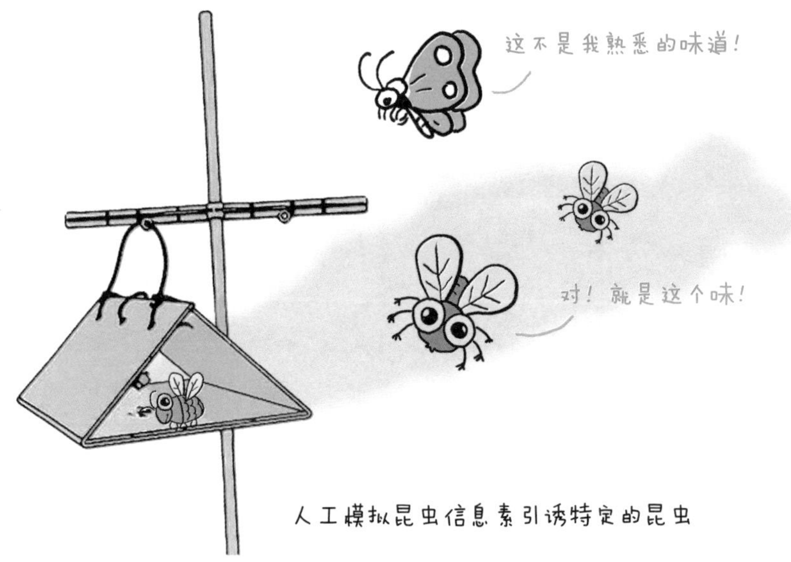

人工模拟昆虫信息素引诱特定的昆虫

小蠹虫主要侵害树干部韧皮组织和树木枝梢的髓心部组织，其成虫在营养期蛀入枝梢补充营养，在韧皮部蛀坑道，切断了树木水分和养分的供应，造成树叶枯黄凋落，树势衰弱，最后会导致树木死亡。为了治理美国的加利福尼亚州松林里的松小蠹，人们利用信息素进行诱捕，结果在一小块林地中捕获了430万只。

除此以外，在国外，利用苏云金杆菌防治落叶松叶蜂、舞毒蛾、云杉芽卷叶蛾，利用核型多角体病毒和颗粒体病毒防治美国白蛾等，均获得成功。

我国利用赤眼蜂来防治玉米螟、水稻螟虫等多种害虫也取得了巨大的成功。这些害虫产卵时会释放信息素，赤眼蜂能通过信息素找到害虫卵，它们在害虫卵表面爬行，并不停地敲击卵壳，快速准确地找出最新鲜的害虫卵，并在其中产卵。赤眼蜂由卵、幼虫、蛹，最后羽化成赤眼蜂，甚至连交配都是在害虫卵壳里完成，而后咬破寄主卵壳外出自由生活。

蚂蚁与蚜虫的共生关系

蚂蚁和蚜虫是自然界一对经典的“共生CP”：蚂蚁为柔弱的蚜虫提供保护，蚜虫则报以甜美的蜜露。

蚜虫是繁殖最快的昆虫，一群蚜虫在觅食时，很容易被蚂蚁发现。寻找到蚜虫群的蚂蚁会返回巢穴，并在途中留下跟踪信息素，让蚁群可以沿着踪迹寻找到蚜虫群。

从此之后，蚂蚁会释放出带有镇静剂效果的化学物质，驯服和控制蚜虫，且为了让蚜虫安心地繁衍后代和“生产”蜜露，蚂蚁可能还会咬掉有翅蚜的翅膀来防止它们飞走。

蚜虫会用嘴巴上的“针管”刺穿植物的外皮，吸取植物的汁液再将其消化，从中摄取需要的氨基酸。但植物汁液中的氨基酸含量低、糖分含量高，所以蚜虫只好将过量的糖分排出体外。这些甜蜜的、亮晶晶的“排泄物”，就成了蚂蚁最喜欢的琼浆玉露。而蚂蚁也不白吃，它们会尽可能保护柔弱的蚜虫免受瓢虫、寄生蜂等天敌侵害。在蚂蚁的照顾下，蚜虫种群往往能快速发展壮大。

当附近的植物营养缺乏时，蚂蚁就会把蚜虫背到新的“牧场”。在秋天，蚜虫在玉米地的土壤中产卵，某些种类的蚂蚁就会把蚜虫卵收集起来带到巢中，储存在温度和湿度最适宜的地方过冬。春天，蚜虫孵化后，蚂蚁还会把它们从巢穴中带到植物上。

当蚜虫数目过多，或者蚂蚁照顾不过来时，蚂蚁也有可能选择清除掉蚜虫中营养不良、生病的蚜虫，以保证蚜虫种群的良性发展。

生态系统的能量流动

为何一山不容二虎？
为何万物之源是阳光？

发现契机！

——林德曼（Raymond Laurel Lindeman，1915—1942）是美国生态学家，提出了能量流动的概念，其以数学方式定量地表达了群落中营养级间的相互作用，标志着生态学从定性走向定量。

在我生命的最后几年，几乎一直在研究湖泊中各种生物之间的关系。我发现生物量按照食物链的顺序在不同营养级上转移时，有着较为稳定的数量级比例关系，通常后一级生物量只等于或者小于前一级生物量的1/10。

——您把生态系统中能量的不同利用者之间存在的这种必然的定量关系，叫作“十分之一定律”。

是的！生态系统中能量与物质的流动在不同的营养级之间存在的定量关系，是维持所有生态系统稳定的重要因素。我通过对一个结构相对简单的天然湖泊——赛达伯格湖的能量流动进行定量分析后，才发现了生态系统能量流动的特点。

——您的研究，使能量流动的研究得以定量化，使我们对于生态系统的认知更加清晰，希望您能够带我们走进能量流动的世界。

原理解读！

- 生态系统是指在一定空间中共同栖居着的所有生物与其非生物环境之间，由于不断进行物质循环和能量流动过程而形成的统一整体。

- 生态系统的结构包括组成成分（生产者、消费者、分解者和非生物环境）和营养结构（食物网和食物链）两部分。各成分之间的关系如下图所示。

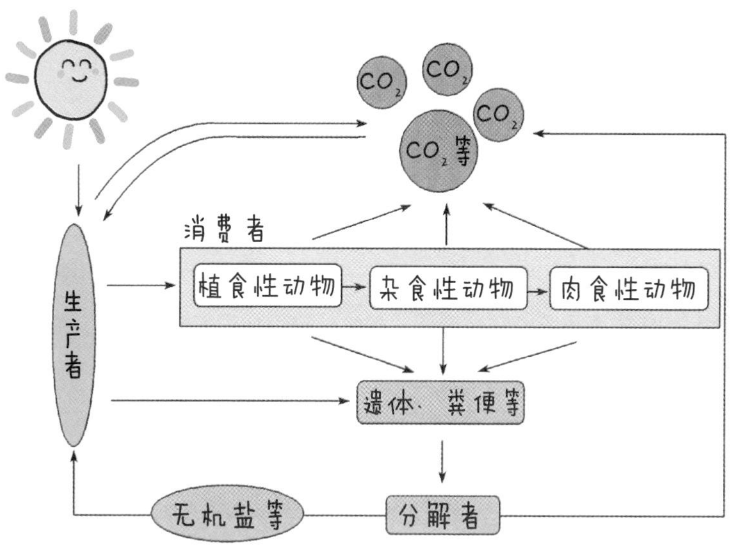

- 生态系统的功能包括能量流动、物质循环和信息传递3个方面。

- 生态系统的能量流动是指生态系统中的能量从较低营养级向较高营养级的传递，主要包括能量在生态系统中的输入、传递、转化和散失4个方面。

- 能量流动具有单向流动、逐级递减的特点，并且能量在相邻两个营养级间的传递效率是10%～20%。

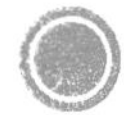

生态系统的结构

生态系统的组成成分

非生物环境是指参与物质循环的无机元素及其化合物（水、空气、无机盐等），某些有机化合物（如蛋白质、糖类、腐殖质等），以及相应的气候和物理条件（如光能、热能、温度、压力等）。非生物环境是生物群落赖以生存和发展的基础。

生产者是生态系统的基石，是能够将无机物转变为有机物的自养生物，它能够把环境中的能量以生物化学能的形式固定到生物有机体中。通常是指能够进行光合作用的绿色植物和蓝细菌等。另外，能够进行化能合成作用的硝化细菌也属于生产者。

消费者是生态系统最活跃的成分，它们无法通过无机物制造有机物，只能直接或间接地依赖生产者所制造的有机物，因此属于异养生物。消费者主要包括各种植食性动物、肉食性动物以及杂食性动物，营寄生生活的生物也属于消费者，如各种病毒、大多数细菌、菟丝子等。消费者在生态系统中起着重要作用，能够加快生态系统的物质循环，帮助植物传粉和传播种子等，维持着生态系统的稳定。

分解者是物质循环中的关键成分，能够将动植物遗体和动物的排遗物分解成无机物返回非生物环境。如果没有分解者，动植物的尸体将堆积成灾，物质不能循环利用，生态系统会崩溃。分解者主要是各种营腐生生活的细菌和真菌，以及一些腐生生活的动物，如秃鹫、蜣螂和蚯蚓等。

所以说，整个生态系统的构成是地球上生物与生物、生物与非生物环境之间在长期自然选择作用下协同进化的结果。

那么，几个问题考考你：

植物一定是生产者吗？

动物一定是消费者吗？

细菌一定是分解者吗？

都不对哟！仔细看前文，比如菟丝子、槲寄生虽然都是植物，但是它们营寄生生活，所以是消费者！蚯蚓、蜣螂（也就是我们通常所说的屎壳郎）都是动物，但是它们属于分解者！而光合细菌、硝化细菌属于生产者，多数细菌属于消费者哟。

营养结构——食物链和食物网

通常来说，各种生物通过捕食与被捕食的关系构成的链状结构就是食物链，许多食物链彼此相互交错连接成的复杂营养关系叫作食物网，如下图所示。它们共同构成了生态系统的营养结构，是生态系统物质循环和能量流动的渠道。

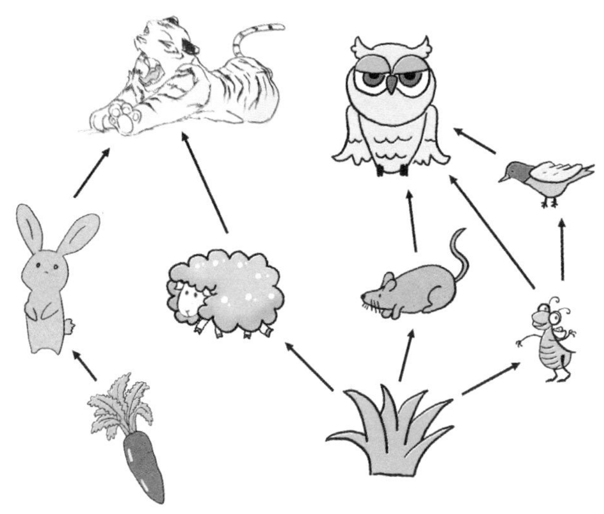

对于食物网中的某一条食物链来讲：生产者为第一营养级，消费者所处营养级因食物关系而不固定，但一般不会超过5个营养级。需要注意的是，食物网并不是固定不变的。如多食性的动物在不同的年份中，由于自然界食物条件的改变而引起的主要食物成分的变化等。

营养级与消费者等级之间的关系，如右图所示。

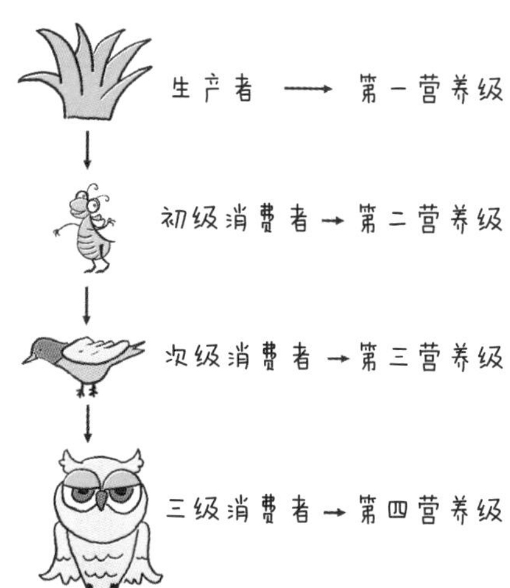

错综复杂的食物网是使生态系统保持相对稳定的重要条件。在复杂的食物网中，某条食物链的某种生物减少或消亡，它在食物链上的位置可能会由其他生物取代，不会引起整个生态系统的失调。所以说，生态系统抵抗外界干扰的能力与食物网的复杂程度呈正相关。

在自然生态系统中，除了捕食链外，还存在其他两种类型的食物链。

寄生链：各种生物由于寄生关系而形成的食物链，一般以大型动物为起点，彼此之间是寄生关系，如鸟类或哺乳动物→跳蚤→鼠疫杆菌。

腐生链：是以动植物遗体、排遗物、残落物为起点的，如动植物遗体→蚯蚓→线虫→节肢动物。

生态系统的能量流动过程

生态系统同时包含生物群落和非生物环境两部分，最大的生态系统叫作生物圈。任何生态系统都需要不断得到来自系统外的能量补充，以便维持生态系统的正常功能。

能量流动的过程

流入整个生态系统的总能量一般是生产者通过光合作用将太阳能转化并固定在有机物中的化学能。某些人工生态系统中可能还存在人工输入的能量。例如，在高密度的人工鱼塘中，能量的来源还包括人工饲料中的化学能。

能量进入到生产者体内，就成了生产者同化的能量。如下图所示。

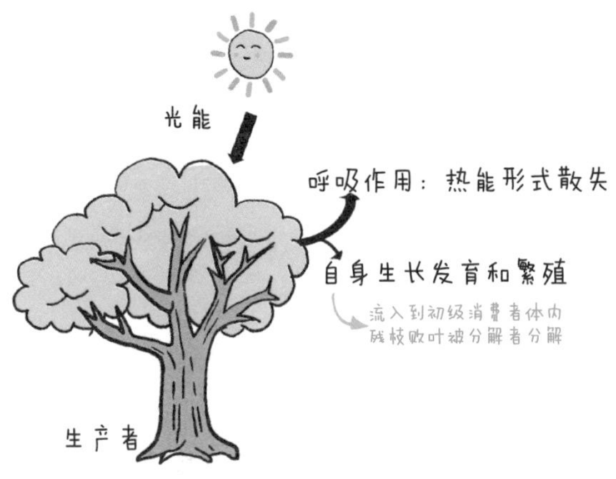

当能量流经第二营养级时，需要注意，消费者获取食物后“吃”到体内的能量不是同化量，而是摄入量。消费者的同化量是指经过消化吸收后可以转化为自身的能量。所以，“摄入量 = 同化量 + 粪便量”，因为有部分食物没有被消费者消化吸收，而是以粪便的形式排出体外了。

生态系统能量流动的示意，如下图所示。

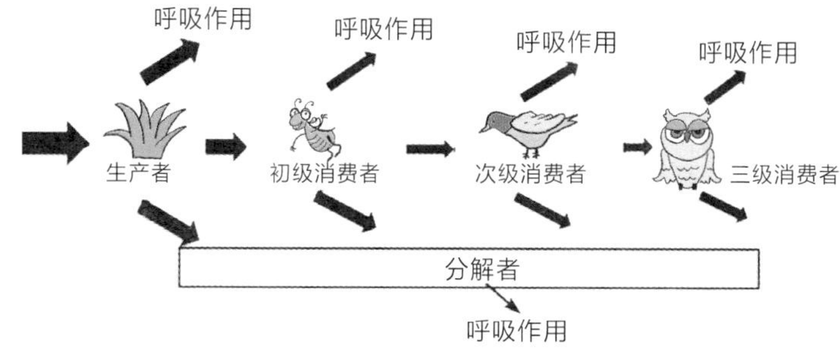

所以据上图分析，流入各营养级（最高营养级除外）的能量的去路包括（下图）：

① 通过自身呼吸作用，以热能形式散失。

② 流入下一个营养级。

③ 作为排遗物、遗体或残枝败叶被分解者分解利用。

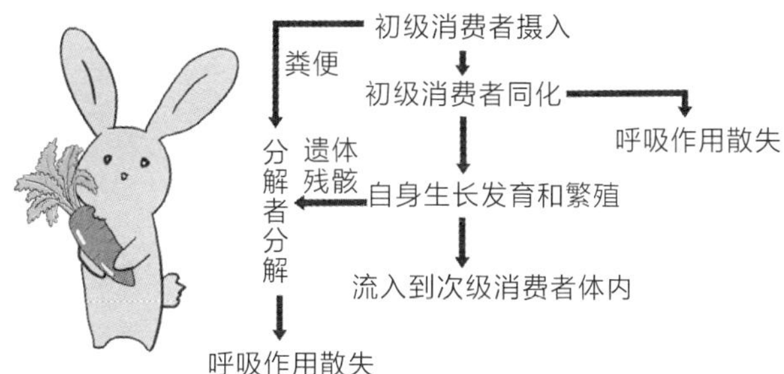

除此以外，可能还存在未被利用的能量。比如以化石燃料形式储存于地下未被人类开采的能量，以及多年生植物上一年自身生长发育的净积累量等。

能量在生物群落中是沿着食物链和食物网以有机物的形式进行传递的，最终通过各营养级的呼吸作用和分解者的分解作用，一部分形成ATP被生物利用，另一部分以热能的形式散失到非生物环境。其中发生了“光能→有机物中化学能→热能”的能量转化。

能量流动的传递效率

我们可以通过前后两个营养级之间的能量传递效率来计算能量的损失程度。

能量传递效率的计算公式为:

$$\frac{下一个营养级同化量}{上一个营养级同化量} \times 100\%$$

一般来说，输入某一营养级的能量只有10%～20%能流入下一营养级，即能量传递效率为10%～20%。营养级越多，能量流动过程中损耗越多，因此食物链中的营养级一般不超过5个。

有一种说法，叫作“一山不容二虎”，这是为什么呢?

老虎是独居动物，只有在交配期才会与异性接触。每只虎都有自己的栖息地。老虎常将有特殊气味的液体涂在栖息地边界的树上，来提醒或警告其他老虎：这是我的地盘。

“一山不容二虎”具有典型的生态学意义。我们知道，能量在各个营养级间流动时，每个营养级都有80%～90%的能量作为热量损耗了。从食物链的角度来看，作为捕食者的老虎处在食物链顶端，形成一个正置的能量（或生物量）金字塔。一只虎的领地只有足够大，才能容纳足够多的猎物及猎物所需的食物。占领一座山，就可以拥有足够的食物，这就是一山不容二虎的原因。

生态系统的能量流动特点

生态系统中能量流动是单向的，其原因是捕食关系是经过长期进化形成的，能量沿食物链由低营养级流向高营养级，不可逆转，每一营养级呼吸作用散失的能量不能再被生物群落利用，因此也无法循环。

能量在流动过程中逐级递减，其原因是各营养级的生物都会因呼吸作用消耗相当一部分能量（ATP、热能）；另外，各营养级总有一部分生物或生物的一部分能量未被下一营养级生物所利用，还有少部分能量随着残枝败叶或遗体等直接传递给分解者。

生态金字塔

按照不同的类型，可以将生态金字塔分为3类：能量金字塔、生物量金字塔和数量金字塔。

能量金字塔

如果将单位时间内各营养级所得到的能量数值转换为相应面积（或体积）的图形，并将图形按照营养级的次序排列，可以形成一个金字塔图形，叫作能量金字塔，如下图所示。一般来说，天然生态系统通常呈上窄下宽的金字塔形，能够表示出能量在流动过程中总是逐级递减的。

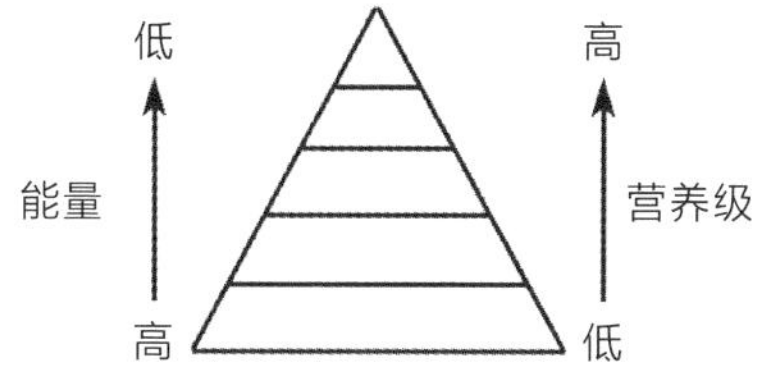

但在某些人工生态系统（如高密度的人工鱼塘）可能呈现倒置状况。

生物量金字塔

如果用同样的方法表示各个营养级生物量（每个营养级所容纳的有机物的总干重）之间的关系，就形成生物量金字塔。大多数生物量金字塔也是上窄下宽的金字塔形，可表示生物量（有机物的总干重）随食物链中营养级的升高而逐级递减。

也有特例存在，如海洋生态系统中，浮游植物个体小，世代周期短，又会不断被捕食，因而某一时间调查到的生物量可能低于浮游动物的生物量。当然，总的来看，一年中浮游植物的总生物量还是比浮游动物多。

数量金字塔

如果表示各个营养级的生物个体的数目比值关系，就形成数量金字塔。一般呈上窄下宽的金字塔形，可表示生物数量在食物链中随营养级升高而逐级递减。但当生产者个体比消费者个体大得多时，数量金字塔经常是倒置的，如昆虫和树。

原理应用知多少！

稻—萍—蛙立体农业

在农业生产上，如果将生物在时间、空间上进行合理配置，就可以增大流入某个生态系统的总能量，从而提高经济效益、生态效益和社会效益。其中最典型的就是稻—萍—蛙等立体农业。

稻—萍—蛙立体农业模式中的“萍”一般指的是红萍，即满江红，属于高固氮、富钾的水生蕨类植物。它能够提高土壤肥力，同时进行光合作用，释放大量氧气，提高溶氧量，并为家禽提供饲料和沼气的原料。蛙类以田间害虫为食，既降低了害虫对水稻的危害以及虫害防治成本，还防止因为杀虫剂的使用而造成的环境污染。蛙类排出的粪便可起到增肥的作用，为水中的微生物提供有机养料，促进微生物的活动，而微生物的活动释放出大量的二氧化碳，可促进红萍的生长。而稻田则为红萍和蛙类提供合适的生长环境。如右图所示。

这种农业模式成功利用生物间的相互关系，充分利用了空间资源，同时减少了农药和肥料的使用成本，也减少了蛙类的饲养成本。若再将秸秆喂牲畜，废料、粪便制作沼气，沼渣肥田，这样就实现了对能量的多级利用，从而大大提高了能量的利用率。

除此以外，草场合理确定载畜量，农田除草、除虫等，都是利用调整生态系统中的能量流动关系，使能量持续高效地流向对人类最有益的部分。关于生态农业，你有哪些想法呢?

为何吃植物的大熊猫数目比老虎少？

我们知道，在自然界中，随着食物链每向上传递一个营养级，能量就会损失80%～90%，所以营养级越高的动物，往往数量就越少。

在野生环境下，野生老虎的数量是野生大熊猫的2.5倍左右。为什么主要吃植物的大熊猫数量比老虎少呢?

大熊猫虽与老虎同属食肉动物，但老虎在食物链最顶端，猎物的选择很多，不仅能捕杀中小型的猎物，连大型猎物也不在话下，这使得它们有相对充足的能量去繁殖和哺育后代。而大熊猫在演化的路上，为了减少与其他食肉动物的冲突，从祖先开始吃植物性食物。虽然依旧既能吃素也能吃肉，但圆滚滚的它们捕猎能力已经很差了，而且植物性食物只有竹子，这就是狭食性。狭食性在一定程度上限制了大熊猫的数量。

其次是分布。大熊猫是我国独有的动物，仅分布在四川、陕西和甘肃3个省区的部分地区，早已经习惯了以竹子为生的它们，几乎断绝了自己的迁徙之路。而老虎不同，同样起源于我国，但是它们逐渐向四周迁徙，老虎的开枝散叶让家族逐渐壮大，每一个亚种在它们的生存环境中都在食物链最顶端。

最后是繁殖力。大熊猫发情期仅持续2～3天，妊娠期比较长，一胎通常只有一只幼崽。而老虎的发情期通常在3个月左右，妊娠期也比熊猫短，一胎平均能生下3只幼崽。

总之，熊猫的狭食性、分布局限性以及很低的繁殖力，导致了在数量上要比老虎少很多。

生态系统的信息传递

吼叫、舞蹈或是分泌信息素
生物如何传达信息

发现契机！

——卡尔·冯·弗里希（Karl von Frisch，1886—1982），德国动物学家，行为生态学创始人。1973年，因为一系列有关蜜蜂“舞蹈语言”的发现，获得了诺贝尔生理学或医学奖。

我对于蜜蜂的研究持续了很多年。最开始我发现蜜蜂能够辨别除了红色外所有的色彩，甚至可以看到紫外光；同时，蜜蜂也具有嗅觉，它们能够辨识至少12种相近的花朵气味。30年后，我发现蜜蜂可以感知偏振光，并能利用太阳的位置和地磁场等确定空间的方位；蜜蜂还能感知声波及其他波动，并用以传递有关的信息。

——是的，您最大的成就是发现了蜜蜂间存在的一种看似简单的语言，可以传达花蜜的距离及定向。

当时的我震惊无比，蜜蜂居然能够利用舞蹈来传达蜂蜜的所在处：当侦察蜂发现一处蜜源时，它飞回巢就先放出气味，并且在垂直的蜂巢表面跳舞。若跳圆舞，表示蜂源就在附近；摆尾舞则是传递蜜源与蜂窝距离的讯息，蜜源距离越远，蜜蜂摆尾的速度就越慢。

原理解读！

- 生态系统中信息传递包括3个基本环节：信息源、信道和信息受体。信息源是指信息产生的部位；信道是信息传播的媒介，比如空气、水，以及其他的媒介；信息受体是指能够接收信息的生物或者是部位，比如动物的眼睛、鼻子、耳、皮肤等。如下图所示。

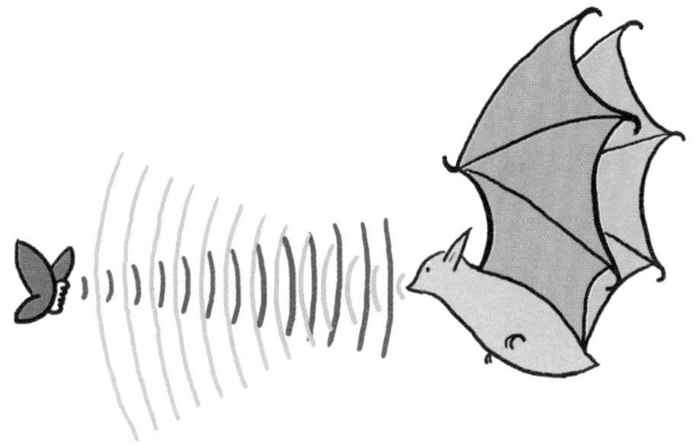

- 植物也具有信息受体，如植物体中至少有3种光受体：光敏色素、蓝光受体和紫外光-B受体。其中光敏色素可接收红光及远红光信号，使其自身结构发生改变，这一变化的信息经过信息传递系统传递到细胞核内，影响特定基因的表达，从而发生生物学效应。
- 信息传递的方向一般是双向的。可发生在同种生物之间、异种生物之间，以及生物与无机环境之间。如捕食者和被捕食者在捕食过程中的信息传递是双向的。

部分科学家认为，无机环境不存在信息受体，故可认为信息由无机环境单向传递给生物。如土壤中的种子，当春季来临、温度和光照均适宜，种子得到信息萌发。但周围环境无法接受来自种子萌发的信息。

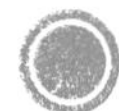

生态系统中信息的种类和作用

物理信息

生态系统中的光、声音、温度、湿度、磁力、电、颜色、形状等，通过物理过程传递的信息，称为物理信息。动物的眼睛、耳、皮肤，植物的叶、芽，以及细胞中的特殊物质（如光敏色素）等，可以感受到多样化的物理信息。物理信息可以来源于无机环境，也可以来源于生物。

动物时常依靠声信息确定食物的位置或发现敌害的存在。如鸟类的叫声婉转多变，既能够发出报警鸣叫，还可以召唤同伴、寻找配偶等。甚至许多鸟类对不同的捕食者使用不同的叫声。例如，筑巢在树洞里的日本山雀会发出特定的叫声，让雏鸟蹲下来，以避免被乌鸦叼出巢穴；而面对蛇时是另一种叫声，让雏鸟跳出巢穴。许多鸟类还会使用招募的叫声来召唤同类，制造出一种战斗召唤，把同伴们聚集在一起，骚扰和赶走捕食者。

除此以外，海豚和蝙蝠的超声波、刺激家禽产蛋特定波长的光、孔雀用来吸引异性展示出五彩斑斓的颜色、使鸽子能够千里传书的磁场等都是物理信息。

化学信息

生物在生命活动过程中，产生一些可以传递信息的化学物质，如植物的生物碱、有机酸等次级代谢产物，以及动物的性外激素等，被称为化学信息。例如，猎豹和猫科动物可通过尿液标记领域，同时，它们还会仔细观察其他兽类留下的尿液痕迹，并由此判断时间信息，避免与栖居在此的对手遭遇。昆虫、鱼类以及哺乳类等生物体中都存在着能够传递信息的化学物质——信息素。以昆虫性信息素为例，它是调控昆虫雌雄吸引行为的化合物，既敏感又专一，作用距离远，诱惑力强，其化学结构的高度复杂性和特殊性是昆虫种间生殖隔离的重要保证。不同昆虫之间的性信息素相互不能替代，也不会混淆。

行为信息

动物的某些特殊行为，对于同种和异种也能够传递某种信息，即生物的行为特征可以体现为行为信息。动物的行为信息主要体现在求偶和防御敌害等方面。鸟类在求偶时的行为信息尤其丰富多彩，有些雄鸟会梳理羽毛和鸣叫，或叼着草叶，有些还会利用绚丽的羽毛来一段热情奔放的舞蹈以期“迷倒”雌性，甚至还会构建鸟巢并利用贝壳、死昆虫、树叶等物品进行装饰。

由此可见，生态系统的信息传递有着不可替代的作用。植物的生长、发育需要必要的温度，有些体积小的种子必须在光下才能萌发，这说明必要的信息可以保证生物体生命活动的正常进行；植物开花需要特定的光照时长、鳄鱼孵化时的温度决定了后代的雌雄比例，鸡在必要的营养基础上延长光照时间会提高产蛋量等，说明信息可调节种群的繁衍；除此以外，生物间的捕食、寄生、种间竞争等关系也需要依存于信息才发生，最终得以维持生态系统的平衡与稳定。

原理应用知多少！

仿生学

仿生学是一门研究生物体的结构与功能工作的原理的学科，人们根据这些原理发明出新的设备、工具和科技，创造出适用于生产、学习和生活的技术。

古代，人们模仿鱼类的形体造船，以木桨仿鳍。再通过反复观察、模仿和实践，逐渐改成橹和舵，增加了船的动力，掌握了使船转弯的手段。就这样，我们得以遨游于江河湖海，乘风破浪。这是仿生学的先驱。

有人将仿生学定义为以自然为师，连接生物与技术的桥梁。我们已经实现的仿生实例也很多。

苍蝇的平衡棒是一种退化的后翅，是个“天然导航仪”，在其飞行时起平衡作用，人们模仿它制成了“振动陀螺仪”。这种仪器已经应用在火箭和高速飞机上，实现了自动驾驶。

萤火虫腹部的几千个发光细胞中含有荧光素和荧光素酶。在荧光素酶的作用下，荧光素与氧发生一系列的化学反应，形成氧化荧光素发出荧光，实现了化学能到光能的转化。人们根据对萤火虫的研究，创造了日光灯，使人类的照明光源发生了很大变化。而后又人工合成了荧光素。由荧光素、荧光素酶、ATP和水混合而成的生物光源，可在充满爆炸性瓦斯的矿井中充当闪光灯。

蜜蜂舞姿解密

蜜蜂在采集花蜜前，会先由少数侦查蜂外出寻找蜜源。侦查蜂发现蜜源回到蜂巢后，会以不同形式的舞蹈作为传递信息的方式，用来表达蜜源的数量、质量、方向和距离等。

圆舞

如下图所示，如果侦查蜂在蜂巢上面反复以圆形的轨迹绕圈爬行，一次向左、一次向右，每隔一段时间重复进行上述动作，时而会停下来，吐给附近的蜜蜂几滴花蜜，以刺激其他蜜蜂外出采蜜。这种圆舞表示蜜源在100米以内，但没有指示方向。

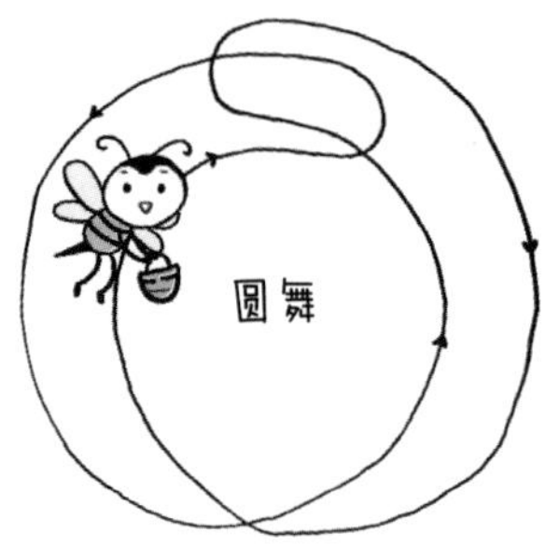

摆尾舞

侦查蜂在蜂巢入口附近，一边摇摆腹部，一边绕行“8”字形舞圈。很多重要的信息蕴含在摆尾舞中：

蜂巢与蜜源之间的距离是以摆动频率来表示的。蜜源越远，舞蹈过程转弯越慢。每15秒内转圈次数和相应距离如下表。与此同时，蜜源距离蜂巢越远，跳舞的时间就越长。

转圈次数（次）	9～10	7～8	5～6
表示距离（米）	100～200	200～600	700～1400

利用太阳角来确定蜜源方向，如下图所示。蜂巢入口到太阳的直线和巢箱到蜜源的直线形成的夹角称“太阳角”，该角度在图中用α标记。蜜蜂以“8”字的方式飞行并摇摆尾巴。其中，“8”字中间部分的直线摆动方向传达着蜜源相对于太阳的方向。一般来说，蜂巢垂直于地面。如果蜜源与天空中太阳的方向相同，那么侦查蜂跳舞的直线部分朝向太阳直线向“上”；如果蜜源与太阳的方向相反，那么蜂舞的直线部分就会向“下”；如果它以太阳右侧40度的角度摆动，蜜源可能会在太阳右侧40度的方向。

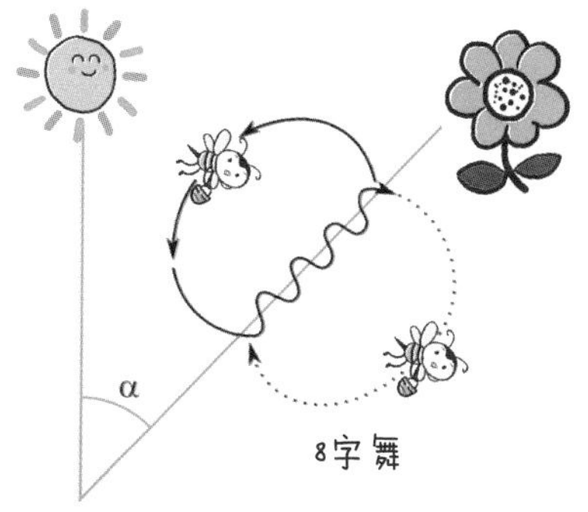

蜜源的丰富程度通过摆尾和拍翅膀的持续时间和强烈程度来传达，蜜源的质量和数量决定了舞蹈的活力。如果蜜源质量好，侦查蜂会长时间热情地跳舞。蜜源越大，蜜蜂越兴奋，以吸引在蜂巢中其他蜜蜂的注意，并尝试说服它们去采蜜。蜜蜂兴奋时，会通过挥动翅膀产生振动声。

值得注意的是，不同地区的蜜蜂舞蹈还存在着“方言”，频率和具体动作可能会有不同的含义，这些是由幼年蜜蜂通过对成年蜜蜂的行为进行模仿和学习获得的“知识”。有趣的是，在人为混合西方蜜蜂与东方蜜蜂两个物种形成的混种蜂群中，两者都能够“翻译”对方的“方言”，利用对方舞者的“8”字舞追踪到蜜源地。

参考文献

[1] 周德庆主编. 微生物学教程 [M] . 北京：高等教育出版社，2002.

[2] 瞿中和，王喜忠，丁明孝主编 [M]. 细胞生物学. 北京：高等教育出版社，2000.

[3] 沈银柱，黄占景主编. 进化生物学 [M]. 北京：高等教育出版社，2002.

[4] 戴灼华，王亚馥主编. 遗传学 [M]. 北京：高等教育出版社，2016.

[5] 杨荣武主编. 生物化学原理 [M]. 北京：高等教育出版社，2018.

在本书编写过程中，除了参考上述书目外，还参考了多种本专业或综合性的报刊以及网络资料，在此恕不一一列举。为了更及时地了解生物科普类的最新进展和充实有关知识，读者们可以多利用这类信息资源。